新工科暨卓越工程师教育培养计划电子信息类专业系列教材
电工电子国家级实验教学示范中心（长江大学）系列教材
丛书顾问/郝　跃

SHUZI DIANLU SHEJI FANGZHEN CESHI

数字电路设计·仿真·测试

（第二版）

■ 主　　编/ 佘新平　覃洪英
■ 副 主 编/ 吴爱平　郑恭明　王晓爽
　　　　　　付青青　刘开健

華中科技大學出版社
http://www.hustp.com
中国·武汉

内容简介

本书根据教育部高等学校电工电子基础课程教学指导委员会制定的“数字电子技术”课程教学的基本要求编写修订而成。全书内容分为两部分，共 9 章。第一部分主要内容为数字电路基础实验、数字电路基础实验的 Proteus 仿真、数字电路综合设计实验；第二部分主要内容为 VHDL 语言基础、Verilog HDL 语言基础、数字电路的 CPLD/FPGA 实现。在教学过程中，可根据不同专业、不同学时的实验教学要求，选择相关内容组织教学。

本书编排结构新颖，内容全面、丰富，以数字电路设计、仿真、测试为主线，覆盖了基础性实验、设计性实验、综合设计实验以及计算机软件仿真实验等全部内容，保证了从基础到设计和综合的全过程训练。

本书可作为高等学校本、专科学生的数字电路实验教材，也可作为硬件描述语言与可编程器件相关课程的教材或相关课程设计的参考书。

图书在版编目(CIP)数据

数字电路设计・仿真・测试/佘新平，覃洪英主编. —2 版. —武汉：华中科技大学出版社，2017.12(2022.12 重印)

新工科暨卓越工程师教育培养计划电子信息类专业系列教材

ISBN 978-7-5680-3667-2

Ⅰ.①数… Ⅱ.①佘… ②覃… Ⅲ.①数字电路-高等学校-教材 Ⅳ.①TN79

中国版本图书馆 CIP 数据核字(2018)第 034495 号

数字电路设计・仿真・测试(第二版)
Shuzi Dianlu Sheji • Fangzhen • Ceshi

佘新平 覃洪英 主编

策划编辑：王红梅
责任编辑：熊 慧
封面设计：秦 茹
责任校对：曾 婷
责任监印：周治超
出版发行：华中科技大学出版社(中国・武汉) 电话：(027)81321913
武汉市东湖新技术开发区华工科技园 邮编：430223
录 排：武汉市洪山区佳年华文印部
印 刷：武汉开心印印刷有限公司
开 本：787mm×1092mm 1/16
印 张：18
字 数：436 千字
版 次：2022 年 12 月第 2 版第 3 次印刷
定 价：48.80 元

第二版前言

本书自2010年出版以来，得到了广大读者的关注和厚爱，连续5次印刷，发行量达到了17000册。本书满足了不同学校、不同专业、不同学时的数字电路实验教学的需要。

目前，现代电子技术的新发展、教育部"新工科"概念的提出及建设行动路线图，对高等学校在培养学生工程能力和创新能力方面有了更高的目标和要求。

近5年来，电工电子国家级实验教学示范中心(长江大学)围绕"强化培养学生工程实践能力和创新能力"这一主题，实施了"必做实验与选做实验结合、课内实验与课外实验结合、实做实验与仿真实验结合、平时实验与课外科技活动结合"的"四结合"实验综合改革与探索，人才培养质量显著提高，先后在2013年和2017年连续两届获得湖北省高等学校教学成果一等奖。

根据我校数字电路实验教学改革的情况，并结合作者广泛收集的关于本书各方面的建议和意见，本次主要修改和增补内容说明如下。

(1) 修改了原第3章"数字电路基础实验"中的第3.5节、第3.8节内容。

(2) 对原第6章"数字电路的CPLD/FPGA实现"中的各个实验项目，在原VHDL程序基础上，增加了对应的Verilog HDL程序代码，供读者选用。

(3) 考虑到有些学校单独开设了硬件描述语言与可编程器件的相关课程，此次修订增加了"可编程技术"和"Verilog HDL语言基础"两章内容，加上本书的其他章节内容，本书也可作为硬件描述语言与可编程器件相关课程的理论和实验教材。

(4) 为了加强计算机虚拟仿真技术在数字电路中的应用，本书第一版第4章"数字电路综合设计实验"中包含了相应的Proteus软件仿真实验。在此基础上，本次修订增加了"数字电路基础实验的Proteus仿真"一章，进一步充实了计算机虚拟仿真的内容。

(5) 增加了附录C"FPGA实验箱使用说明书"。

通过上述修订，对全书章节进行了重新编排，共9章。第1章"实验基础知识"、第2章"Proteus仿真软件快速入门"、第3章"数字电路基础实验"、第4章"数字电路基础实验的Proteus仿真"、第5章"数字电路综合设计实验"、第6章"可编程技术"、第7章"VHDL语言基础"、第8章"Verilog HDL语言基础"、第9章"数字电路的CPLD/FPGA实现"。

本次修订由余新平负责策划、内容编排和定稿，并编写第4章；覃洪英编写第6章，并承担第9章中的Verilog HDL程序编写及调试；郑恭明编写第8章及附录C；王晓爽修订第3章，并承担第4章的部分仿真实验编写和此次修订的全部文字校对工作。在此次修订过程中，得到了电工电子国家级实验教学示范中心(长江大学)各位领导和老师的大力支持，在此一并表示衷心的感谢！

由于编者水平有限，书中难免会有疏漏与错误，恳请使用本书的读者进一步提出宝贵意见，帮助编者不断提高本书的质量。

编　者

2017年12月

第一版前言

现代电子技术的迅速发展对高等学校电类专业学生的实践动手能力和创新能力提出了更高、更新的要求。在这种背景下，必须打破传统的人才培养模式，积极探索人才培养的新途径，促进学生知识、素质、能力协调发展。在大学生就业形势严峻的今天，以市场需求为导向，加强对学生工程实践能力的培养，不断提高学生的就业竞争力，显得尤为重要。

长江大学电工电子实验中心作为在建的电工电子国家级实验教学示范中心，针对电工电子实验教学的特点和不同能力层次学生的情况，构建了“四层一线”的分层次、循序渐进的实验教学体系，即“电工电子基础实验→现代电子技术应用实验→专业基础与系统性实验→综合设计与创新实验”四个层次逐层推进，以学生基本技能、工程能力和创新精神培养为主线，通过调整设计性实验的内容和比例，采用仿真与实做结合、课内与课外结合、硬件与软件结合的教学模式和手段，全面而系统地培养学生的获知能力、综合设计与研究创新能力，并在后续的大学生电子设计竞赛、大学生第二课堂活动和各种科技创新竞赛项目中，进一步强化学生工程实践能力的培养。

本书以“保证基础、体现先进、联系实践、引导创新”为指导思想，以数字电路的设计、仿真和测试为主线，全书共分为6章，第1～3章为基础实验部分，第4章为综合设计实验部分，第5～6章为EDA实验部分。教师可选择不同内容组织教学，以适应不同专业、不同层次学生的实验要求。全书内容安排如下。

第1章“实验基础知识”介绍了数字电路实验中广泛使用的数字集成电路的知识。

第2章“Proteus仿真软件快速入门”介绍了数字电路仿真软件Proteus的电路原理图输入、编辑和仿真方法。该软件的使用方法与其他软件（如EWB、Protel等）的使用方法相近。

第3章“数字电路基础实验”包括8个数字电路的基础实验，每个实验项目均含有基础性实验和设计性实验，由中、小规模数字集成电路实现。其中，基础性实验为必做部分，设计性实验为扩展和提高部分，可供学生选做。

第4章“数字电路综合设计实验”包含9个应用性较强的综合设计性课题，每个课题均包括设计任务与要求，课题分析及设计思路，集成电路及元器件选择，原理图绘制与电路仿真，电路安装与调试，设计、仿真及实验问题研究等六个方面的内容，由中、小规模数字集成电路实现。通过这些课题的训练，可拓宽学生的知识面，提高学生的数字电路及数字系统设计和应用能力。

第5章“VHDL 语言基础”介绍了 VHDL 语言的基础知识与编程方法。

第6章“数字电路的 CPLD/FPGA 实现”以第3、4章中的部分实验项目为例,介绍了使用 CPLD/FPGA 进行数字电路设计的 EDA 方法。让学生掌握数字电路的两种不同的技术实现手段,体验可编程逻辑器件在数字电路设计和应用中的神奇魅力。

本书由长江大学佘新平主编,负责全书的构思、策划,制定编写提纲和统稿工作,同时编写第1章、第3章、第4章的第4.1节至第4.4节、第4.9节。付青青编写第4章的第4.6节、第4.8节。覃洪英编写第4章的第4.5节和附录A,并为本书的文字校对、绘图做了大量工作。刘开健编写第2章。吴爱平编写第5、6章和附录B。高秀娥参加了第3章的实验研究工作。湖北工业大学吉孔诗编写第4章的第4.7节。全书由长江大学博士生导师、电工电子实验中心主任、电子信息学院院长余厚全教授担任主审。

在本书的编写过程中,得到了长江大学教务处和电子信息学院的大力支持。湖北省教学名师罗炎林教授、博士生导师余厚全教授对本书的编写给予了悉心指导。电工电子实验中心的各位老师给予了热情支持和帮助,在此一并表示感谢。

本书在编写过程中参考了许多同行的著作,在此表示诚挚的感谢。

由于电子技术发展迅速、技术更新不断加快,加之编者水平有限,书中难免有错误与不妥之处,恳请读者批评指正。

编　者

2010年6月

目录

1 实验基础知识

1.1 数字集成电路简介

1.1.1 概述

把若干有源器件和无源器件及其连线按照一定的功能要求，安装在一块半导体基片上，这样的产品称为集成电路。若它完成的功能是逻辑功能或数字功能，则称为数字集成电路。最简单的数字集成电路是集成逻辑门电路。

集成电路与分立元件电路相比有许多显著的优点，如体积小、耗电省、重量轻、可靠性高等，所以集成电路一出现就受到人们的极大关注，并迅速得到广泛应用。

数字集成电路的规模一般是根据门的数目来划分的。小规模集成电路(SSI)约有十个门，中规模集成电路(MSI)约有一百个门，大规模集成电路(LSI)约有一万个门，而超大规模集成电路(VLSI)则约有一百万个门。

集成电路按照其组成的有源器件可分为两大类：一类是晶体管构成的集成电路，主要有 TTL、ECL、I^2L 等类型；另一类是 MOS 场效应管构成的集成电路，主要有 PMOS、NMOS、CMOS 等类型。其中，应用最广泛的是 TTL 集成电路和 CMOS 集成电路。

1.1.2 TTL 集成电路

TTL 集成电路有 74 系列(民用)和 54 系列(军用)两大系列，每个系列又有若干子系列。例如，74 系列包含如下子系列。

(1) 74：标准 TTL(standard TTL)。

(2) 74L：低功耗 TTL(low-power TTL)。

(3) 74S：肖特基 TTL(Schottky TTL)。

(4) 74AS：先进肖特基 TTL(advanced Schottky TTL)。

(5) 74LS：低功耗肖特基 TTL(low-power Schottky TTL)。

(6) 74ALS：先进低功耗肖特基 TTL(advanced low-power Schottky TTL)。

使用者在选择 TTL 子系列时主要要考虑它们的速度和功耗，其速度及功耗的比较如表 1.1 所示。其中 74LS 系列产品具有较佳的综合性能，是 TTL 集成电路的主流产品,是应用较广的子系列。

表 1.1 TTL 系列速度及功耗的比较

速度	TTL 系列	功耗	TTL 系列
最快	74AS	最小	74L
↓	74S	↓	74ALS
	74ALS		74LS
	74LS		74AS
	74		74
最慢	74L	最大	74S

54 系列和 74 系列具有相同的子系列,两个系列的参数基本相同,主要在电源电压范围和工作温度范围上有所不同,如表 1.2 所示。比较而言,54 系列的适用范围更广。不同子系列在速度、功耗等参数上有所不同。全部的 TTL 集成电路都采用+5 V 电源供电,逻辑电平为标准 TTL 电平。

表 1.2 54 系列与 74 系列的比较

系列	电源电压/V	环境温度/(℃)
54 系列	4.5～5.5	−55～+125
74 系列	4.75～5.25	0～70

1.1.3 CMOS 集成电路

CMOS 集成电路的特点是集成度高、功耗低,但速度较慢、抗静电能力差。虽然 TTL 集成电路由于速度快和选择类型多样而流行多年,但 CMOS 集成电路具有功耗低、集成度高的优点,而且其速度也已经获得了很大的提高,目前已经能够与 TTL 集成电路媲美。因此,CMOS 集成电路获得了广泛的应用,特别是在大规模集成电路和微处理器中已经占据了支配地位。

CMOS 集成电路的供电电源可以为 3～18 V,不过,为了与 TTL 集成电路的逻辑电平兼容,多数的 CMOS 集成电路使用+5 V 电源。另外还有 3.3 V CMOS 集成电路。它的功耗比 5 V CMOS 集成电路的低得多。同 TTL 集成电路一样,CMOS 集成电路也有 74 系列和 54 系列两大系列。

1. 74 系列 5 V CMOS 集成电路的子系列

(1) 74C:CMOS。

(2) 74HC 和 74HCT:高速 CMOS(high-speed CMOS),T 表示和 TTL 直接兼容。

(3) 74AC 和 74ACT:先进 CMOS(advanced CMOS),它们提供了比 TTL 系列更高的速度和更低的功耗。

(4) 74AHC 和 74AHCT:先进高速 CMOS(advanced high-speed CMOS)。

74C 系列 CMOS 集成电路和 74 系列 TTL 集成电路具有相同的功能和引脚排列,而 74HCT 系列还具有与 TTL 集成电路相同的逻辑电平。

2. 74 系列 3.3 V CMOS 集成电路的基本子系列

(1) 74LVC:低压 CMOS(lower-voltage CMOS)。

(2) 74ALVC:先进低压 CMOS(advanced lower-voltage CMOS)。

1.2 数字集成电路型号命名规则

1.2.1 国内 TTL、CMOS 集成电路型号命名规则

我国国家标准规定的集成电路型号命名法如表 1.3 所示。由表 1.3 可见，国标型号由五部分组成。

例如，CT4020MD。其中，C 表示国家标准。T 表示 TTL 电路。4 表示系列代号。该数值为 1 时表示标准系列，同国际 54/74 系列；为 2 时表示高速系列，同国际 54H/74H系列；为 3 时表示肖特基系列，同国际 54S/74S 系列；为 4 时表示低功耗肖特基系列，同国际 54LS/74LS 系列。020 表示品种代号，同国标一致，如 CT1020 与 SN7420 均为双四输入**与非**门。M 表示工作温度范围。D 表示封装形式。

又如，CC4066MF，第 2 个 C 表示 CMOS 电路，其他部分的含义与上面的相同。

表 1.3 国家标准规定的集成电路型号命名法

第一部分		第二部分		第三部分	第四部分		第五部分	
用字母表示器件符合国家标准		用字母表示器件类型		用阿拉伯数字表示器件的系列代号	用字母表示器件的工作温度范围		用字母表示器件的封装形式	
符号	意义	符号	意义	TTL 分为：	符号	意义	符号	意义
		T	TTL	54/74×××	C	0～70 ℃	W	陶瓷扁平
		H	HTL	54/74H×××				
		E	ECL	54/74L×××	E	−40～85 ℃	B	塑料扁平
		C	CMOS	54/74LS×××			F	全密封扁平
		F	线性放大器	54/74AS×××				
		D	音响、电视电路	54/74ALS×××	R	−55～85 ℃	D	陶瓷直插
		W	稳压器	54/74F×××			P	塑料直插
C	国家标准	J	接口电路	COMS 分为：				
		B	非线性电路	4000 系列	M	−55～125 ℃	J	黑陶瓷直插
		M	存储器	54/74HC×××			L	金属菱形
		μ	微型机电路	54/74HCT×××	C	−25～70 ℃		
		AD	A/D 转换器				T	金属圆形
		DA	D/A 转换器		L	−25～85 ℃	H	黑瓷低熔点玻璃扁平
		S	特殊电路					

1.2.2 国际 TTL、CMOS 集成电路型号命名规则

在国际上，很多企业在国际通用系列型号前冠以本企业的代号，品种代号相同的可以互相代换，下面举例说明。美国德州仪器公司（TEXAS）集成电路型号规则如 SN74LS00J。SN 表示德州仪器公司标准电路；74 表示工作温度范围，对于 54 系列，表示温度为−55～+125 ℃，对于 74 系列，表示温度为 0～+70 ℃；LS 表示所属子系列；00 表示品种代号；J 表示封装形式，即陶瓷双列直插封装形式，另外，N 表示塑料双列直插封装形式，T 表示金属扁平封装形式，W 表示陶瓷扁平封装形式。

美国摩托罗拉公司（Motorola）的集成电路型号规则如 MC74LS00L ；美国国家半

导体公司(National Semiconductor)的集成电路型号规则如 DM74LS00J;日本日立公司(HITACHI)的集成电路型号规则如 HD74LS00P 等。

对于 CMOS 集成电路,目前国内外通用的是 4000B 系列,我国国家标准称为 CC4000B 系列,其余各国厂商分别在 4000B 前再加上企业代号,如我国生产的显示译码器 CC4511 和国外厂商生产的可代换产品 CD4511。此外,还有 74HC、74HCT 等系列的 CMOS 集成电路,其大部分品种是 74LS 系列的翻版。

1.3 数字集成电路的主要性能参数

本节仅从使用的角度介绍数字集成电路的几个外部特性参数,至于每种产品的实际参数,可在具体使用时查阅有关的产品手册。

数字集成电路的性能参数主要包括直流电源电压、输入/输出逻辑电平、传输延时、输入/输出电流、功耗等。

1.3.1 直流电源电压

TTL 集成电路的标准直流电源电压为 5 V,最低为 4.5 V,最高为 5.5 V。CMOS 集成电路的直流电源电压可以为 3~18 V,74 系列 CMOS 集成电路有 5 V 和 3.3 V 两种。CMOS 集成电路的一个优点是电源电压的允许范围比 TTL 电路的大,例如:5 V CMOS 集成电路,当其电源电压为 2~6 V 时能正常工作;3.3 V CMOS 集成电路,当其电源电压为 2~3.6 V 时能正常工作。

1.3.2 输入/输出逻辑电平

对于一个 TTL 集成电路来说,它的输出高电平并不是理想的+5 V 电压,其输出低电平也不是理想的 0 V 电压。这主要是制造工艺上的公差,使得即使是同一型号的器件,其输出电压也不可能完全一样。但是,这种差异应该在一定的允许范围之内,否则就会无法正确标示逻辑值 **1** 和逻辑值 **0**,从而造成错误的逻辑操作。

数字集成电路有四种不同的输入/输出逻辑电平。对于 TTL 集成电路,其输入/输出逻辑电平如图 1.1 所示。

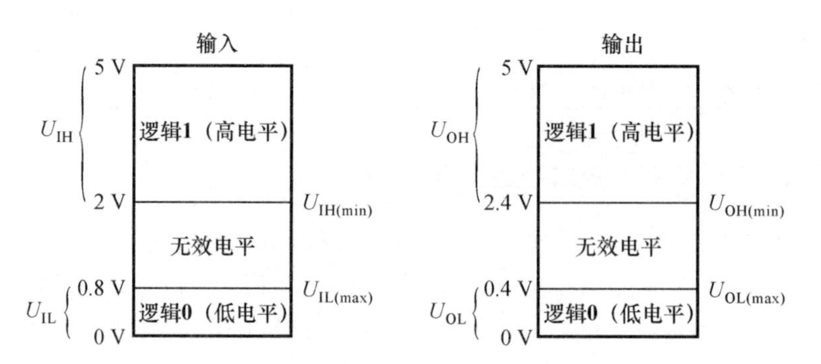

图 1.1 TTL 集成电路的输入/输出逻辑电平

对于 5 V CMOS 集成电路,其输入/输出逻辑电平如图 1.2 所示。

当输入电压在 $U_{IL(max)}$ 和 $U_{IH(min)}$ 之间时,为无效电平,集成电路可能把它当作 **0**,也

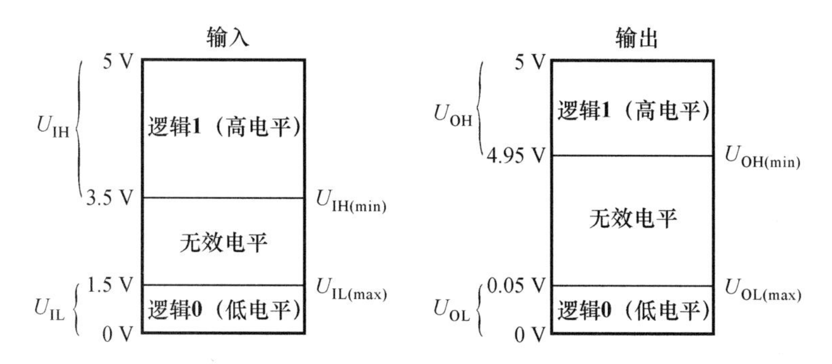

图 1.2 CMOS 集成电路的输入/输出逻辑电平

可能把它当作 **1**。而当集成电路输出端所接负载过多时，输出高电平可能低于 $U_{OH(min)}$，输出低电平可能高于 $U_{OL(max)}$。

1.3.3 传输延时

在集成电路中，晶体管开关时间的影响使得输出与输入之间存在传输延时。传输延时越短，工作速度越快，工作频率越高。因此，传输延时是衡量集成电路工作速度的重要指标之一。

TTL 集成电路的传输延时 t_{pd}的值为几纳秒至十几纳秒；一般 CMOS 集成电路的传输延时 t_{pd}较大，为几十纳秒，但高速 CMOS 系列的 t_{pd}较小，只有几纳秒；ECL 集成电路的传输延时 t_{pd}最小，有的 ECL 系列的传输延时不到 1 ns。

1.3.4 输入/输出电流

对于集成门电路，驱动门与负载门之间的电压和电流关系如图 1.3 所示，在高电平输出状态下，驱动门提供电流 I_{OH}给负载门，作为负载门的输入电流 I_{IH}，这时驱动门处于“拉电流”工作状态；而在低电平输出状态下，驱动门处于“灌电流”工作状态。

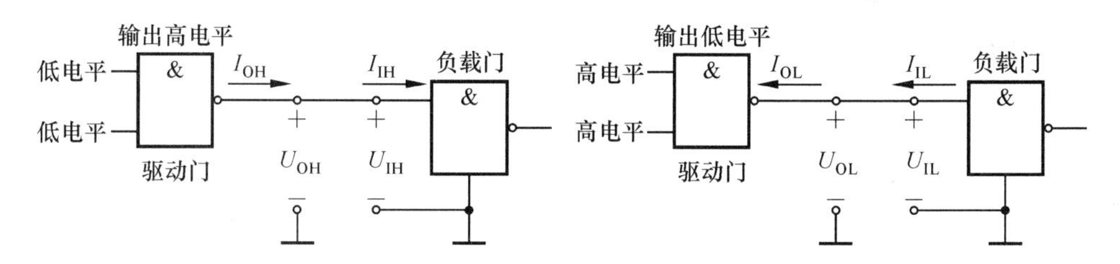

图 1.3 两种逻辑状态中的电压和电流

1. 低电平输出电流 I_{OL}

标准 TTL 集成门电路的低电平输出电流的最大值为 16 mA，该电流由外部电路流入门电路内部，称为灌电流。

2. 低电平输入电流 I_{IL}

标准 TTL 集成门电路的低电平输入电流的最大值为－1.6 mA，负号表示该电流是由 TTL 集成门电路内部送入外部电路的。

3. 高电平输出电流 I_{OH}

标准 TTL 集成门电路的高电平输出电流为－0.4 mA，注意集成门电路的高电平输出电流远小于其低电平输出电流。

4. 高电平输入电流 I_{IH}

标准 TTL 集成门电路的高电平输入电流为 40 μA。

1.3.5 功耗

功耗是指集成电路通电工作时所消耗的电功率,它等于电源电压 U_{CC} 和电源电流 I_{CC} 的乘积,即功耗 $P_D=U_{CC}I_{CC}$。但由于电源电压是固定的,而电源电流不是常数,也就是说,在集成电路输出高电平和输出低电平时,通过电源的电流是不一样的,因而这两种情况下的功耗大小也不一样,它们的平均值为

$$P_D=U_{CC}\left(\frac{I_{CCH}+I_{CCL}}{2}\right)$$

一般情况下,CMOS 集成电路的功耗较低,而且与工作频率有关(频率越高,功耗越大),其数量级为微瓦,因而 CMOS 集成电路广泛应用于由电池供电的便携式产品中;TTL 集成电路的功耗较高,其数量级为毫瓦,且基本与工作频率无关。

1.4 数字集成电路使用注意事项

在使用数字集成电路时,应当注意下列实际问题。

(1) 各种不同集成电路的电源电压的大小、极性不能接错。

(2) TTL 未连接的输入端(悬空端)的逻辑电平为高电平 **1**,但在时序逻辑电路或数字系统中,悬空端容易接收干扰,破坏电路的逻辑功能,故悬空端应根据电路的逻辑功能要求接电源或地。

(3) CMOS 未连接的输入端(悬空端)的逻辑电平不确定,因此应根据需要接地或接高电平。

(4) 普通 TTL 器件的输出端不能互相连接,但 OC 式和三态式的输出端可以直接连在一起。

(5) CMOS 集成电路易受静电感应影响而击穿,在使用和存放时应注意静电屏蔽,可以采用以下方法:

① 放置在特殊的导电海绵中;

② 不要用手触摸 CMOS IC 的管脚;

③ 焊接时电烙铁应接地良好或使用电池供电的电烙铁;

④ 在电路中拔插 CMOS IC 或改变连线时,应先断开电源;

⑤ 断开电源前先去掉输入信号;

⑥ 确保输入信号电压不高于电源电压。

1.5 实验报告的基本要求

1. 基础性实验报告

对于数字电路的基础性实验或验证性实验,实验报告主要包括如下内容:

(1) 实验目的;

（2）实验设备及器件；

（3）实验基本原理（通过理解后用自己的语言撰写）；

（4）实验内容及主要步骤；

（5）实验结果（包括实验数据、波形等）及分析（或讨论）；

（6）实验小结；

（7）回答实验书中的思考题。

2. 综合性实验报告

对于数字电路的设计性、综合性实验，实验报告主要包括如下内容。

（1）课题的任务及要求。

（2）课题分析与方案选择。对课题认真分析，正确理解，明确设计思路。通过对各种可实现的电路原理、特点进行分析，选择最佳实现电路。

（3）集成电路及元器件选择。对设计中选定的集成电路及元器件，给出它们的引脚图、功能表、真值表、主要参数值。

（4）原理图绘制及仿真。用 Proteus 仿真软件绘出电路原理图，详细标明各集成电路及元器件的型号，并给出有关原理图的适当注释。

（5）实验测试、问题分析与研究。具体包括实验设备清单（名称、型号、数量等）、安装及调试过程简介、故障分析及解决办法、书中的思考题的解答。

（6）总结。总结所设计课题存在的问题，提出改进的设想，列出完成本课题后的收获、体会和建议。

2

Proteus 仿真软件快速入门

2.1 Proteus 概述

Proteus 嵌入式系统仿真与开发平台是由英国 Labcenter Electronics 公司开发的，是目前世界上最先进、最完整的嵌入式系统设计与仿真平台之一。作为一款先进的 EDA 工具软件，它包含 ISIS. exe(电路原理图设计、电路原理仿真)和 ARES. exe(印刷电路板设计)两个主要程序，可以实现对分立元件进行仿真，还可对电路原理进行仿真；利用箭头和颜色表示电流的方向与大小，并且对多种带 CPU 的可编程逻辑器件进行仿真；不仅可实现电路原理、模拟电路、数字电路实验，而且可做单片机与接口等综合系统的仿真实验。

Proteus 电路原理图设计中，电路激励源、虚拟仪器(示波器、信号源等)、图表及直接布置在线路上的探针可一起出现在电路中，帮助完成电路的仿真和测试，方便分析和修改电路设计。Proteus 仿真软件具有友好的人机交互界面，而且设计功能强大，使用方便，易于上手。

2.2 电路原理图编辑

Proteus 电路原理图编辑是在 Proteus ISIS 环境中完成的。ISIS 是整个 Proteus 的中心，它比其他的原理图绘制系统更强大。它具有强大的设计环境，包含了原理图绘制的方方面面；对于复杂的设计进行仿真或者制版等其中图表的实现，Proteus ISIS 是一个非常理想的工具。它对系统配置要求很低，可运行在 Windows 98/me/2000/XP 及更高的操作系统上，一般的配置就能满足要求。

2.2.1 Proteus ISIS 编辑环境

Proteus 软件安装完成后，双击桌面上的 ISIS 7 Professional 图标或者单击屏幕左下方的"开始"→"程序"→"Proteus 7 Professional" →"ISIS 7 Professional"，如图 2.1 所示，即可进入 Proteus ISIS 编辑环境主界面。

主界面包括三大窗口和两大菜单栏，如图 2.2 所示。

其中三大窗口分别为：电路编辑窗口，用于放置器件、进行布线、绘制原理图；器件

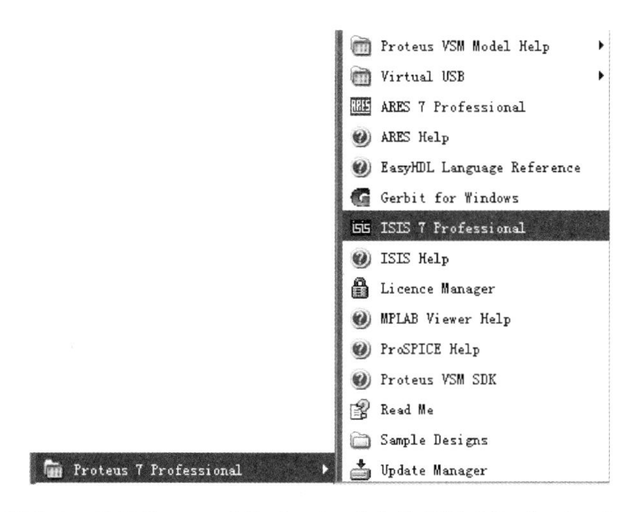

图 2.1 启动 Proteus 7 Professional **中的** ISIS 7 Professional

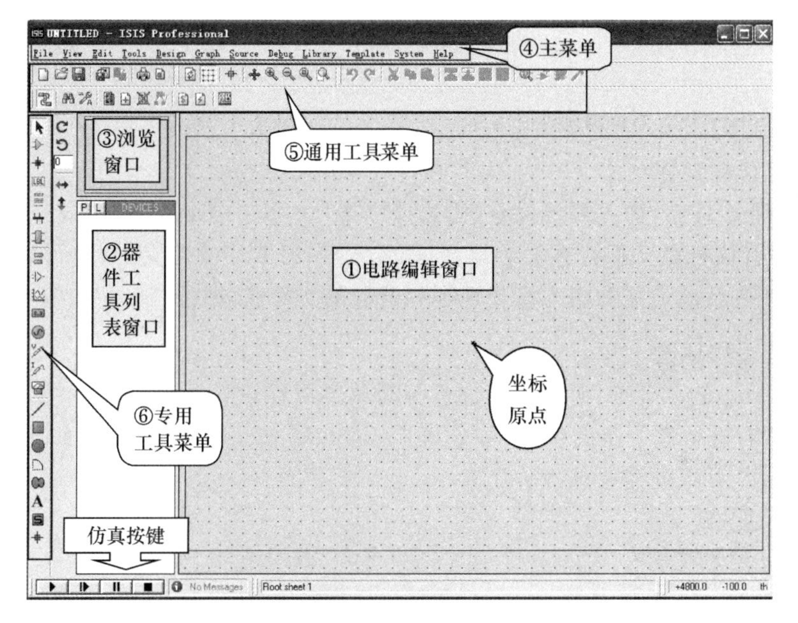

图 2.2 主界面

工具列表窗口，用于显示和查找器件工具；浏览窗口，通常用来显示全部原理图。两大菜单为主菜单和辅助菜单。单击任一主菜单都将进入其子菜单。辅助菜单包括通用工具菜单和专用工具菜单。

2.2.2 Proteus ISIS 原理图输入

电路设计的第一步为原理图设计，它是电路设计的基础，只有在此基础上才能对电路图进行仿真、验证等工作。Proteus ISIS 原理图设计流程如图 2.3 所示，原理图设计的具体步骤如下。

1. 创建一个新的设计文件

进入 Proteus ISIS 运行主界面，单击选择“File”→“New Design...”，出现如图 2.4 所示新建文件对话框，选择“DEFAULT”，单击“OK”按钮，出现新建运行窗口。

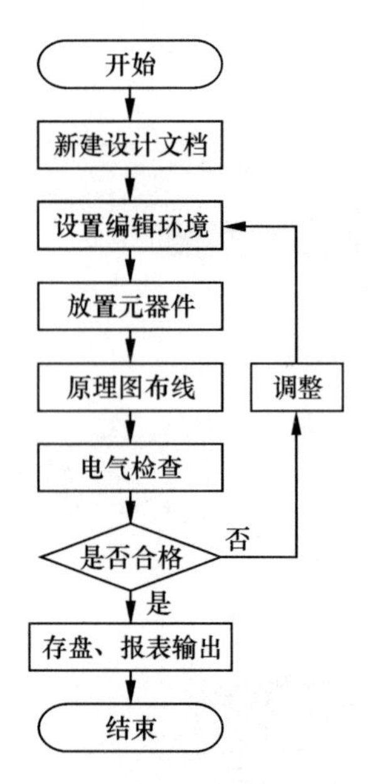

图 2.3　Proteus ISIS 原理图设计流程

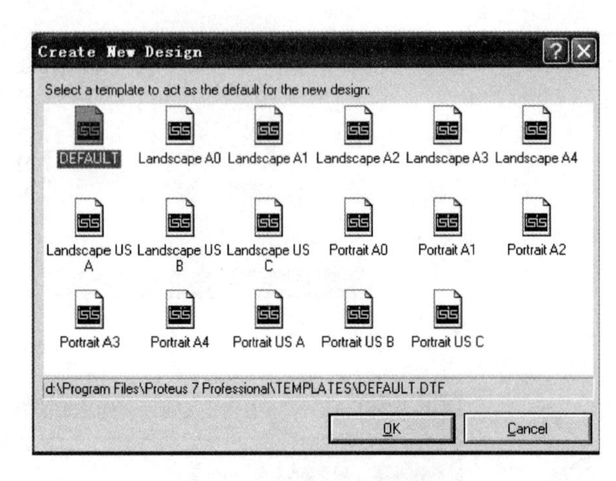

图 2.4　新建文件对话框

2. 保存设计文件

新建设计文件后，如果需要保存，则选择“File”→“Save Design...”或“Save Design As...”。设计文件默认保存在安装路径下的“SAMPLES”文件夹中，也可以更改保存路径，在文件名后面定义并输入易于理解和读取的文件名，单击“Save”按钮。

3. 设置工作环境

打开“Template”菜单，对工作环境进行简单的属性设置。也可选择“System”菜单的“Set...”项，进行进一步的设置，如选择“Set Sheet Sizes...”出现页面设置对话框，如图 2.5 所示，可根据需要选择页面大小。

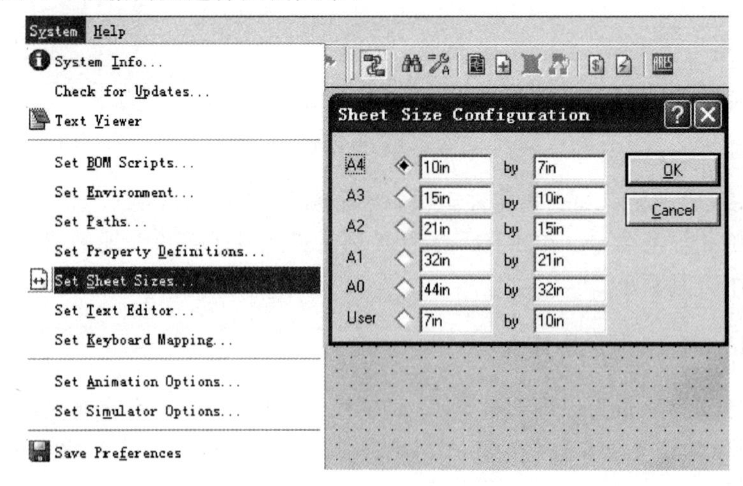

图 2.5　页面设置对话框

4. 选择元器件

前面三个准备工作做好后，在 Proteus ISIS 中绘制原理图的第一步是要从元器件库中选取绘制电路所需的元器件。Proteus ISIS 提供了如下三种从元器件库中选取元器件的方法。

（1）依次选择菜单“Library”→“Pick Devices/Symbol... P”。

（2）单击对象选择窗口顶端左侧的“P”按钮或者使用库浏览图表的键盘快捷方式，即在英文输入方式下输入“P”。

（3）在原理图编辑窗口单击鼠标右键，在弹出的右键快捷菜单中选择“Place”→“Component”→“From Libraries”命令。

执行上述三种操作，都会出现元器件库浏览窗口，如图 2.6 所示。

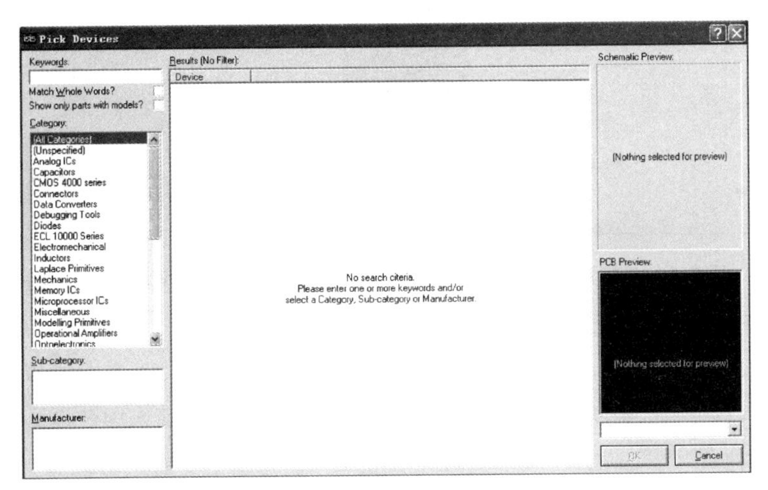

图 2.6　元器件库浏览窗口

在元器件库中查找期望的元器件。Proteus ISIS 提供了多种查找元器件的方法，当已知元器件名时，可在 Keywords 区域键入元器件名，如 555，如图 2.7 所示，则在 Results 区域显示出元器件库中元器件名或元器件描述中带有“555”的元件。此时用户可根据元器件所属类别、子类及生产厂家进一步查找所需元器件，如图 2.8 所示。在结

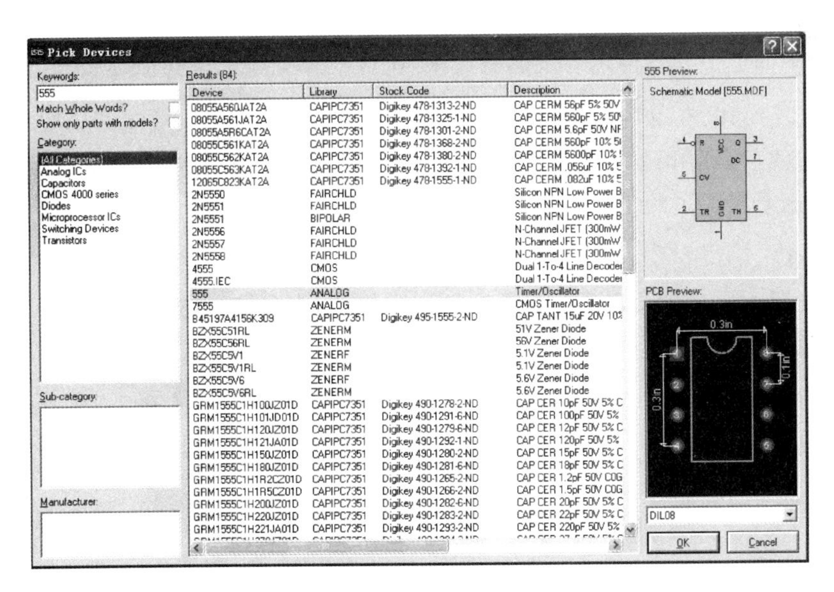

图 2.7　键入元器件名

果列表的所需元器件“555”上双击，或单击右下角的“OK”按钮，该元器件将出现在对象选择窗口中，如图 2.9 所示。

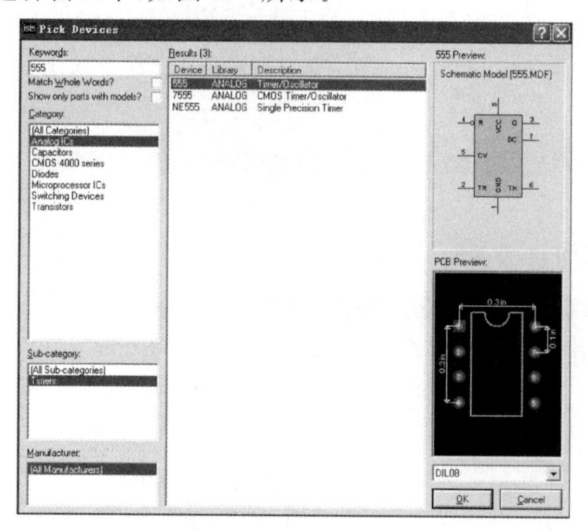

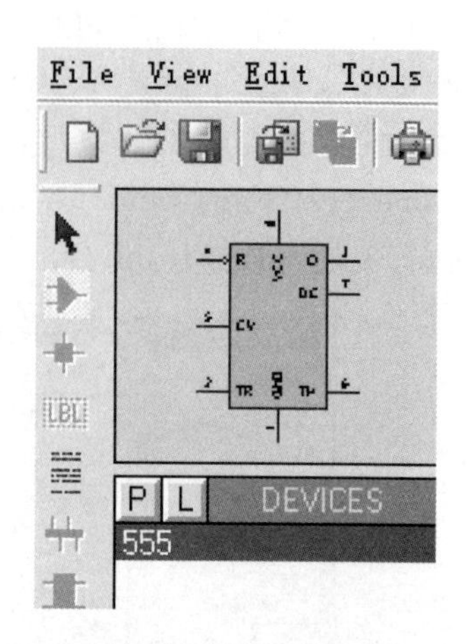

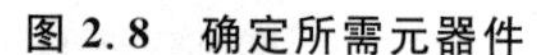
图 2.8　确定所需元器件

图 2.9　添加元器件到对象选择器

5. 在原理图中放置元器件

在当前设计文档的对象选择器中添加元器件后，就要在原理图中放置元器件。下面以放置名为“555”的元器件为例说明具体步骤。首先，选择对象选择器中的“555”，在 Proteus ISIS 编辑环境主界面的浏览窗口中将出现“555”图标；然后在编辑窗口中单击，元器件“555”被放置到原理图中。按照上述步骤，可以将电路原理图中的其他元器件放置到原理图中；将光标指向编辑窗口的元器件，并单击该对象，可使其高亮显示，这时可将高亮对象拖到合适的位置，以调整元器件位置，完成调整后，选择“View”→“Redraw”，刷新屏幕，此时原理图中会出现全部元器件。

6. 原理图布线

根据实际电路的需要，利用 Proteus ISIS 编辑环境所提供的各种工具、命令进行布线，将工作平面上的元器件用导线连接起来，构成一幅完整的电路原理图。

7. 原理图的电气规则检查

完成布线后，利用 Proteus ISIS 编辑环境所提供的电气规则检查命令对设计进行检查，并根据系统提示的错误检查报告修改原理图。

8. 调整

大型项目的原理设计需要经过多次调整和修改，直到通过电气规则检查为止。

9. 存盘和输出报表

Proteus ISIS 提供了多种报表输出格式，同时可以对设计好的原理图和报表进行存盘和输出打印。

2.2.3　电路原理图编辑实例

下面以图 2.10 所示的定时计数电路为例，简要、直观地介绍电路原理图的设计方法和步骤，并说明各种工具的使用方法。

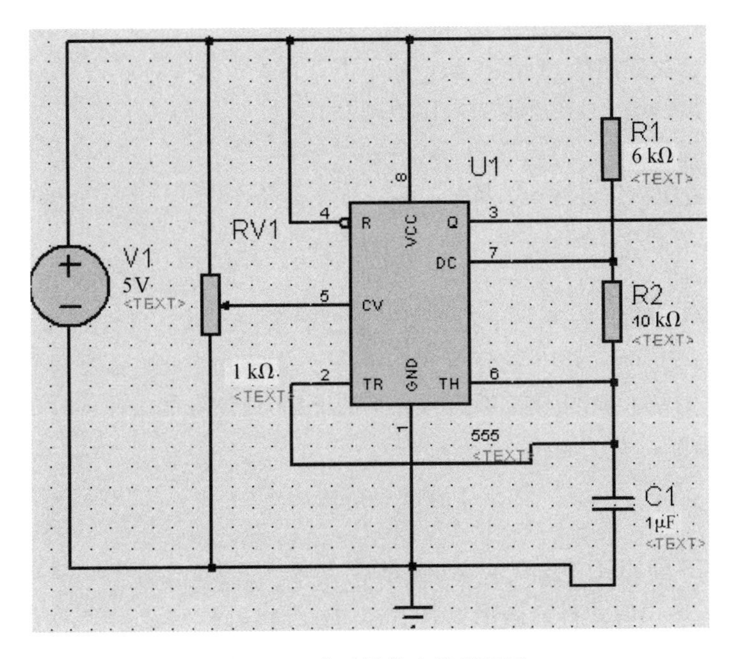

图 2.10　定时计数电路原理图

1. 创建一个新的设计文件

按前面所述新建设计文件的方法，在 Proteus ISIS 编辑环境中新建一个名为“example”的文件，并保存。

2. 设置工作环境

本例中，仅对图纸进行设置，纸张选择 A4，其他使用系统默认设置。

3. 元器件选择

在工具箱中选择“Component”按钮，单击对象选择器中的“P”按钮，将弹出“Pick Devices”对话框，按照表 2.1 所列元器件的名称、所属类、所属子类将元器件添加到元器件对象选择窗口中。

表 2.1　元器件列表

元器件名称	所　属　类	所属子类
555	Analog ICs	Timers
R1、R2	Resistors	Generic
C1	Capacitors	Generic
RV1	Resistors	Variable

4. 在原理图中放置元器件

选择对象选择器窗口中的“555”，在 Proteus ISIS 编辑环境主界面的预览窗口中将出现“555”的图标。在编辑窗口中双击，名为“555”的元器件被放置到原理图中。按照同样的步骤，分别将 R1、R2、C1、RV1 按照布线方向排列放置到原理图中。

5. 绘制原理图

Proteus ISIS 具有智能化画线特点，在画线的时候能进行自动检测。画线时单击两个需要连接对象中的一个连接点,再单击另一个对象的连接点,完成两个对象间导线的连接;如果自己决定路线,只需在拐点处单击。在此过程中可以按"Esc"键放弃画线。依此类推,可画出如图2.10所示的电路原理图。

2.3 Proteus ISIS的库元件

前面简单介绍了使用Proteus ISIS绘制原理图的方法,但大部分电路是由库中的元件通过连线来完成的,而库元件的调用是画图的第一步,如何快速准确地找到元件是绘图的关键。而Proteus ISIS的库元件都是以英文来命名的,这带来了不小的障碍。下面对Proteus ISIS的库元件按类进行详细的介绍,使读者能对库元件的名称、位置和使用有一定的了解。

2.3.1 库元件的分类

Proteus ISIS的库元件按类存放,通常以大类→子类(或生产厂家)→元件的方式存放。对于比较常用的元件需要记住其名称,通过直接输入名称来提取;至于哪些是常用的元件,因人而异,可以根据平时的需要而定。另外一种元件选取的方法是按类查询,这种方法也非常方便。

1. 大类

Proteus ISIS库元件提取对话框中,左侧的"Category"列出了以下几个大类,其含义如表2.2所示。从库中选取元件时,首先要清楚它是位于表中的哪一类,然后在元件选取对话框中,选中"Category"中相应的大类即可。

表2.2 库元件分类

类(Category)	含　义	类(Category)	含　义
Analog ICs	模拟集成器件	PLDs & FPGAs	可编程逻辑器件和现场可编程门阵列
Capacitors	电容	Resistors	电阻
CMOS 4000 Series	CMOS 4000系列	Simulator Primitives	仿真源
Connectors	接头	Speakers & Sounders	扬声器和音响
Data Converters	数据转换器	Switches & Relays	开关和继电器
Debugging Tools	调试工具	Switching Devices	开关器件
Diodes	二极管	Thermionic Valves	热离子真空管
ECL 10000 Series	ECL 10000系列	Transducers	传感器
Electromechanical	电机	Transistors	晶体管
Inductors	电感	TTL 74 Series	标准TTL系列
Laplace Primitives	拉普拉斯模型	TTL 74ALS Series	先进的低功耗肖特基TTL系列
Memory ICs	存储器芯片	TTL 74AS Series	先进的肖特基TTL系列
Microprocessor ICs	微处理器芯片	TTL 74F Series	快速TTL系列
Miscellaneous	混杂器件	TTL 74HC Series	高速CMOS系列

续表

类(Category)	含　义	类(Category)	含　义
Modelling Primitives	建模源	TTL 74HCT Series	与 TTL 兼容的高速 CMOS 系列
Operational Amplifiers	运算放大器	TTL 74LS Series	低功耗肖特基 TTL 系列
Optoelectronics	光电器件	TTL 74S Series	肖特基 TTL 系列

2. 子类

选取元件所在的大类后，再选子类，也可以直接选生产厂家，这样会在元件选取对话框中间部分的查找结果中显示符合条件的元件列表；从中找到所需的元件，双击该元件名称，元件即被选取到对象选择器中。如果要继续选取其他元件，最好采用双击名称的办法来选择元件，这样对话框不会关闭。如果只选取一个元件，则可以单击元件名称后单击“OK”按钮，关闭对话框。

如果选取大类后，没有选取子类或生产厂家，则会在元件选取对话框的查询结果中，把此大类下所有元件名称按首字母的升序排列出来。

2.3.2 各子类介绍

1. Analog ICs

模拟集成器件共有 8 个子类，如表 2.3 所示。

表 2.3 Analog ICs **的子类**

子　类	含　义
Amplifier	放大器
Comparators	比较器
Display Drivers	显示驱动器
Filters	滤波器
Miscellaneous	混杂器件
Regulators	三端稳压器
Timers	555 定时器
Voltage References	参考电压

2. Capacitors

电容共有 23 个子类，如表 2.4 所示。

表 2.4 Capacitors **的子类**

子　类	含　义	子　类	含　义
Animated	可显示充放电电荷电容	Miniture Electrolytic	微型电解电容
Audio Grade Axial	音响专用电容	Multilayer Metallised Polyester Film	多层金属聚酯膜电容
Axial Lead polypropene	径向轴引线聚丙烯电容	Mylar Film	聚酯薄膜电容
Axial Lead polystyrene	径向轴引线聚苯乙烯电容	Nickel Barrier	镍栅电容

续表

子　类	含　义	子　类	含　义
Ceramic Disc	陶瓷圆片电容	Non Polarised	无极性电容
Decoupling Disc	解耦圆片电容	Polyester Layer	聚酯层电容
Generic	普通电容	Radial Electrolytic	径向电解电容
High Temp Radial	高温径向电容	Resin Dipped	树脂蚀刻电容
High Temp Axial Electrolytic	高温径向电解电容	Tantalum Bead	钽珠电容
Metallised Polyester Film	金属聚酯膜电容	Variable	可变电容
Metallised Polypropene	金属聚丙烯电容	VX Axial Electrolytic	VX 轴电解电容
Metallised Polypropene Film	金属聚丙烯膜电容	—	—

3. CMOS 4000 Series

CMOS 4000 系列数字电路共有 16 个子类，如表 2.5 所示。

表 2.5　CMOS 4000 Series **的子类**

子　类	含　义	子　类	含　义
Adders	加法器	Gates & Inverters	门电路和反相器
Buffers & Drivers	缓冲和驱动器	Memory	存储器
Comparators	比较器	Misc. Logic	混杂逻辑电路
Counters	计数器	Mutiplexers	数据选择器
Decoders	译码器	Multivibrators	多谐振荡器
Encoders	编码器	Phase-locked Loops(PLL)	锁相环
Flip-flops & Latches	触发和锁存器	Registers	寄存器
Frequency Dividers & Timer	分频和定时器	Signal Switcher	信号开关

4. Connectors

接头共有 9 个子类，如表 2.6 所示。

表 2.6　Connectors **的子类**

子　类	含　义	子　类	含　义
Audio	音频接头	Terminal Blocks	接线端子台
D-Type	D 型接头	PCB Transfer	PCB 传输接头
DIL	双排插座	SIL	单排插座
Header Blocks	插头	Ribbon Cable	蛇皮电缆
Miscellaneous	各种接头	—	—

5. Data Converters

数据转换器共有 4 个子类，如表 2.7 所示。

表 2.7　Data Converters **的子类**

子　类	含　义	子　类	含　义
A/D Converters	A/D 转换器	D/A Converters	D/A 转换器
Sample & Hold	采样/保持器	Temperature Sensors	温度传感器

6. Debugging Tools

调试工具共有 3 个子类，如表 2.8 所示。

表 2.8 Debugging Tools **的子类**

子　类	含　义	子　类	含　义
Breakpoint Triggers	断点触发器	Logic Probes	逻辑输出探针
Logic Stimuli	逻辑状态输入	—	—

7. Diodes

二极管共有 8 个子类，如表 2.9 所示。

表 2.9 Diodes **的子类**

子　类	含　义	子　类	含　义
Bridge Rectifiers	整流桥	Switching	开关二极管
Generic	普通二极管	Tunnel	隧道二极管
Rectifiers	整流二极管	Varicap	变容二极管
Schottky	肖特基二极管	Zener	稳压二极管

8. Inductors

电感共有 3 个子类，如表 2.10 所示。

表 2.10 Inductors **的子类**

子　类	含　义	子　类	含　义
Generic	普通电感	Transformers	变压器
SMT Inductors	表面安装技术电感	—	—

9. Laplace Primitives

拉普拉斯模型共有 7 个子类，如表 2.11 所示。

表 2.11 Laplace Primitives **的子类**

子　类	含　义	子　类	含　义
1st Order	一阶模型	Operators	算子
2nd Order	二阶模型	Poles/Zeros	极点/零点
Controllers	控制器	Symbols	符号
Non-linear	非线性模型	—	—

10. Memory ICs

存储器芯片共有 7 个子类，如表 2.12 所示。

表 2.12 Memory ICs **的子类**

子　类	含　义	子　类	含　义
Dynamic RAM	动态数据存储器	Memory Cards	存储卡
EPROM	可擦除程序存储器	SPI Memories	SPI 总线存储器
EEPROM	电可擦除程序存储器	Static RAM	静态数据存储器
I2C Memories	I^2C 总线存储器	—	—

11. Microprocessor ICs

微处理器芯片共有 13 个子类,如表 2.13 所示。

表 2.13 Microprocessor ICs **的子类**

子　类	含　义	子　类	含　义
68000 Family	68000 系列	PIC 10 Family	PIC 10 系列
8051 Family	8051 系列	PIC12 Family	PIC 12 系列
ARM Family	ARM 系列	PIC 16 Family	PIC 16 系列
AVR Family	AVR 系列	PIC 18 Family	PIC 18 系列
BASIC Stamp Modules	Parallax 公司微处理器	PIC 24 Family	PIC 24 系列
HC11 Family	HC11 系列	Z80 Family	Z80 系列
Peripherals	CPU 外设	—	—

12. Modelling Primitives

建模源共有 9 个子类,如表 2.14 所示。

表 2.14 Modelling Primitives **的子类**

子　类	含　义	子　类	含　义
Analog(SPICE)	模拟(仿真分析)	Digital (Buffers & Gates)	数字(缓冲器和门电路)
Digital(Combinational)	数字(组合电路)	Digital(Miscellaneous)	数字(混杂)
Digital(Sequential)	数字(时序电路)	Mixed Mode	混合模式
PLD Elements	可编程逻辑器件单元	Realtime(Actuators)	实时激励源
Realtime(Indictors)	实时指示器	—	—

13. Operational Amplifiers

运算放大器共有 7 个子类,如表 2.15 所示。

表 2.15 Operational Amplifiers **的子类**

子　类	含　义	子　类	含　义
Dual	双运放	Ideal	理想运放
Macromodel	大量使用的运放	Octal	八运放
Quad	四运放	Single	单运放
Triple	三运放	—	—

14. Optoelectronics

光电器件共有 11 个子类,如表 2.16 所示。

表 2.16 Optoelectronics **的子类**

子　类	含　义	子　类	含　义
7-Segment Display	七段显示	LCD Controllers	液晶控制器
Alphanumeric LCDs	液晶数码显示	LCD Panels Displays	液晶面板显示
Bargraph Display	条形显示	LEDs	发光二极管
Dot Matrix Displays	点阵显示	Optocouplers	光电耦合

续表

子　类	含　义	子　类	含　义
Graphical LCDs	液晶图形显示	Serial LCDs	串行液晶显示
Lamps	灯	—	—

15. Resistors

电阻共有 11 个子类，如表 2.17 所示。

表 2.17 Resistors **的子类**

子　类	含　义	子　类	含　义
0.6 Watt Metal Film	0.6 W 金属膜电阻	High Voltage	高压电阻
10 Watt Wirewound	10 W 绕线电阻	NTC	负温度系数热敏电阻
2 Watt Metal Film	2 W 金属膜电阻	Resistor Packs	排阻
3 Watt Wirewound	3 W 绕线电阻	Variable	滑动变阻器
7 Watt Wirewound	7 W 绕线电阻	Varisitors	可变电阻
Generic	普通电阻	—	—

16. Simulator Primitives

仿真源共有 3 个子类，如表 2.18 所示。

表 2.18 Simulator Primitives **的子类**

子　类	含　义	子　类	含　义
Flip-Flops	触发器	Gates	门电路
Sources	电源	—	—

17. Switches & Relays

开关和继电器共有 4 个子类，如表 2.19 所示。

表 2.19 Switches and Relays **的子类**

子　类	含　义	子　类	含　义
Key Pads	键盘	Relays(Generic)	普通继电器
Relays(Specific)	专用继电器	Switches	开关

18. Switching Devices

开关器件共有 4 个子类，如表 2.20 所示。

表 2.20 Switching Devices **的子类**

子　类	含　义	子　类	含　义
DIACs	两端交流开关	Generic	普通开关元件
SCRs	可控硅	TRIACs	三端双向可控硅

19. Thermionic Valves

热离子真空管共有 4 个子类，如表 2.21 所示。

表 2.21 Thermionic Valves 的子类

子　类	含　义	子　类	含　义
Diodes	二极管	Pentodes	五极真空管
Tetrodes	四极管	Triodes	三极管

20. Transducers

传感器共有 2 个子类,如表 2.22 所示。

表 2.22 Transducers 的子类

子　类	含　义
Pressure	压力传感器
Temperature	温度传感器

21. Transistors

晶体管共有 8 个子类,如表 2.23 所示。

表 2.23 Transistors 的子类

子　类	含　义	子　类	含　义
Bipolar	双极型晶体管	Generic	普通晶体管
IGBT	绝缘栅双极晶体管	JFET	结型场效应管
MOSFET	MOS 场效应管	RF Power LDMOS	射频功率 LDMOS 管
RF Power VDMOS	射频功率 VDMOS 管	Unijunction	单结晶体管

2.4 Proteus 中常用仪器简介

Proteus 在实际使用中可以在电路中接入各种分析和测试仪器,对设计好的电路图进行仿真,以检查设计结果的正确性。Proteus ISIS 提供了许多仿真工具,例如激励源、分析图和虚拟仪器等,给电路设计和分析带来了极大的方便。下面对仿真仪器和工具逐一介绍。

2.4.1 激励源

激励源为电路提供输入信号,Proteus ISIS 为用户提供了如表 2.24 所示的 13 种激励信号发生器,并允许用户对其参数进行设置。

表 2.24 激励源

名　称	意　义	名　称	意　义
DC	直流信号发生器	SINE	正弦波信号发生器
PULSE	脉冲发生器	EXP	指数脉冲发生器
SFFM	单频率调频波发生器	PWLIN	分段线性激励源
FILE	FILE 信号发生器	AUDIO	音频信号发生器
DSTATE	数字单稳态逻辑电平发生器	DEDGE	数字单边沿信号发生器
DPULSE	单周期数字脉冲发生器	DCLOCK	数字时钟信号发生器
DPATTERN	数字模式信号发生器	—	—

在专用工具栏中单击“Generator Mode”的图标“”，在对象选择器中列出所有选项，如图 2.11 所示。可以直接在电路中添加激励源(直流电源、正弦信号源、脉冲信号源等)，使电路进入工作状态。

图 2.11 激励源列表

2.4.2 虚拟仪器

虚拟仪器为电路参数的测量工具，Proteus ISIS 为用户提供了如表 2.25 所示的 12 种虚拟仪器，单击工具栏中的“”图标，在对象选择器中列出所有选项，如图 2.12 所示。

表 2.25 虚拟仪器及其含义

名　称	含　义
OSCILLOSCOPE	虚拟示波器
LOGIC ANALYSER	虚拟逻辑分析仪
COUNTER TIMER	虚拟计数/定时器
VIRTUAL TERMINAL	虚拟终端
SPI DEBUGGER	SPI 调试器
I2C DEBUGGER	I^2C 调试器
SIGNAL GENERATOR	信号发生器
PATTERN GENERATOR	模式发生器
DC VOLTMETER	直流电压表
DC AMMETER	直流电流表
AC VOLTMETER	交流电压表
AC AMMETER	交流电流表

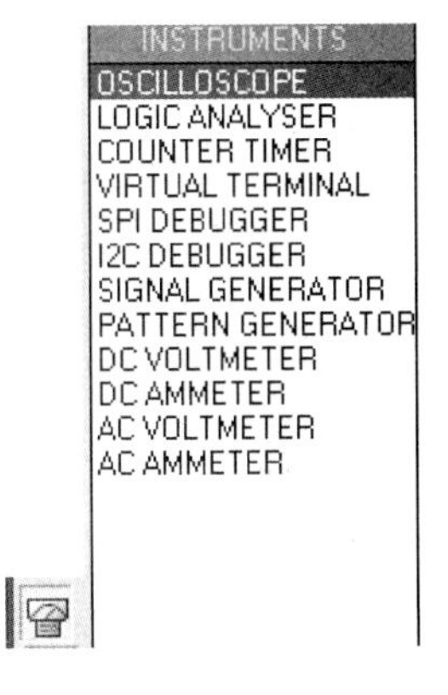

图 2.12 虚拟仪器模式

1. 电压表和电流表

Proteus 可以完成对直流电压/电流及交流电压/电流的实时操作，当进行电路仿真时，以易读的数字格式显示电压值或电流值。

Proteus 提供了 AC voltmeter(交流电压表)、AC ammeter(交流电流表)、DC voltmeter(直流电压表)、DC ammeter(直流电流表)。其操作简单，以数字格式显示，简单易懂。

1) 直流电压表

直流电压表的使用方法如下。

(1) 单击工具栏中“Virtual Instruments Mode”的图标“”。

(2) 在对象选择器中单击“DC VOLTMETER”，在预览窗口出现电压表的图标。

(3) 在编辑窗口中单击，放置电压表图标，如图 2.13 所示。

(4) 选中电压表，双击打开电压表编辑对话框，如图 2.14 所示。元件的名称及标号可以显示或隐藏。“Display Range”下拉菜单显示电压测量范围。系统提供了三挡电压，即“Volts(伏)”“Millivolts(毫伏)”“Microvolts(微伏)”。通常选择量程范围时要使待测信号的电压值小于最大量程，若测量时电压表显示＋MAX，则表示量程过小，需要选择大量程。

2) 其他电表

其他电表(交/直流电流表、交流电压表)的使用方法与直流电压表的使用方法相同。

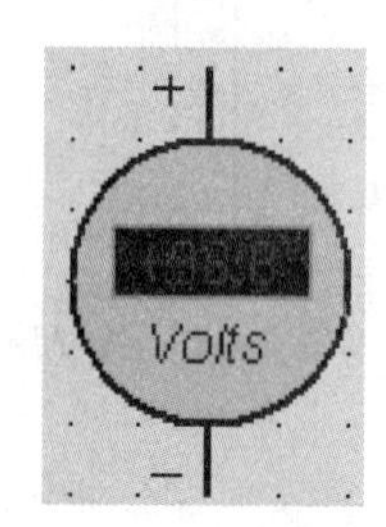

图 2.13 电压表图标

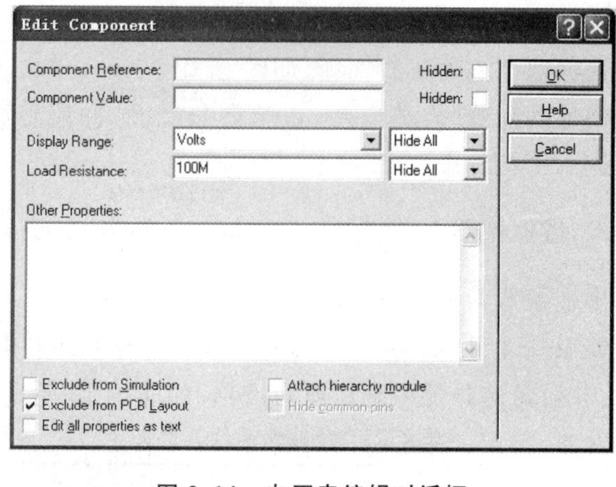

图 2.14 电压表编辑对话框

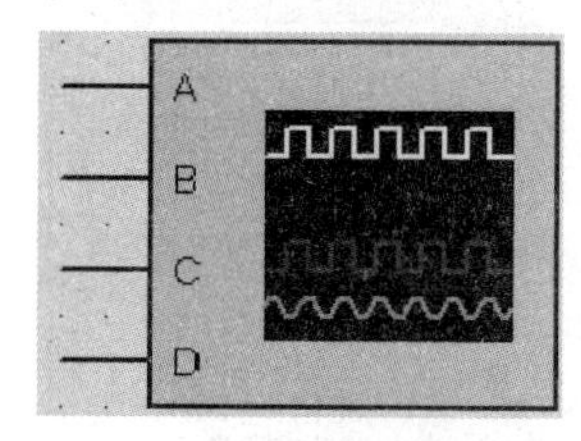

图 2.15 虚拟示波器

2. 虚拟示波器

虚拟示波器的使用方法如下。

(1) 单击工具栏中“Virtual Instruments Mode”的图标“”,选择“OSCILLOSCOPE”,在预览窗口显示虚拟示波器符号。

(2) 在编辑窗口中单击,添加示波器,如图 2.15 所示。

(3) 在仿真窗口中,单击运行按钮,弹出如图 2.16 所示的虚拟示波器窗口,虚拟示波器与真实的示波器相同,分别可以调节通道电压(格),通道的 Y 轴位置、X 轴位置,控制时间(格),并可以完成通道和耦合方式的选择等。

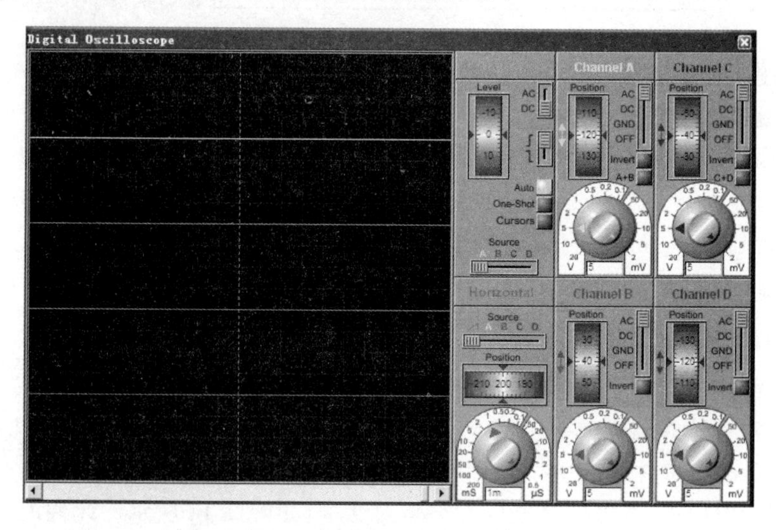

图 2.16 虚拟示波器界面

3. 虚拟逻辑分析仪

虚拟逻辑分析仪(logic analyser)如图 2.17 所示,通过将连续记录的输入数字信号存入大的捕捉缓冲器中进行工作。虚拟逻辑分析仪的工作过程是一个采样过程。虚拟逻辑分析仪具有可调整的分辨率,用于定义可以记录的最短脉冲,可以实时地进行暂停、启动、捕获数据等。

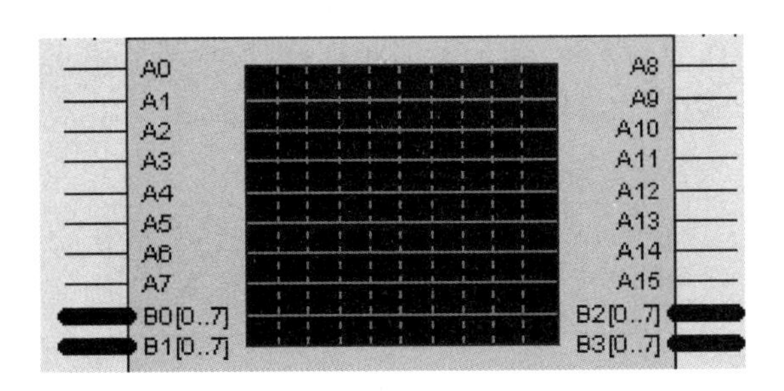

图 2.17 虚拟逻辑分析仪

4. 虚拟定时/计数器

Proteus 提供的虚拟定时/计数器(counter timer)如图 2.18 所示，它是一个通用的数字仪器，可用于测量时间间隔、信号频率和脉冲数。它具有如下几种操作模式：

图 2.18 虚拟定时/计数器

(1) 定时器方式(显示秒)，分辨率为 1 μs；

(2) 定时器方式(显示时、分、秒)，分辨率为 1 ms；

(3) 频率计方式，分辨率为 1 Hz；

(4) 计数器方式，最大计数值为 99 999 999。

这些模拟数值可以在虚拟仪器窗口显示，也可以在仿真期间选择"Debug"→"VSM Counter Timer"，在弹出的窗口中显示，在该窗口中可以选择复位电平极性、门信号极性、手动复位和工作模式等。

5. 虚拟仪器使用实例

常用的虚拟仪器——虚拟定时/计数器和虚拟示波器的使用实例如图 2.19 所示。

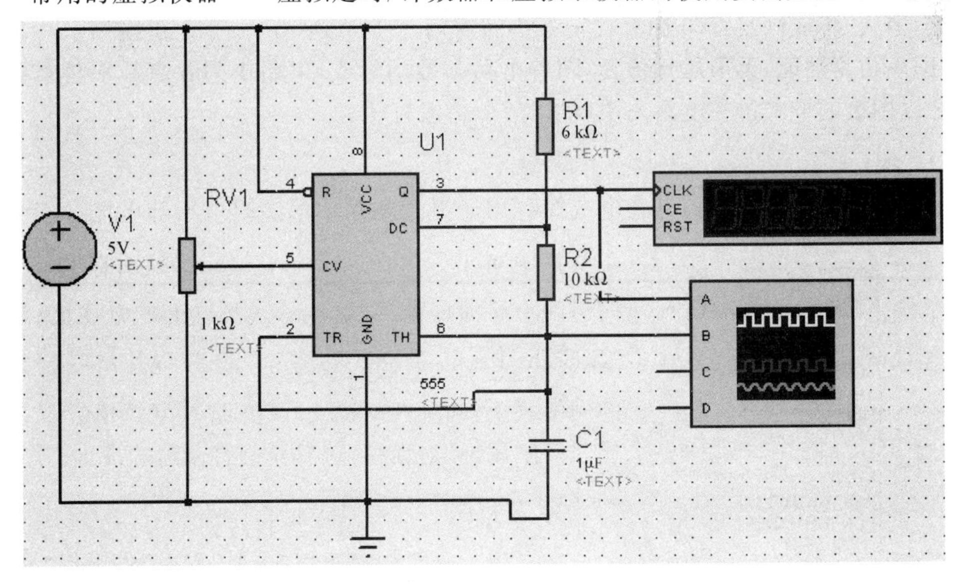

图 2.19 虚拟定时/计数器和虚拟示波器的使用

虚拟定时/计数器作为频率计,测量电路频率;虚拟示波器用于显示电路波形。单击仿真运行,虚拟定时/计数器和虚拟示波器分别显示如图 2.20、图 2.21 所示的运行结果。

图 2.20　交互式仿真中虚拟定时/计数器的运行结果

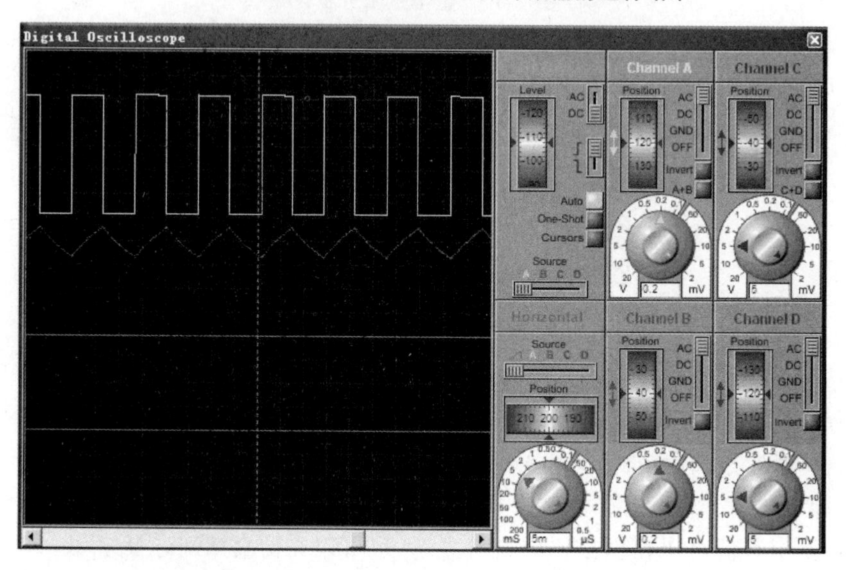

图 2.21　交互式仿真中虚拟示波器的运行结果

2.4.3　图表仿真工具

上述虚拟仪器为用户提供交互动态仿真功能,但这些仿真结果和状态随着仿真结束也会消失,不能满足打印及长时间分析的需要。所以 Proteus ISIS 还提供了一种静态的图表仿真功能,无须运行仿真,随着电路参数的修改,电路中的各点波形将重新生成,并以图表的形式留在电路图中,供以后分析或打印。

1. 探针

Proteus 提供的电压探针和电流探针用于显示电路中的实时电压和电流。在专用工具栏中单击“Voltage Probe Mode”的图标“”,在网络线上添加探针,可以显示网络线上的电压值;单击“Current Probe Mode”的图标“”,将其串联到指定的网络线上,可以实时显示该支路的电流值。双击探针,打开“属性”对话框,可对其进行命名等设置。

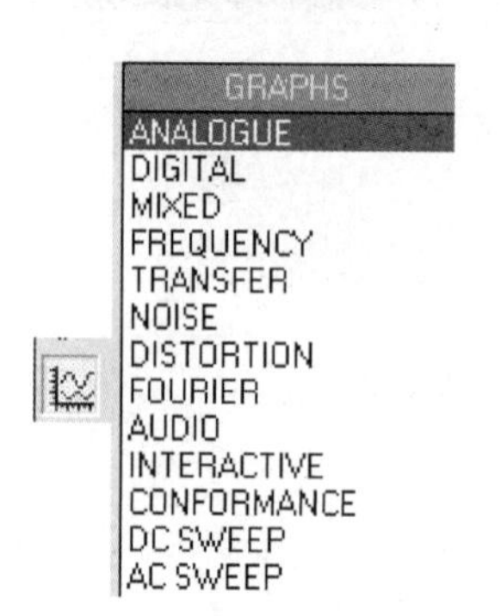

图 2.22　图表分析类别

2. 分析图

在专用工具栏中单击“Graph Mode”的图标“”,在对象选择器中列出其包含的所有选项,如图 2.22

所示，包含模拟、数字、混合、频率特性、传输特性和噪声分析等，其含义如表 2.26 所示。

表 2.26 图表分析类别及其含义

类 别	含 义	类 别	含 义
ANALOGUE	模拟波形	DIGITAL	数字波形
MIXED	A/D 混合波形	FREQUENCY	频率响应
TRANSFER	转移特性分析	NOISE	噪声波形
DISTORTION	失真分析	FOURIER	傅里叶分析
AUDIO	音频分析	INTERACTIVE	交互分析
CONFORMANCE	一致性分析	DC SWEEP	直流扫描
AC SWEEP	交流扫描	—	—

2.5 Proteus 电路仿真方法

电路仿真就是利用电子器件的数学模型，通过计算分析来表现电路工作状态的一种手段。Proteus 中的仿真通过 Proteus VSM 来实现，主要存在两种仿真方式：实时仿真和基于图表仿真。实时仿真是通过在编辑好的电路原理图中添加相应的虚拟仪器（如虚拟信号源、虚拟示波器、虚拟电压/电流表等），单击仿真按键中的运行按钮，实时跟踪电路状态的变化，检验用户设计的电路能否正常工作的一种仿真方法；基于图表仿真则是用来研究电路的工作状态和进行细节测量的。

2.5.1 Proteus ISIS 实时仿真

实时仿真按键位于运行主界面左下角，像播放器操作按钮一样，如图 2.23 所示。

仿真按键共有 4 个功能按钮，各按钮在控制电路运行过程中的功能如下。

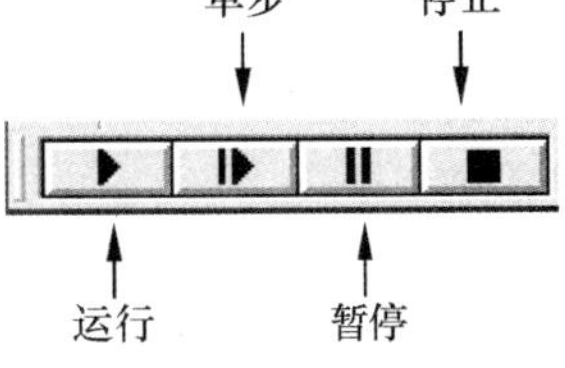

图 2.23 实时仿真按键

(1) 运行按钮，用于启动 Proteus ISIS 仿真。

(2) 单步按钮，用于单步运行程序，使仿真按照预设的时间步长进行。为使单步执行时间增量，可单击“System”→“Set Animation Options”命令，弹出如图 2.24 所示的电路配置对话框，进行步长设置，系统单步仿真步长默认值为 50 ms。单击一次，仿真进行一个步长时间后停止。如果按下该按钮不放，仿真将连续进行，直到释放单步按钮为止。这种功能可更为细化地监控电路，同时也可以使电路放慢工作速度，以便使用者更好地了解电路各元件间的相互关系。

(3) 暂停按钮，用于暂停程序仿真。它可以延缓仿真的进行，再次按下可继续仿真，也可暂停后进行步进仿真。也可通过键盘的“Pause Break”键实现暂停仿真功能，但在这种情况下，如果需要恢复仿真操作，则要用仿真按钮操作。

(4) 停止按钮，用于停止 Proteus ISIS 实时仿真。按下该按钮，所有可动状态停止，模拟器不占用内存；另外，也可以通过“Shift+Pause Break”实现停止仿真功能。

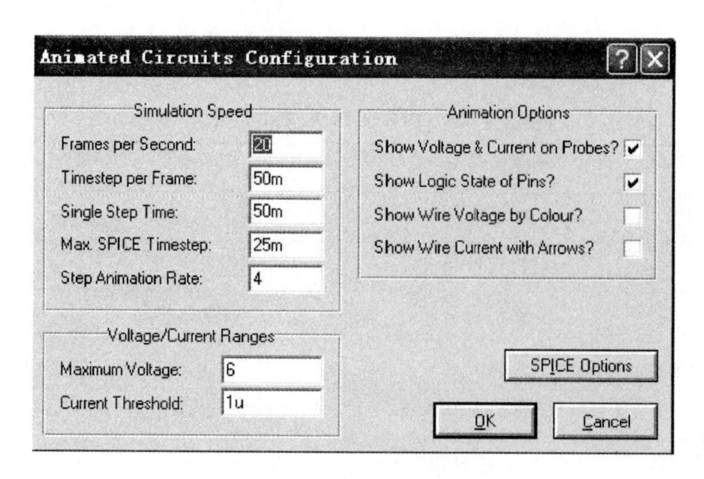

图 2.24 电路配置对话框

2.5.2 实时仿真中的电路测量

1. 仿真电路参数实时显示

在 Proteus ISIS 中进行实时仿真，暂停仿真后可查看元件参数信息，如节点电压或引脚逻辑状态，有些元件也可显示相对电压，如图 2.25 所示。

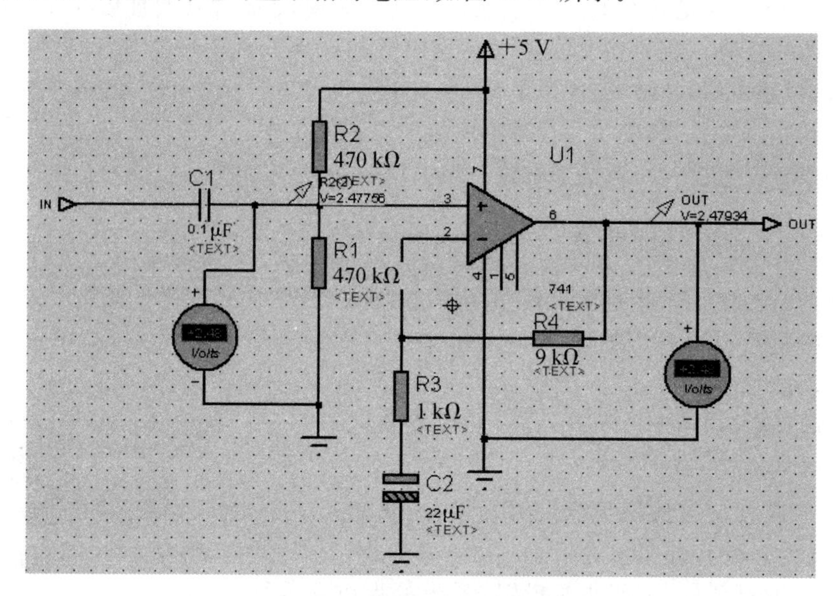

图 2.25 系统实时仿真参数结果

2. 仿真中实时显示元件引脚逻辑状态

Proteus ISIS 仿真具有人性化的测量显示方法，系统可使连接到数字或者混合电路的元件引脚显示一个有色小方块，用于表示元件引脚逻辑状态，如图2.26所示。在仿真屏幕中，默认的红色表示逻辑“1”，蓝色表示逻辑“0”，灰色表示不确定。

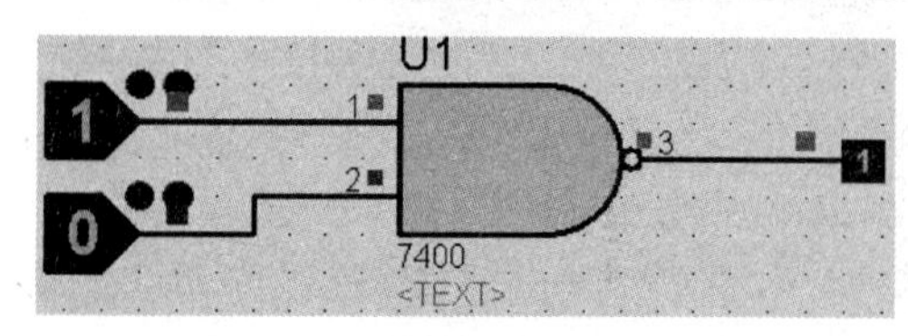

图 2.26 实时元件引脚逻辑状态

2.5.3 基于数字图表的电路分析

1. 图表仿真功能

图表仿真涉及一系列按钮和菜单的选择。图表仿真功能的主要作用是把电路中某点对地的电压或某条支路的电流相对时间轴的波形自动绘制出来，其实现步骤如下。

(1) 在电路中为被测点添加电压探针，或在被测支路添加电流探针。

(2) 选择放置波形的类别，并在原理图中拖出用于生成仿真波形的图表框。

(3) 在图表框中添加探针。

(4) 设置图表属性。

(5) 单击图表仿真按钮生成所加探针测得的对应的波形。

(6) 存盘及打印输出。

2. 数字图表分析

数字图表分析用于绘制逻辑电平随时间变化而变化的曲线，图表中的波形代表单一数据位或总线的二进制电平值。下面以实例来介绍图表仿真功能的使用方法和步骤。

1) 设置探针

绘制一个完整的电路，现在绘制时钟 CLK，以及输出 Q_2、Q_1、Q_0 的波形，在相应位置添加的电压探针如图 2.27 所示。

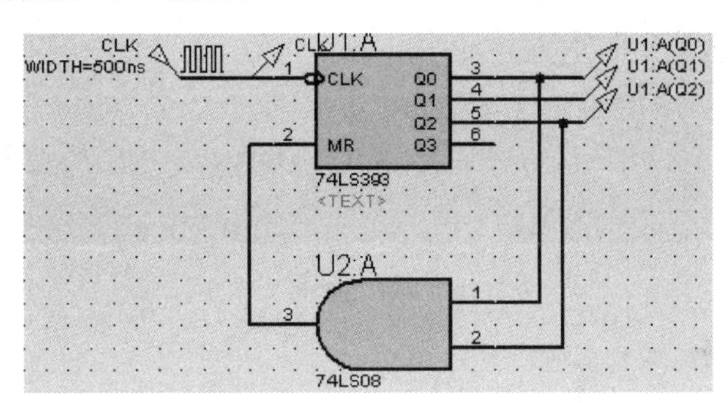

图 2.27 图表仿真电路举例

2) 设置波形类别

单击 Proteus ISIS 左侧工具栏中的“Graph Mode”的图标“ ”，在对象选择器中列出其包含的所有选项，如图 2.22 所示，选择 DIGITAL 仿真图形，光标指向编辑窗口，拖出一个方框，松开左键确定方框大小，完成数字仿真图表的添加，如图 2.28 所示。

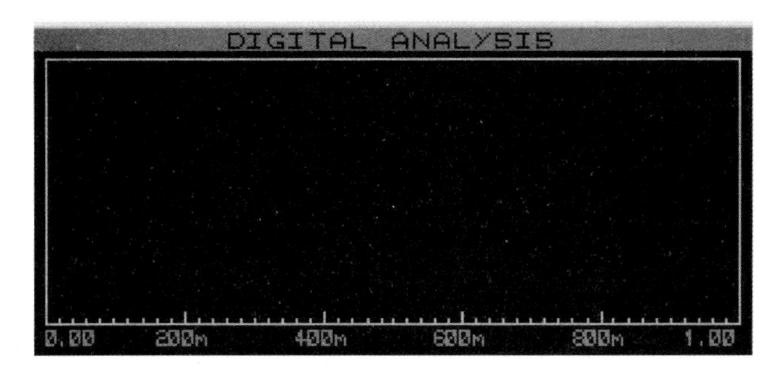

图 2.28 拖出的图表框

3）添加探针

添加 4 个电压探针到图表框中。选择“Graph”→“ADD Trace(图形下添加轨迹)”，打开添加轨迹对话框，单击“Probe P1”下拉菜单，出现所有探针的名称，如图 2.29 所示。选中“U1:A(CLK)”，该探针自动添加到“Name”栏中。依次添加，可以完成所有探针的添加，如图 2.30 所示。

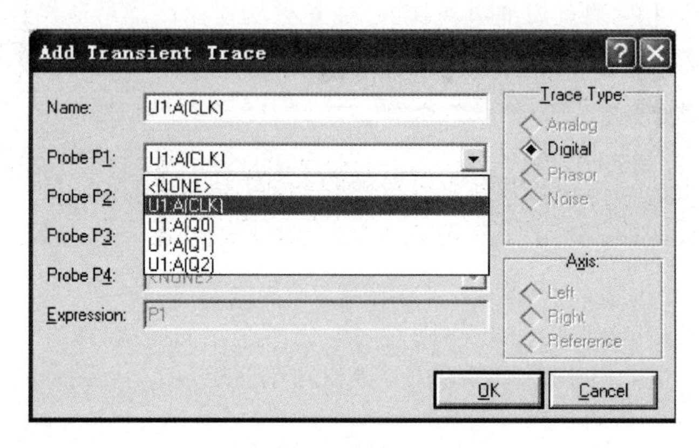

图 2.29 添加轨迹对话框

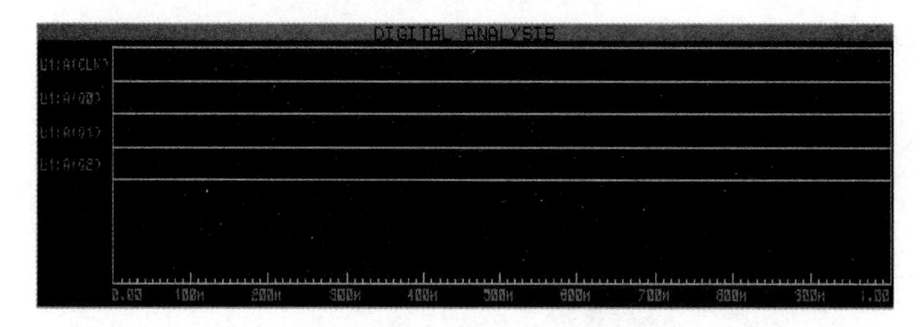

图 2.30 编辑后的数字图表

4）设置数字仿真图表属性

先添加仿真图表，再双击，调出数字仿真图表编辑对话框，如图 2.31 所示，设置相应的参数，包括图表标题、仿真起始时刻、仿真终止时刻、左/右坐标轴标签等。

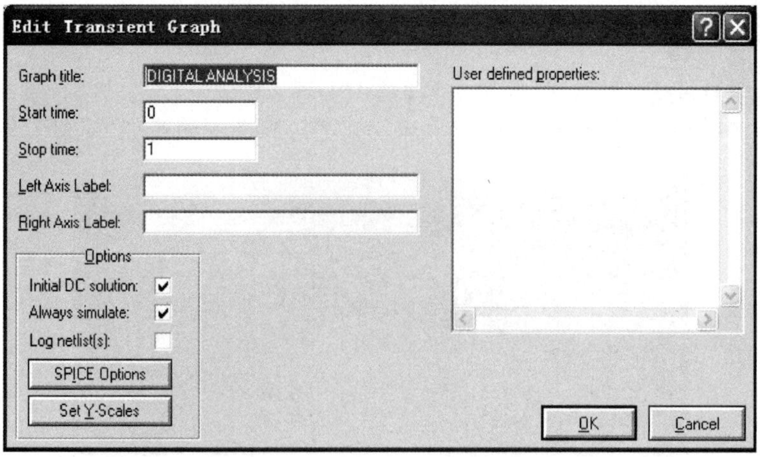

图 2.31 数字仿真图表编辑对话框

3. 实时仿真实例

在 Proteus ISIS 中对如图 2.27 所示电路进行图表仿真分析。

将所有输入/输出添加到数字图表中，如图 2.30 所示。运行“Graph”→“Simulate”命令，即可进行图表仿真，输出结果如图 2.32 所示。

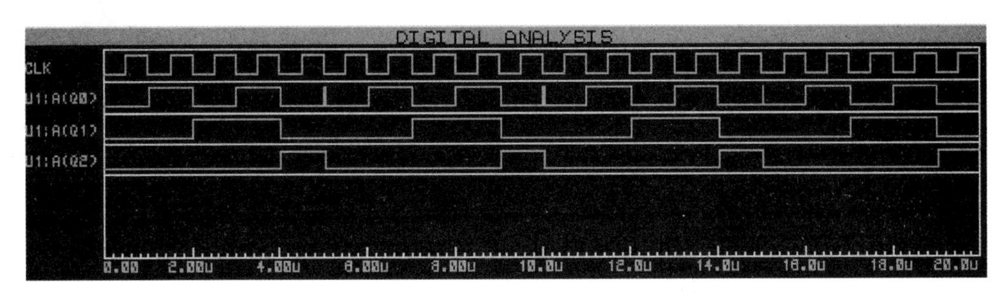

图 2.32 数字图表输出结果

3

数字电路基础实验

3.1 常用集成门电路实验

3.1.1 实验目的

(1) 熟悉 TTL、CMOS 集成门电路的逻辑符号和引脚排列;
(2) 掌握 TTL、CMOS 集成门电路的逻辑功能;
(3) 熟悉三态门和集电极开路门的功能和使用方法。

3.1.2 实验仪器及元器件

(1) 双踪示波器;
(2) 直流稳压电源;
(3) 函数信号发生器;
(4) 数字电路实验箱或实验电路板;
(5) 数字万用表;
(6) 集成电路芯片 74LS00、74HCT00、74LS04、74HCT04、74LS125、74LS03 各 1 片。

3.1.3 预习要求

(1) 了解实验器件的逻辑符号、功能和引脚图;
(2) 熟悉三态门和集电极开路门的概念和基本功能;
(3) 阅读实验指导书,理解实验原理,了解实验内容。

3.1.4 实验原理

(1) 74LS00、74HCT00 分别为 TTL 和 CMOS 集成电路,它们的逻辑功能、引脚排列顺序,以及高、低电平范围均相同。74LS04、74HCT04 同样如此,分别为 TTL 和 CMOS 集成电路,其逻辑功能、引脚排列顺序,以及高、低电平范围均相同。74LS00、74LS04 的引脚排列分别如图 3.1 和图 3.2 所示。

(2) 三态逻辑门是一种特殊的门电路,它具有三种输出状态:高电平、低电平和高阻状态。当它处于高阻状态时,输出端与门电路内部之间无连接通路。三态输出

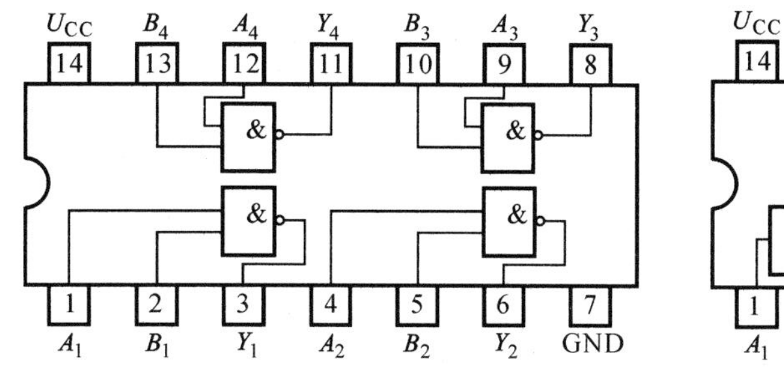

图 3.1 74LS00 的引脚排列

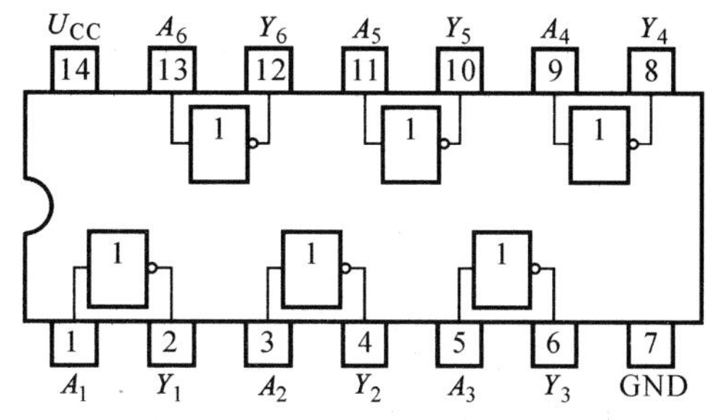

图 3.2 74LS04 的引脚排列

的四总线缓冲门(器)74LS125 的引脚排列如图 3.3 所示。它有一个控制端 EN,低电平有效;即 EN=**0** 为正常工作状态,实现输出等于输入的逻辑功能,EN=**1** 为高阻状态。

利用这一特点,多个三态逻辑门的输出端可以直接连接在一起,但是要求这些三态门不能同时处于工作状态,任何时刻只能有一个三态门工作。这样可以把各三态门的输出信号轮流传送到总线上,实现多路数据在总线上的分时传输。

(3) 集电极开路门(OC 门)是另一种特殊的门电路,其特点是门电路内部输出三极管的集电极开路。正常工作时,必须外接上拉电阻才能实现正常逻辑功能。上拉电阻的作用是把 OC 门的输出悬空状态对外变成高电平,OC 门本身的特性并未改变。74LS03 的引脚排列如图 3.4 所示。

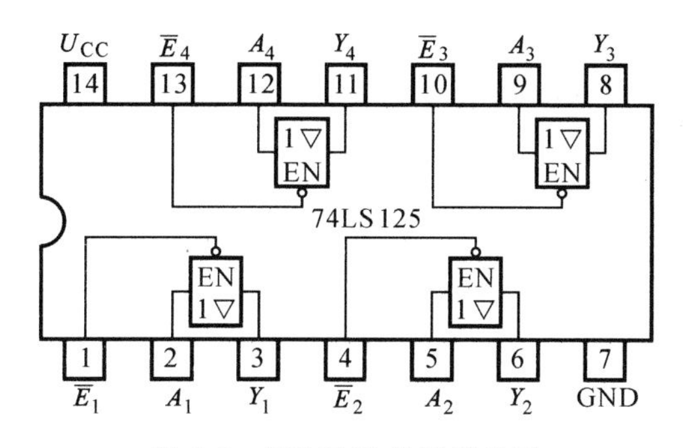

图 3.3 74LS125 的引脚排列

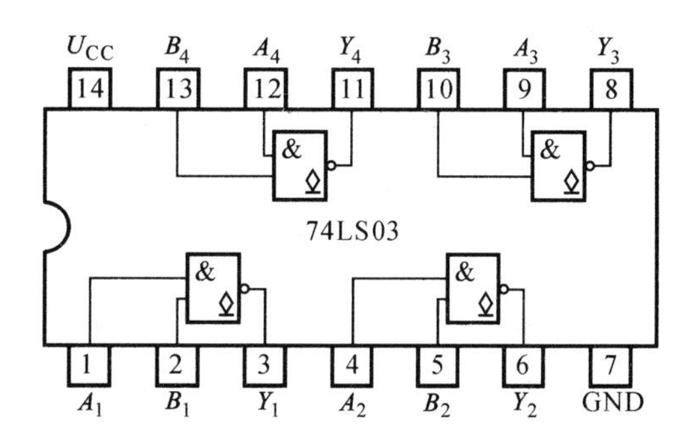

图 3.4 74LS03 的引脚排列

OC 门主要应用于如下三个方面:

① 逻辑电平转换;

② 驱动发光二极管、继电器等较大电流的器件;

③ 利用电路的**线与**特性实现某些特定的逻辑功能。

3.1.5 基础性实验任务及要求

1. 验证 TTL 集成电路 74LS00、74LS04 的逻辑功能

将直流稳压电源的某一路输出电压调节为 5 V,连接集成电路的 14 脚 U_{CC} 至电源的正输出端,连接 7 脚 GND 至电源的负输出端。从 74LS00 中任选一个**与非门**,它的两个输入端 A、B 分别加入不同的高、低电平 **1**、**0**(为了方便,在实验中高电平 **1** 可接到 14 脚 U_{CC} 上,低电平 **0** 可接到 7 脚 GND 上),测量四种不同输入电平情况下输出端 Y 的电压值并确定其电平。将实验结果填入表 3.1 中。

表 3.1 74LS00 逻辑功能测试

A	B	Y(电压值)/V	Y(电平)
0	**0**		
0	**1**		
1	**0**		
1	**1**		

用类似的方法将 74LS04 的实验结果填入表 3.2 中。

表 3.2 74LS04 逻辑功能测试

A	Y(电压值)/V	Y(电平)
0		
1		

2. 验证 CMOS 集成电路 74HCT00、74HCT04 的逻辑功能

方法同上,为了与 TTL 集成电路进行比较,在实验中集成芯片的供电电压仍采用+5 V。

3. 三态门功能测试及应用

从 74LS125 中任选一个三态门,输出端接上 1 kΩ 负载电阻,当输入端 A 和控制端 EN 加入不同的高、低电平时,测试 74LS125 三态门的高阻态输出、低电平输出和高电平输出的电压值,将实验结果填入表 3.3 中,并验证输出端与输入端及控制端之间的逻辑关系是否满足要求。

表 3.3 74LS125 逻辑功能测试

输入		输出	
EN	A	Y(电压值)/V	Y(电平)
0	**0**		
0	**1**		
1	**0**		
1	**1**		

按照图 3.5 所示连接实验电路,实现多路数据在总线上的分时传输。3 个三态门的输入端分别加入 **0**、**1** 和 1 Hz 脉冲信号,输出端连接在一起接发光二极管。

分别使 3 个使能端为 **0**,观察发光二极管的情况,记录并分析上述实验结果。

4. OC 门功能测试及应用

从 74LS03 中任选一个 OC **与非**门,按以下两种方式测试。

(1) 将 OC **与非**门不接上拉电阻,输出端接发光二极管,当输入端 A、B 接不同电平时,观察发光二极管的情况,记录并分析实验结果。

(2) 将 OC **与非**门接上拉电阻 $R_P=510\ \Omega$,其余不变,观察发光二极管的情况,记录并分析实验结果。

从 74LS03 中任选两个 OC **与非**门,组成如图 3.6 所示实验电路,验证电路的**线与**逻辑功能:

$$F=F_1\cdot F_2=\overline{AB}\cdot\overline{CD}$$

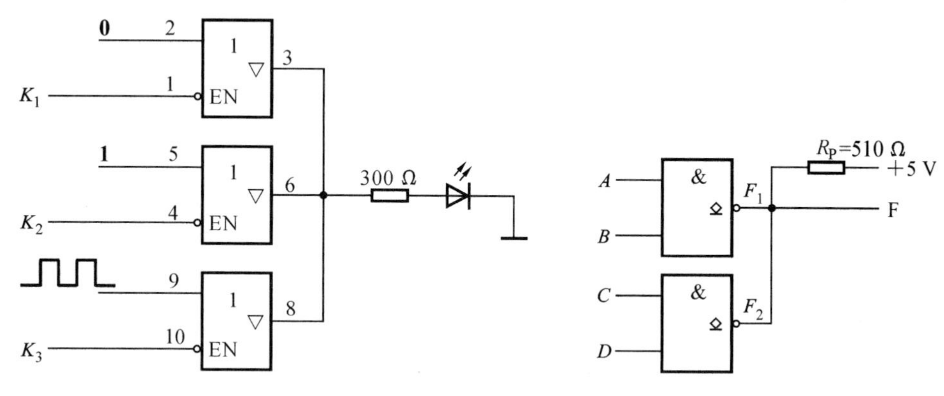

图 3.5 74LS125 组成总线传输电路　　图 3.6 74LS03 组成线与逻辑电路

3.1.6 设计性实验任务及要求

(1) 用**与非**门 74LS00 实现**异或**逻辑功能。

(2) 设计用三态门构成 1 路双向数据传输电路。

(3) 设计用 OC 门 74LS03 构成的电平转换电路:输入普通 TTL 电平,输出低电平不变,而输出高电平约为 10 V。

3.1.7 思考题

(1) 普通逻辑门的输出端能否直接连接在一起?

(2) OC 门不接上拉电阻时,输出端可能有几种不同状态?

(3) 如何选择 OC 门上拉电阻的取值?

(4) CMOS 集成逻辑门的多余输入端如何处理?

3.2 组合逻辑电路实验(一)

3.2.1 实验目的

(1) 理解编码器、译码器和数码显示的基本原理;

(2) 掌握编码器、译码器的功能及使用方法;

(3) 学会利用编码器、译码器和数码管构成编码及译码显示电路;

(4) 掌握利用编码器、译码器进行电路设计的方法。

3.2.2 实验仪器及元器件

(1) 双踪示波器;

(2) 直流稳压电源;

(3) 函数信号发生器;

(4) 数字电路实验箱或实验电路板;

(5) 数字万用表;

(6) 集成电路芯片 74LS00、74LS04、74LS147、74LS138、CD4511 及数码管等。

3.2.3　预习要求

(1) 了解 74LS147、74LS138、CD4511 的逻辑符号、逻辑功能和引脚图;

(2) 了解数码管的种类、引脚排列和使用方法;

(3) 掌握利用 74LS138 实现逻辑函数的设计步骤和方法;

(4) 阅读实验指导书,理解实验原理,了解实验内容。

3.2.4　实验原理

1. 编码器

在数字电路中,通常将具有特定含义的信息(数字或符号)编成相应的若干位二进制代码的过程,称为编码。实现编码功能的电路称为编码器。编码器的特点是当多个输入端的其中一个为有效电平时,编码器的输出端并行输出相应的多位二进制代码。按照被编码信号的不同特点和要求,编码器分为二进制编码器、BCD 码编码器、优先编码器。本实验采用优先编码器 74LS147,其逻辑符号和引脚排列如图 3.7 所示,其功能表如表 3.4 所示。

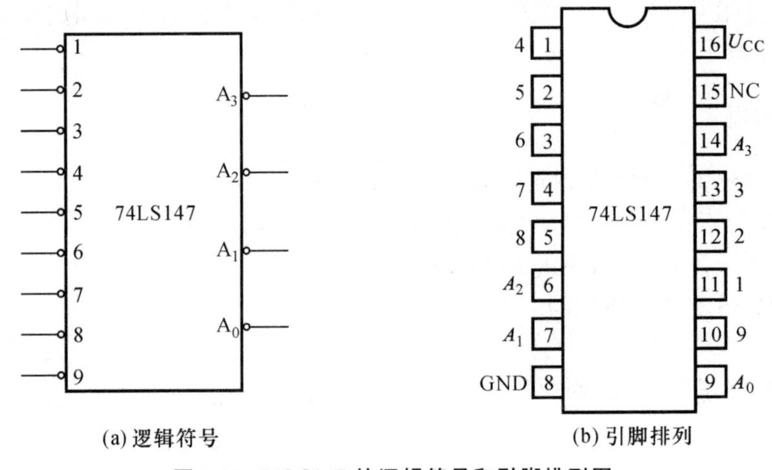

(a) 逻辑符号　　(b) 引脚排列

图 3.7　74LS147 的逻辑符号和引脚排列图

表 3.4　74LS147 功能表

输入									输出			
9	8	7	6	5	4	3	2	1	A_3	A_2	A_1	A_0
1	1	1	1	1	1	1	1	1	1	1	1	1
0	×	×	×	×	×	×	×	×	0	1	1	0
1	0	×	×	×	×	×	×	×	0	1	1	1
1	1	0	×	×	×	×	×	×	1	0	0	0
1	1	1	0	×	×	×	×	×	1	0	0	1
1	1	1	1	0	×	×	×	×	1	0	1	0
1	1	1	1	1	0	×	×	×	1	0	1	1
1	1	1	1	1	1	0	×	×	1	1	0	0
1	1	1	1	1	1	1	0	×	1	1	0	1
1	1	1	1	1	1	1	1	0	1	1	1	0

2. 译码器

把具有特定含义的二进制代码“翻译”成数字或字符的过程称为译码，实现译码操作的电路称为译码器。根据功能不同，译码器可分为二进制译码器、BCD 码译码器和显示译码器三类。

本实验采用 3 位二进制译码器 74LS138 和显示译码器 CD4511。74LS138 的逻辑符号和引脚排列如图 3.8 所示，其功能表如表 3.5 所示。

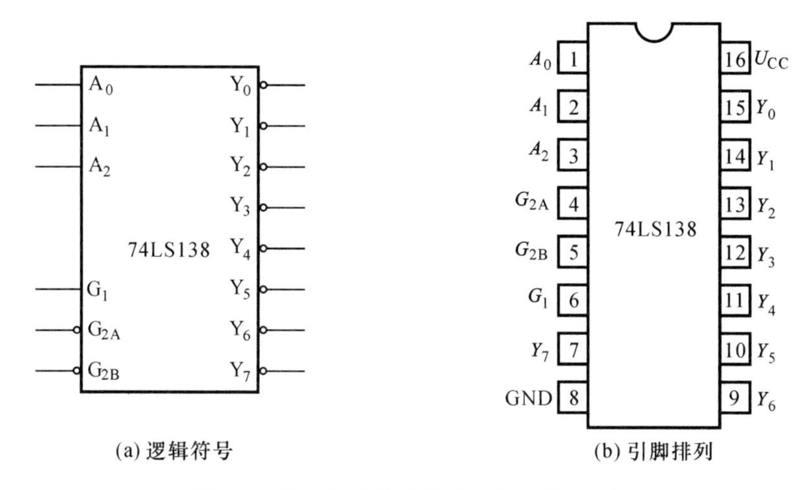

图 3.8 74LS138 的逻辑符号和引脚排列图

表 3.5 74LS138 功能表

G_1	G_2	A_2	A_1	A_0	Y_0	Y_1	Y_2	Y_3	Y_4	Y_5	Y_6	Y_7
×	1	×	×	×	1	1	1	1	1	1	1	1
0	×	×	×	×	1	1	1	1	1	1	1	1
1	0	0	0	0	0	1	1	1	1	1	1	1
1	0	0	0	1	1	0	1	1	1	1	1	1
1	0	0	1	0	1	1	0	1	1	1	1	1
1	0	0	1	1	1	1	1	0	1	1	1	1
1	0	1	0	0	1	1	1	1	0	1	1	1
1	0	1	0	1	1	1	1	1	1	0	1	1
1	0	1	1	0	1	1	1	1	1	1	0	1
1	0	1	1	1	1	1	1	1	1	1	1	0

显示译码器不同于 74LS138，它用于驱动数码管，将二进制代码表示的数字、符号用人们习惯的形式直观地显示出来。显示译码器有如下两种：

(1)输出为低电平有效，和共阳极数码管搭配，如 74LS47；

(2)输出为高电平有效，和共阴极数码管搭配，如 74LS48、CD4511(CMOS 器件，其高电平输出电流较大)。

显示译码器 CD4511 的逻辑符号和引脚排列如图 3.9 所示，其功能表如表 3.6 所示。

3. 数码管

数码管一般由七段发光的字段组合而成。发光字段实际上是一种特殊的发光二极管，数码管分为共阴极数码管和共阳极数码管两种，如图 3.10 所示。

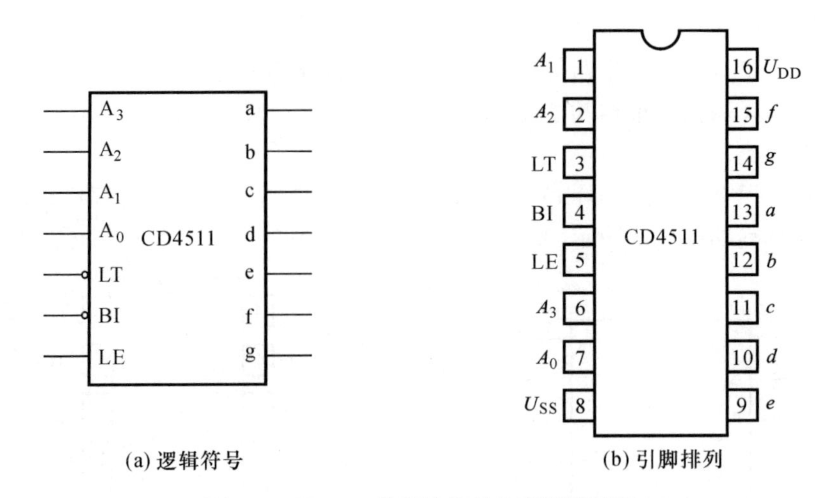

(a) 逻辑符号　　(b) 引脚排列

图 3.9 CD4511 的逻辑符号和引脚排列图

表 3.6 CD4511 功能表

十进制数或功能	输入							输出							字形
	LE	BI	LT	A_3	A_2	A_1	A_0	a	b	c	d	e	f	g	
0	L	H	H	L	L	L	L	H	H	H	H	H	H	L	0
1	L	H	H	L	L	L	H	L	H	H	L	L	L	L	1
2	L	H	H	L	L	H	L	H	H	L	H	H	L	H	2
3	L	H	H	L	L	H	H	H	H	H	H	L	L	H	3
4	L	H	H	L	H	L	L	L	H	H	L	L	H	H	4
5	L	H	H	L	H	L	H	H	L	H	H	L	H	H	5
6	L	H	H	L	H	H	L	L	L	H	H	H	H	H	6
7	L	H	H	L	H	H	H	H	H	H	L	L	L	L	7
8	L	H	H	H	L	L	L	H	H	H	H	H	H	H	8
9	L	H	H	H	L	L	H	H	H	H	L	L	H	H	9
10	L	H	H	H	L	H	L	L	L	L	L	L	L	L	熄灭
11	L	H	H	H	L	H	H	L	L	L	L	L	L	L	熄灭
12	L	H	H	H	H	L	L	L	L	L	L	L	L	L	熄灭
13	L	H	H	H	H	L	H	L	L	L	L	L	L	L	熄灭
14	L	H	H	H	H	H	L	L	L	L	L	L	L	L	熄灭
15	L	H	H	H	H	H	H	L	L	L	L	L	L	L	熄灭
灯测试	×	×	L	×	×	×	×	H	H	H	H	H	H	H	8
灭　灯	×	L	H	×	×	×	×	L	L	L	L	L	L	L	熄灭
锁　存	H	H	H	×	×	×	×				*				*

* 此时输出状态取决于 LE 由 **0** 跳为 **1** 时 BCD 码的输入。

3.2.5 基础性实验任务及要求

(1) 测试译码器 74LS138 的逻辑功能。按照图 3.11 所示连接实验电路,在译码器 74LS138 的输入端分别加入 **000**～**111** 共 8 种不同的二进制代码,观察译码器输出端各

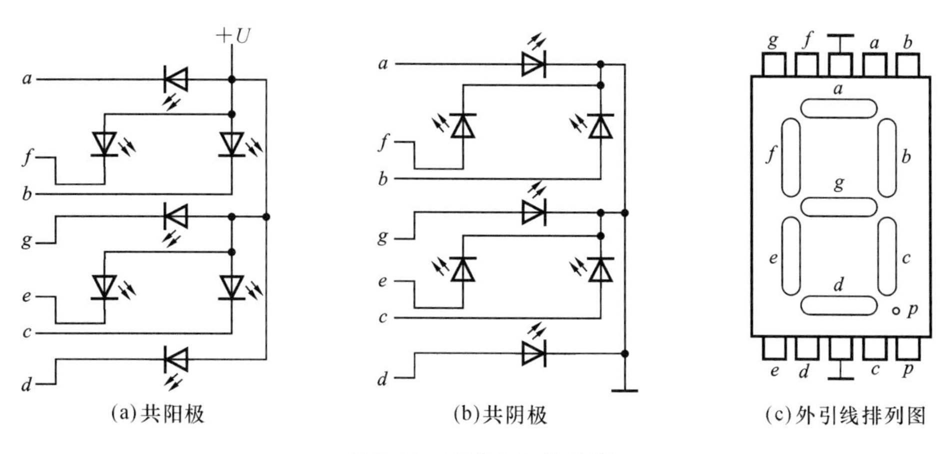

(a)共阳极 (b)共阴极 (c)外引线排列图

图 3.10 两种七段数码管

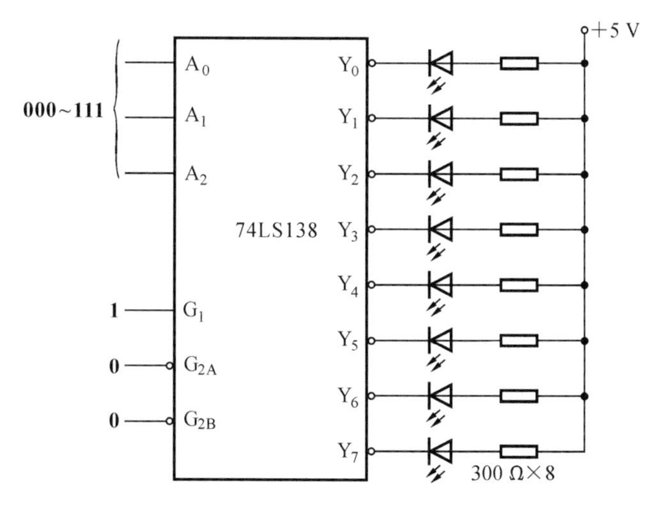

图 3.11 译码器 74LS138 逻辑功能测试电路

发光二极管的发光情况，记录并分析上述实验结果。

(2) 利用所给器件，连接如图 3.12 所示编码及译码显示电路。分别对十进制数 0～9进行编码，观察数码管的显示情况。按照表 3.7 所示要求进行实验，填写并分析实验结果。

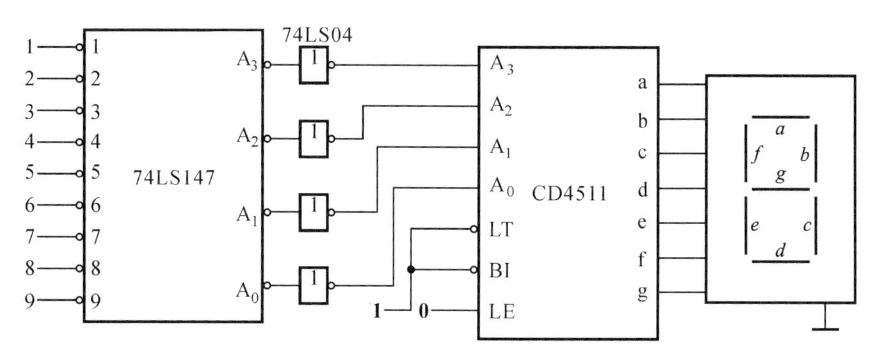

图 3.12 编码及译码显示电路

表 3.7 编码及译码显示实验结果

编码器输入	编码器输出	反相器输出	CD4511 输出(a～g)	数码管显示值
3 端加低电平				
6 端加低电平				
所有输入端加低电平				
所有输入端加高电平				

3.2.6 设计性实验任务及要求

(1) 用译码器 74LS138 和门电路设计一个三变量的奇偶检验电路。要求当输入的3 个变量中有偶数个 **1** 时输出 1,否则输出 0。

(2) 用译码器 74LS138 和门电路设计一个全加器。

(3) 用 2 片译码器 74LS138 构成一个 4 位二进制译码器。

3.2.7 思考题

(1) 使用编码器 74LS147 时,如何对十进制数 0 进行编码?

(2) 编码器 74LS147 各编码输入端中,优先级最高和最低的输入端分别是哪个?

(3) 使用译码器 74LS138 时,要使其正常工作,3 个控制端(使能端)如何加电平?如果控制端未按要求加相应电平,译码器的输出端状态如何?

(4) 使用显示译码器 CD4511 时,要使其正常译码,3 个控制端(使能端)如何加电平?其中控制端 5 脚 LE 接高电平时的作用是什么?

(5) 使用显示译码器 CD4511 构成数字显示电路时,通常将数码管接地脚(3 脚、8 脚)通过 200 Ω 左右的电阻接地,试说明原因。

(6) 介绍检测数码管工作状况的两种方法。

3.3 组合逻辑电路实验(二)

3.3.1 实验目的

(1) 了解数据选择器与数据分配器的工作原理;

(2) 掌握数据选择器与数据分配器的逻辑功能;

(3) 学会使用数据选择器与数据分配器构成 8 路数据传输电路的方法;

(4) 掌握利用数据选择器进行电路设计的方法。

3.3.2 实验仪器及元器件

(1) 双踪示波器;

(2) 直流稳压电源;

(3) 函数信号发生器;

(4) 数字电路实验箱或实验电路板;

(5) 数字万用表;

(6) 集成电路芯片 74LS151、74LS153、74LS138 各 1 片，发光二极管 8 个。

3.3.3 预习要求

(1) 了解 74LS151、74LS138 的引脚排列、逻辑功能和使用方法；
(2) 了解用译码器 74LS138 构成数据分配器的工作原理；
(3) 掌握利用数据选择器实现任意逻辑函数的方法；
(4) 阅读实验指导书，理解实验原理，了解实验内容。

3.3.4 实验原理

1. 数据选择器

数据选择器是在控制端作用下，从多路输入端中选择一个输入端的数据作为输出的电路，又称多路开关或多路选择器，实际上相当于一个多输入单刀多掷开关。

实际应用中，常用的集成数据选择器有四二选一数据选择器 74LS157、双四选一数据选择器 74LS153、八选一数据选择器 74LS151、十六选一数据选择器 74LS150 等。八选一数据选择器 74LS151 的逻辑符号及引脚排列如图 3.13 所示，其功能表如表 3.8 所示。

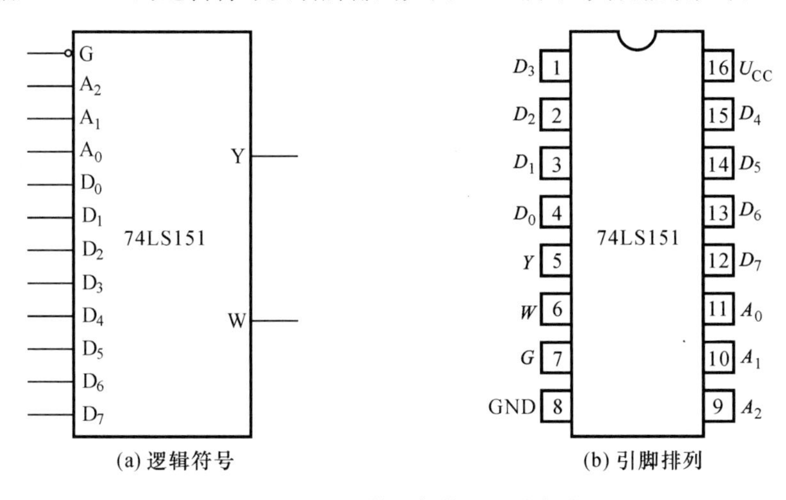

(a) 逻辑符号　(b) 引脚排列

图 3.13 74LS151 的逻辑符号及引脚排列图

表 3.8 74LS151 功能表

输入				输出	
A_2	A_1	A_0	G	Y	W
×	×	×	1	0	1
0	0	0	0	D_0	$\overline{D_0}$
0	0	1	0	D_1	$\overline{D_1}$
0	1	0	0	D_2	$\overline{D_2}$
0	1	1	0	D_3	$\overline{D_3}$
1	0	0	0	D_4	$\overline{D_4}$
1	0	1	0	D_5	$\overline{D_5}$
1	1	0	0	D_6	$\overline{D_6}$
1	1	1	0	D_7	$\overline{D_7}$

其中，$D_0 \sim D_7$为数据输入端。A_2、A_1、A_0为控制端。控制变量A_2、A_1、A_0的取值决定从8路输入中选择哪一路输出。八选一数据选择器的输出端逻辑表达式为

$$Y = D_0 \overline{A}_2 \overline{A}_1 \overline{A}_0 + D_1 \overline{A}_2 \overline{A}_1 A_0 + \cdots + D_7 A_2 A_1 A_0 = \sum_{i=0}^{7} D_i m_i$$

式中：m_i为控制变量A_2、A_1、A_0构成的最小项。

因此，数据选择器的输出端提供了控制变量的全部最小项。基于这一特点，如果以数据选择器的控制变量输入端作为逻辑函数的变量输入端，则数据选择器的输出端可以实现任意逻辑函数。

2. 数据分配器

数据分配器能把一个输入端信号根据需要分配给多路输出中的某一路输出，实际上相当于一个多输出单刀多掷开关。

数据分配器可由带使能端的二进制译码器来实现。如将译码器的使能端作为数据输入端，二进制代码输入端A_2、A_1、A_0作为控制输入端使用时，译码器便成为一个数据分配器。由74LS138构成的1-8路数据分配器如图3.14所示。

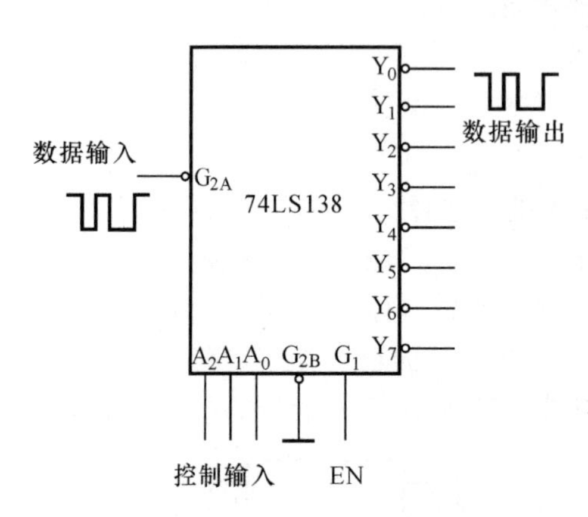

图3.14 74LS138构成的1-8路数据分配器

3.3.5 基础性实验任务及要求

1. 测试74LS151的基本逻辑功能

按照图3.15所示连接实验电路，数据输入端$D_0 \sim D_7$为**10101010**，控制端A_2、A_1、A_0分别加上**000～111**电平，观察数据选择器74LS151的两个输出端Y和W所接发光二极管的情况，记录并分析实验结果。

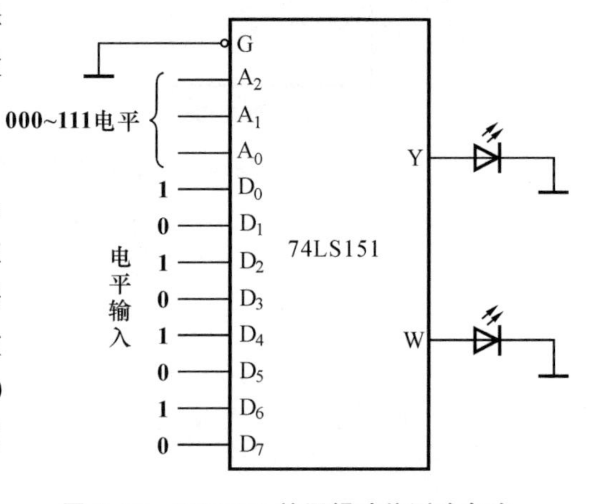

图3.15 74LS151的逻辑功能测试电路

2. 8路数据传输电路

按照图3.16所示连接实验电路，74LS151在控制输入端作用下，将并行8位数据变为串行输出；将74LS138接成数据分配器，在控制输入端作用下将串行8位数据还原成并行数据输出。当控制码为**000**时，将D_0的数据传至Y_0，依此类推，当控制码为**111**时，将D_7的数据传至Y_7。

进行实验时，置$D_0 \sim D_7$为**10101010**和**11110000**两种状态，分别两次置控制输入端$A_2 \sim A_0$为**000～111**电平，观察输出端发光二极管的情况，记录并分析实验结果。

3.3.6 设计性实验任务及要求

用双四选一数据选择器74LS153构成1位全加器，并验证其逻辑功能。

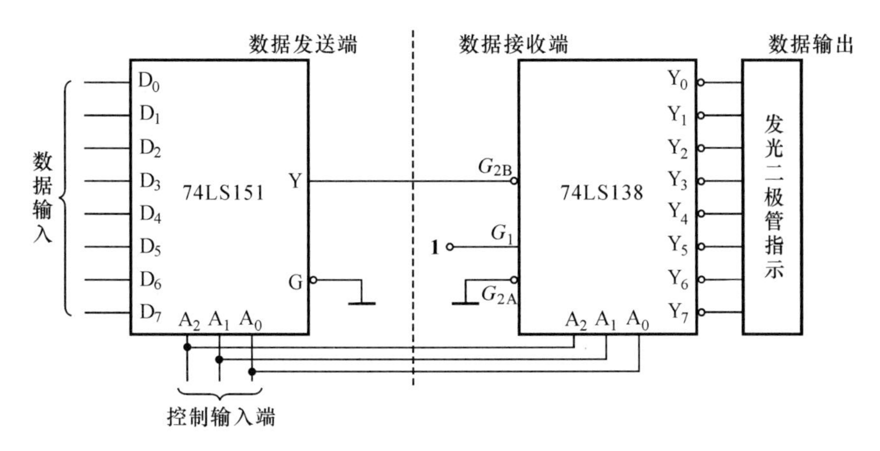

图 3.16 8 路数据传输电路

3.3.7 思考题

（1）如何用双四选一数据选择器 74LS153 实现八选一数据选择器 74LS151 的功能？

（2）如何用八选一数据选择器 74LS151 实现 **10110111** 序列信号？

3.4 时序逻辑电路实验(一)

3.4.1 实验目的

（1）掌握集成 JK 触发器、集成 D 触发器的逻辑功能；

（2）学会利用集成触发器构成分频器、计数器的方法。

3.4.2 实验仪器及元器件

（1）双踪示波器；

（2）直流稳压电源；

（3）函数信号发生器；

（4）数字电路实验箱或实验电路板；

（5）数字万用表；

（6）集成电路芯片 74LS76、74LS74 各 2 片。

3.4.3 预习要求

（1）熟悉集成电路芯片 74LS76、74LS74 的逻辑符号、引脚排列和使用方法；

（2）了解利用集成触发器构成分频器、计数器的原理和方法；

（3）阅读实验指导书，理解实验原理，了解实验内容。

3.4.4 实验原理

触发器是时序逻辑电路的基本单元电路。它有两个稳定状态 **0** 和 **1**，在外加信号(即触发信号)作用下，可以从一个稳定状态转换到另一个稳定状态。最常用的集成触发器为JK触发器和D触发器。

1. 集成边沿JK触发器

常用的JK触发器为集成边沿JK触发器，它具有置**1**、置**0**、保持和翻转四种功能。其特性方程为

$$Q^{n+1}=J\overline{Q}^n+\overline{K}Q^n$$

本实验采用下降沿触发的集成边沿JK触发器74LS76，其逻辑符号及引脚排列如图3.17所示。

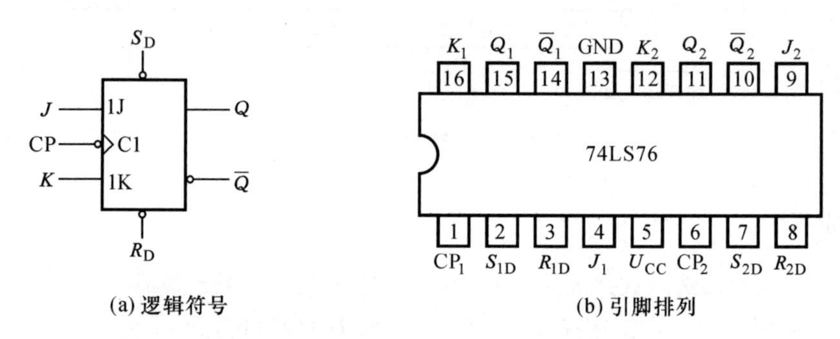

(a) 逻辑符号　　(b) 引脚排列

图3.17　集成边沿JK触发器74LS76的逻辑符号及引脚排列图

2. 集成D触发器

集成D触发器分为电平触发和边沿触发两种，两者的特性方程相同，只是输出状态发生变化的时刻不同。其特性方程为

$$Q^{n+1}=D_n$$

该式表明它在触发脉冲的上升沿或下降沿时刻，将上升沿或下降沿前一瞬间的输入数据传输到输出端。

本实验采用上升沿触发的集成边沿D触发器74LS74，其逻辑符号及引脚排列如图3.18所示。

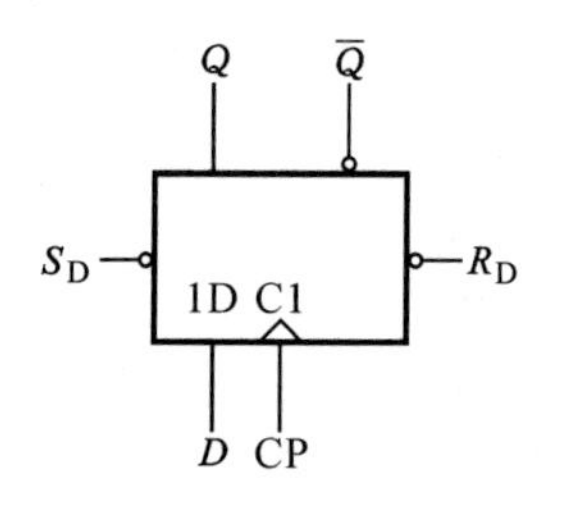

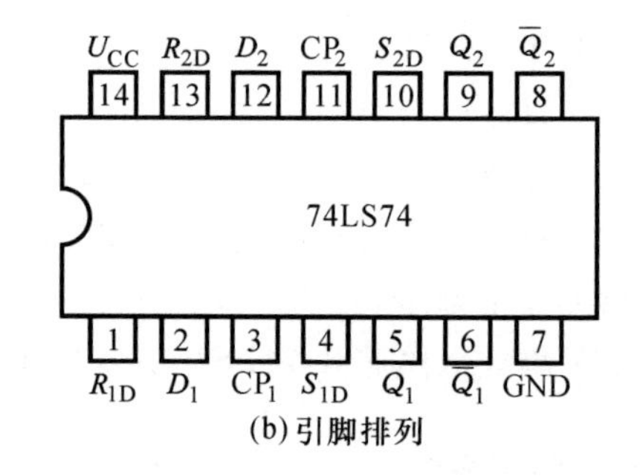

(a) 带异步置0端和异步置1端的边沿D触发器逻辑符号　　(b) 引脚排列

图3.18　集成边沿D触发器74LS74的逻辑符号及引脚排列图

3. 利用集成触发器构成分频器

利用集成触发器74LS76或74LS74可以很容易构成二分频电路。其原理是保证触发器每到来一个触发脉冲，触发器输出端状态翻转一次，即实现

$$Q^{n+1}=\overline{Q^n}$$

因此，对于JK触发器，只要使输入信号 $J=K=\mathbf{1}$ 即可；对于D触发器，只要将输入信号 D 接到触发器反相输出端即可。这种情况下，触发器输出端信号即为触发脉冲

信号的二分频信号。

4. 利用集成触发器构成计数器

利用集成触发器构成 n 位二进制计数器具有一定的规律，异步 n 位二进制计数器电路的构成规则如下。

(1)异步 n 位二进制计数器由 n 个触发器组成，每个触发器均接成 T′触发器。

(2)各触发器之间采用级联方式连接，其连接形式由计数方式(加或减)和触发器的边沿触发方式(上升沿或下降沿)共同决定，如表 3.9 所示。根据这一规则，由 JK 触发器构成的异步 2 位二进制加法计数器如图 3.19 所示。

表 3.9 异步 n 位二进制计数器构成规律

连接规律	T′触发器的触发沿	
	上升沿	下降沿
加法计数	$CP_i=\overline{Q}_{i-1}$	$CP_i=Q_{i-1}$
减法计数	$CP_i=Q_{i-1}$	$CP_i=\overline{Q}_{i-1}$

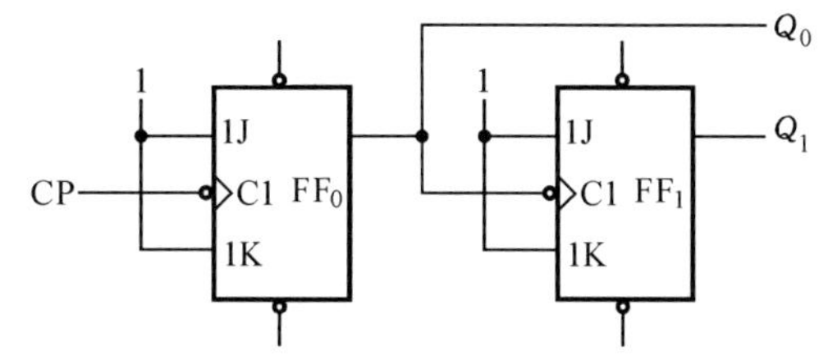

图 3.19 异步 2 位二进制加法计数器

同步 n 位二进制计数器电路的构成规则如下。

(1)同步 n 位二进制计数器由 n 个 JK 触发器组成。

(2)各触发器之间采用级联方式，第一个触发器的输入信号 $J_0=K_0=\mathbf{1}$，其他触发器的输入信号由计数方式决定。如果是加法计数器，则为

$$J_1=K_1=Q_0$$

$$J_2=K_2=Q_0Q_1$$

$$\vdots$$

$$J_{n-1}=K_{n-1}=Q_0Q_1\cdots Q_{n-2}$$

如果是减法计数器，则为

$$J_1=K_1=\overline{Q_0}$$

$$J_2=K_2=\overline{Q}_0\overline{Q}_1$$

$$\vdots$$

$$J_{n-1}=K_{n-1}=\overline{Q}_0\overline{Q}_1\cdots\overline{Q}_{n-2}$$

实际上，并不需要特意制作同步 n 位二进制减法计数器，任何同步 n 位二进制加法计数器都可以很容易地改成同步 n 位二进制减法计数器：只需将各 $\overline{\mathrm{Q}}$ 端作为结果输出端即可。

根据这一规律，由 JK 触发器构成的同步 2 位二进制加法计数器如图 3.20 所示。

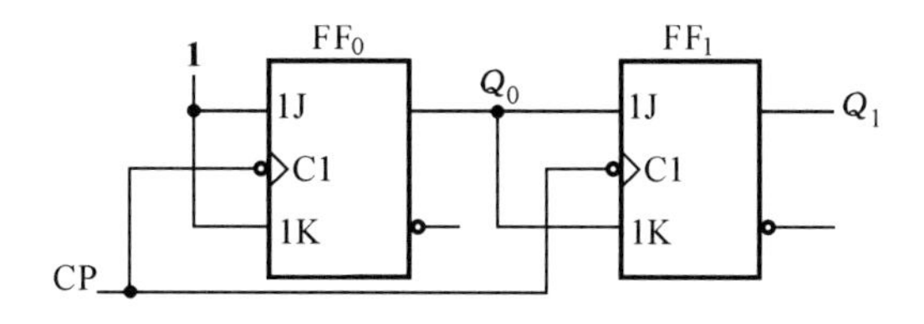

图 3.20 同步 2 位二进制加法计数器

3.4.5 基础性实验任务及要求

1. JK 触发器的逻辑功能测试

从集成边沿 JK 触发器 74LS76 中任选一个 JK 触发器作为测试对象。

1) 异步置 **0** 端 R_D 和异步置 **1** 端 S_D 的功能测试

J、K、CP 端为任意状态，当 R_D、S_D 端加不同电平时，测试输出端 Q、$\overline{Q}$的状态变化情况，并将实验结果记入表 3.10 中；在 R_D=**0** 或 S_D=**0** 期间，任意改变 J、K、CP 端的状态，测试输出端 Q 的状态是否发生变化。

表 3.10 JK 触发器的置 0、置 1 功能测试结果

异步置 **0** 端	异步置 **1** 端	输　出　端	
R_D	S_D	Q	$\overline{Q}$
0	**1**		
1	**1**		
1	**0**		
1	**1**		
0	**0**		
1	**1**		

2) JK 触发器的逻辑功能测试

(1) 首先利用 R_D 或 S_D 端使触发器的初态为 **0**(或 **1**)，然后使 R_D 和 S_D 端均无效(均为 **1**)。根据表 3.11 给定的 J、K 值，在 CP 端分别输入单次脉冲，观察单脉冲由 **0** 到 **1**(上升沿)和由 **1** 到 **0**(下降沿)时输出端状态的变化情况，记录并分析实验结果。

表 3.11 JK 触发器逻辑功能测试结果

J	K	CP	Q^{n+1}
0	**0**	↑	
		↓	
0	**1**	↑	
		↓	
1	**0**	↑	
		↓	
1	**1**	↑	
		↓	

(2) 分别在 CP、J、K 端加入如图 3.21 所示波形的信号，用示波器观察 CP 、J、K、Q 的时序逻辑关系并记录下来(选做)。

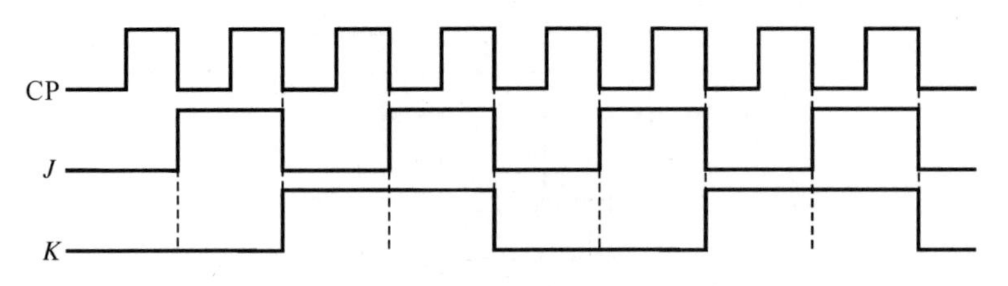

图 3.21 测试 JK 触发器逻辑功能的输入波形

2. D 触发器的逻辑功能测试

其实验内容、步骤和方法与 JK 触发器的完全相同。

3. 采用 JK(或 D)触发器构成分频电路

采用集成触发器 74LS76，按照图 3.22 连接成二分频、四分频实验电路，在第一个触发器 CP 端加入 100 kHz 脉冲信号，用示波器分别测量两个触发器输出端 Q_0、Q_1 的波形和频率，记录并分析实验结果。

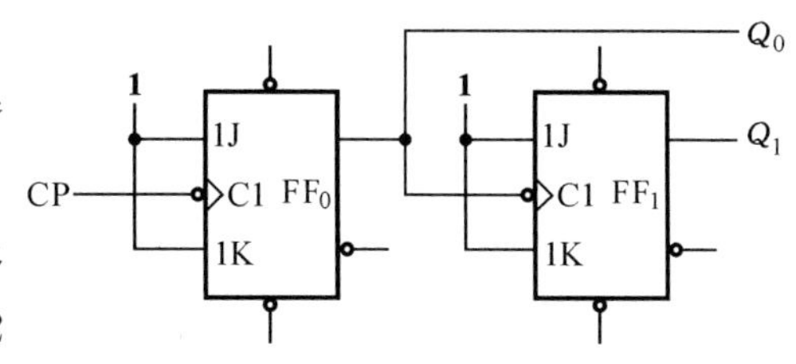

图 3.22 二分频、四分频实验电路

4. 采用 JK(或 D)触发器构成 2 位二进制计数器

如图 3.22 所示的实验电路同时也是一个异步 2 位二进制加法计数器，在第一个触发器 CP 端加入 10 Hz 脉冲信号，并在两个触发器输出端 Q_0、Q_1 端分别接一个发光二极管，观察发光二极管的工作情况，记录并分析实验结果。

3.4.6 设计性实验任务及要求

（1）设计采用集成触发器 74LS74 构成二分频、四分频电路，并进行软件仿真。

（2）设计采用集成触发器 74LS74 构成异步 2 位二进制加、减法计数器，并进行软件仿真。

（3）设计一个自动售饮料机的逻辑电路。

它的投币口每次只能投入一枚五角或一元的硬币。投入一元五角钱硬币后机器自动给出一杯饮料；投入两元（两枚一元）硬币后，在给出饮料的同时找回一枚五角的硬币。

提示：把投币信号作为输入变量，一元用 A 表示，投入时，$A=\mathbf{1}$，不投时，$A=\mathbf{0}$；五角用 B 表示，投入时，$B=\mathbf{1}$，不投时，$B=\mathbf{0}$。给出饮料和找钱作为输出变量，分别用 Y、Z 表示。给出饮料时，$Y=\mathbf{1}$，不给时，$Y=\mathbf{0}$；找回一枚五角硬币时，$Z=\mathbf{1}$，不找钱时，$Z=\mathbf{0}$。

设计要求：根据设计任务写出设计步骤和过程，画出逻辑电路原理图，并进行软件仿真和实验。

3.4.7 思考题

（1）集成触发器 74LS74 和集成触发器 74LS76 分别在触发脉冲的什么边沿有效？

（2）在实验中，集成触发器 74LS74 和 74LS76 的 R_D、S_D 端应处于什么状态？

（3）集成触发器 74LS74 和 74LS76 工作时的供电电源引脚有何不同？

3.5 时序逻辑电路实验(二)

3.5.1 实验目的

（1）熟悉集成计数器的功能和使用方法；

（2）利用集成计数器设计任意进制计数器。

3.5.2 实验仪器及元器件

（1）双踪示波器；

(2) 直流稳压电源；

(3) 函数信号发生器；

(4) 数字电路实验箱或实验电路板；

(5) 数字万用表；

(6) 集成电路芯片 74LS00、74LS04、74LS161、CD4511 及数码管等。

3.5.3 预习要求

(1) 熟悉集成计数器芯片 74LS161 的引脚排列和逻辑功能；

(2) 了解利用反馈置数法和反馈清零法构成任意进制计数器的原理；

(3) 阅读实验指导书，理解实验原理，了解实验内容。

3.5.4 实验原理

1. 集成计数器 74LS161

74LS161 是 4 位二进制加法计数器，它的逻辑符号及引脚排列如图 3.23 所示，表 3.12是其功能表。由功能表可知，74LS161 具有以下功能。

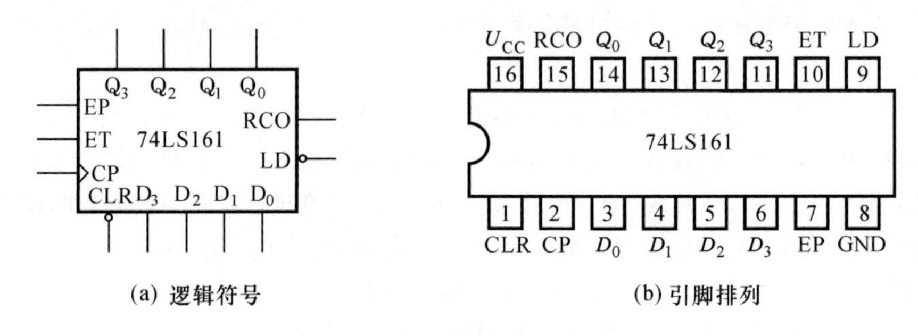

(a) 逻辑符号　　(b) 引脚排列

图 3.23　74LS161 的逻辑符号及引脚排列

表 3.12　74LS161 功能表

清零	置数	使能		时钟	预置数据输入				输出				工作模式
CLR	LD	ET	EP	CP	D_3	D_2	D_1	D_0	Q_3	Q_2	Q_1	Q_0	
0	×	×	×	×	×	×	×	×	**0**	**0**	**0**	**0**	异步清零
1	**0**	×	×	↑	d_3	d_2	d_1	d_0	d_3	d_2	d_1	d_0	同步置数
1	**1**	**0**	×	×	×	×	×	×		保	持		数据保持
1	**1**	×	**0**	×	×	×	×	×		保	持		数据保持
1	**1**	**1**	**1**	↑	×	×	×	×		计	数		加法计数

(1) 异步清零。当 CLR=**0** 时，不管其他输入信号的状态如何，计数器输出将立即被置 **0**。

(2) 同步置数。当 CLR=**1**(清零无效)、LD=**0** 时，如果有一个时钟脉冲的上升沿到来，则计数器输出端数据 $Q_3 \sim Q_0$ 等于计数器的预置端数据 $D_3 \sim D_0$。

(3) 加法计数。当 CLR=**1**、LD=**1**(置数无效)且 ET=EP=**1** 时，每来一个时钟脉冲上升沿，计数器按照 4 位二进制码进行加法计数，计数变化范围为 **0000**～**1111**。该功能为它的最主要功能。

(4) 数据保持。当 CLR=**1**、LD=**1** 且 ET·EP=**0** 时，无论有没有时钟脉冲，计数

器状态将保持不变。

2. 利用 74LS161 构成任意进制计数器

74LS161 是十六进制加法计数器，1 片 74LS161 加上门电路可以构成小于十六进制的任意进制加法计数器。通常采用两种方法实现，即反馈清零法和反馈置数法。应用这两种方法的关键是要严格区分异步清零与同步清零、异步置数与同步置数的差别。

例如，用 74LS161 构成十二进制加法计数器。

1）反馈清零法

反馈清零法适用于有清零输入端的集成计数器。74LS161 的计数状态转换图如图 3.24所示，共有 16 个计数状态 **0000**～**1111**。而十二进制加法计数器只需要 12 个计数状态**0000**～**1011** 进行循环，因此当 74LS161 正常计数到 **1011** 后，它就必须再循环到 **0000** 而不是进入正常的下一个状态 **1100**，如图 3.24 中虚线所示。这可以利用它的异步清零端 CLR 实现，即利用 **1011** 的下一个状态 **1100** 产生清零低电平信号，从而使计数器立即清零，清零信号 CLR 消失后，74LS161 重新从 **0000** 开始新的计数周期。

需要说明的是，计数器一旦进入 **1100** 状态，立即被清零，故 **1100** 状态仅在瞬间出现，该状态不属于稳定的计数状态，称为过渡状态，这是异步清零的一个重要特点。

根据上述方法构成的十二进制加法计数器如图 3.25 所示。

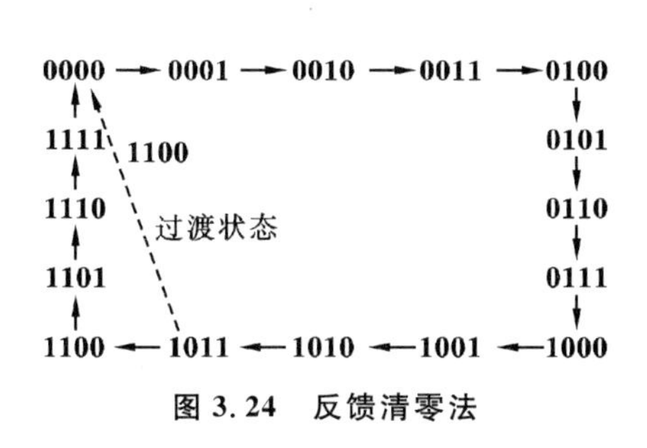

图 3.24 反馈清零法

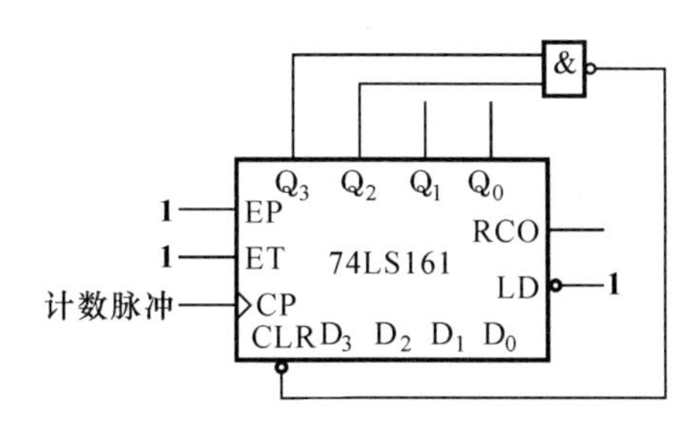

图 3.25 74LS161 **构成的十二进制加法计数器(反馈清零法)**

2）反馈置数法

反馈置数法适用于有置数输入端的集成计数器。利用 74LS161 构成十二进制加法计数器时，可选择它的 16 个计数状态 **0000**～**1111** 中的任意 12 个状态作为十二进制加法计数器的计数状态，如选择 **0001**～**1100**。当 74LS161 正常计数到 **1100** 后，它就必须跳变到 **0001** 而不是进入正常的下一个状态 **1101**，如图 3.26 中虚线所示。这可以通过在 74LS161 的预置数据输入端置入 **0001**，并使它的同步置数端 LD 有效来实现。也就是说，利用 **1100** 产生置数低电平信号，当下一个时钟脉冲的上升沿到来时，计数器输出端的状态 $Q_3Q_2Q_1Q_0$ 将变为预置数据 **0001**，置数信号 LD 消失后，74LS161 重新从 **0001** 开始新的计数周期。

需要说明的是，计数器进入 **1100** 状态后，输出端并没有立即被置数，而是保持该状态不变，直到下一个时钟脉冲的上升沿到来为止。因此，**1100** 状态属于稳定的计数状态。同步置数没有过渡状态，这是同步置数的一个重要特点。

根据上述方法构成的十二进制加法计数器如图 3.27 所示。

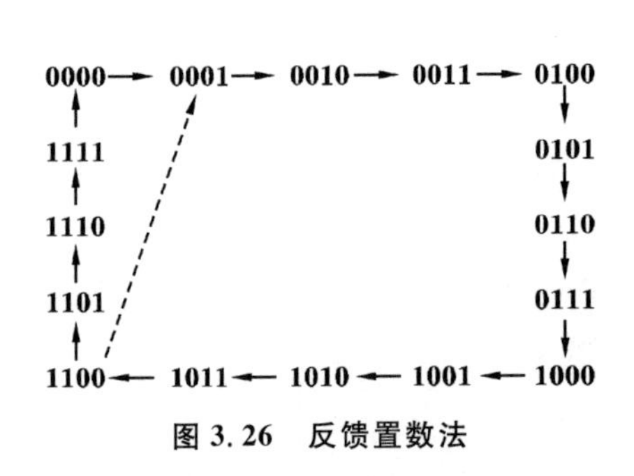

图 3.26 反馈置数法

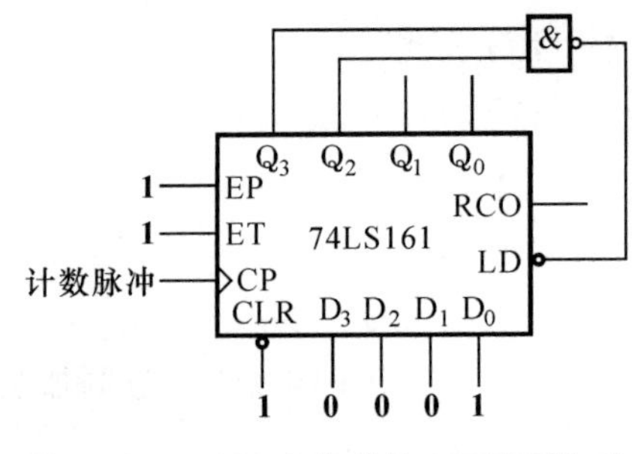

图 3.27 74LS161 构成的十二进制加法计数器(反馈置数法)

3.5.5 基础性实验任务及要求

1. 测试 74LS161 的逻辑功能

按照 74LS161 的功能表(见表 3.12),逐项测试清零、置数、保持和计数功能。

2. 利用 74LS161 构成六十进制加法计数器

(1) 利用反馈清零法或反馈置数法,由 74LS161 和门电路构成十进制加法计数器。在 CP 端接入 2 Hz 脉冲信号,并将 4 位输出端信号 Q_3～Q_0 送到译码显示电路(见图 3.12),观察数码管显示数字的情况。

(2) 与(1)类似,由另一片 74LS161 构成 0～5 变化的六进制加法计数器,观察数码管显示数字的情况。

(3) 将(1)、(2)中的十进制、六进制加法计数器扩展成六十进制加法计数器,观察数码管显示数字的情况。

3.5.6 设计性实验任务及要求

用集成计数器 74LS161、译码器 74LS138 和门电路设计一个彩灯控制电路,要求 8 只彩灯中只有 1 只灯亮,且这一亮灯循环右移/左移(实际安装时,彩灯用发光二极管代替)。

3.5.7 思考题

(1) 74LS161 进行计数时,是上升沿还是下降沿触发?

(2) 74LS161 的各位输出信号与 CP 信号的频率之间存在何种关系?

(3) 74LS161 的清零和置数信号有效时为高电平还是低电平?

(4) 对于集成计数器来说,异步清零和同步清零有何不同?

3.6 555 定时器实验

3.6.1 实验目的

(1) 掌握 555 定时器的工作原理,熟悉 555 定时器逻辑功能的测试方法;

(2) 掌握用 555 定时器构成单稳态触发器、多谐振荡器和施密特触发器的原理和电路。

3.6.2 实验仪器及元器件

(1) 双踪示波器。

(2) 直流稳压电源。

(3) 函数信号发生器。

(4) 数字电路实验箱或实验电路板。

(5) 数字万用表。

(6) 实验元器件:555 定时器 3 个,发光二极管 3 个,10 kΩ 电位器 2 个,1 kΩ、2 kΩ 电阻各 2 个,0.1 μF 涤纶电容、1 μF 电解电容各 2 个。

3.6.3 预习要求

(1) 学习 555 定时器的内部结构、功能表和引脚排列图。

(2) 学习利用 555 定时器构成单稳态触发器、多谐振荡器和施密特触发器的原理和基本电路;

(3) 阅读实验指导书,理解实验原理,了解实验内容。

3.6.4 实验原理

555 定时器是一种用途广泛的数字、模拟混合的中规模集成电路。通过外接少量元件,它可方便地构成施密特触发器、单稳态触发器和多谐振荡器,用于信号的产生、变换、控制与检测。

1. 电路内部结构及功能表

555 定时器的电路内部结构及引脚图如图 3.28 所示。工作原理如下。

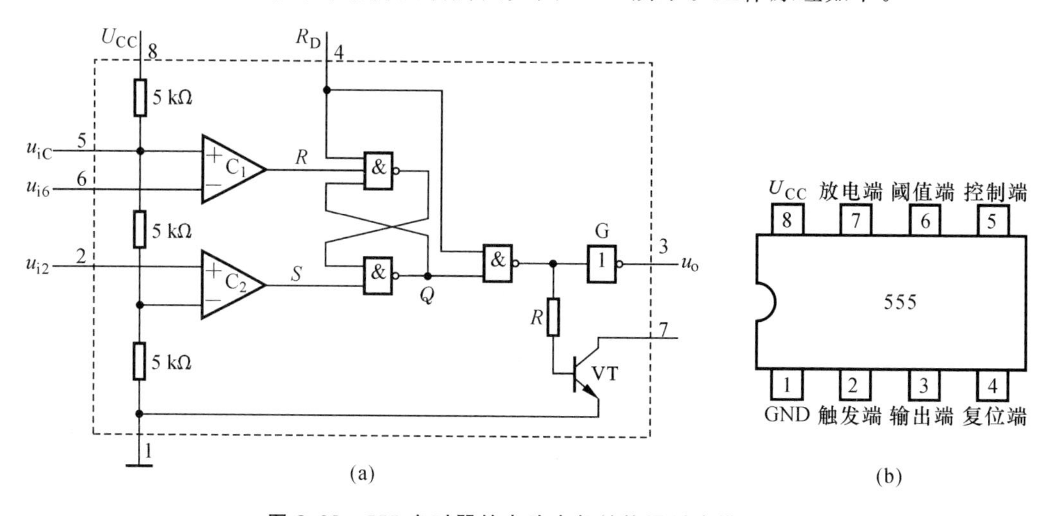

图 3.28 555 定时器的电路内部结构及引脚排列图

(1) 当 $u_{i6}<\frac{2}{3}U_{CC}$,$u_{i2}<\frac{1}{3}U_{CC}$时,比较器 C_1、C_2 分别输出高电平和低电平,即 $R=$ **1**,$S=$ **0**,使基本 RS 触发器置 **1**,放电三极管 VT 截止,输出 $u_o=$ **1**。

(2) 当 $u_{i6}<\frac{2}{3}U_{CC}$,$u_{i2}>\frac{1}{3}U_{CC}$时,比较器 C_1、C_2 的输出均为高电平,即 $R=$ **1**,$S=$ **1**。

RS 触发器维持原状态，输出 u_o保持不变。

(3) 当 $u_{i6}>\frac{2}{3}U_{CC}$，$u_{i2}>\frac{1}{3}U_{CC}$时，比较器 C_1输出低电平，比较器 C_2输出高电平，即 $R=\mathbf{0}$，$S=\mathbf{1}$，基本 RS 触发器置 **0**，放电三极管 VT 导通，输出 $u_o=\mathbf{0}$。

(4) 当 $u_{i6}>\frac{2}{3}U_{CC}$，$u_{i2}<\frac{1}{3}U_{CC}$时，比较器 C_1、C_2均输出低电平，即 $R=\mathbf{0}$，$S=\mathbf{0}$。这种情况对于基本 RS 触发器属于禁止输入状态。

综合上述分析，可得 555 定时器功能表，如表 3.13 所示。

555 定时器能在很宽的电源电压范围内工作，一般为 5～18 V。当电源电压为 5 V 时，其输出为 TTL 电平。此外，双极型 555 定时器的驱动能力较强，可以吸收和输出 200 mA 电流，因此它可直接用于驱动继电器、发光二极管、扬声器、指示灯等。

表 3.13　555 定时器功能表

R_D	u_{i6}	u_{i2}	u_o	VT 状态
0	×	×	**0**	导通
1	$<2U_{CC}/3$	$<U_{CC}/3$	**1**	截止
1	$>2U_{CC}/3$	$>U_{CC}/3$	**0**	导通
1	$<2U_{CC}/3$	$>U_{CC}/3$	不变	不变

2. 利用 555 定时器构成施密特触发器

将 555 定时器的 u_{i6}和 u_{i2}输入端连在一起作为信号的输入端，即可组成施密特触发器，如图 3.29 所示。

假设输入信号是一个三角波，根据 555 定时器的功能表对该电路进行分析，可得到输出波形如图 3.30 所示。

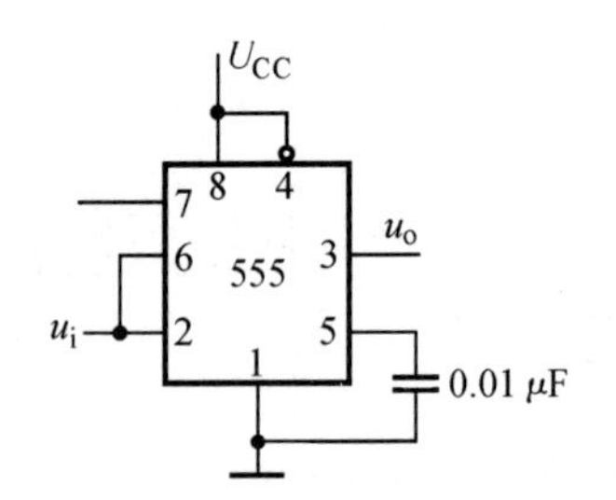

图 3.29　555 定时器构成的施密特触发器

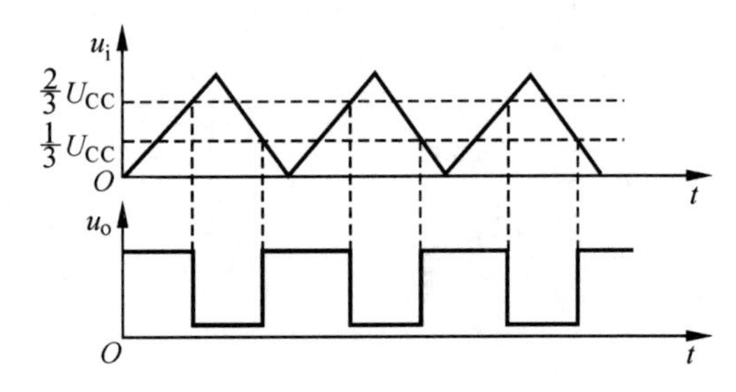

图 3.30　输入、输出波形

由图 3.30 可以看出，施密特触发器的上限阈值电压 $U_{T+}=\frac{2}{3}U_{CC}$，下限阈值电压 $U_{T-}=\frac{1}{3}U_{CC}$，回差电压为$\frac{1}{3}U_{CC}$。如果在 5 脚加控制电压，则可改变回差电压的值。回差电压越大，电路的抗干扰能力越强。

3. 利用 555 定时器构成单稳态触发器

如图 3.31 所示的是由 555 定时器及外接元件 R、C 构成的单稳态触发器。根据 555 定时器的功能表对该电路进行分析，可得到输出波形如图 3.32 所示。

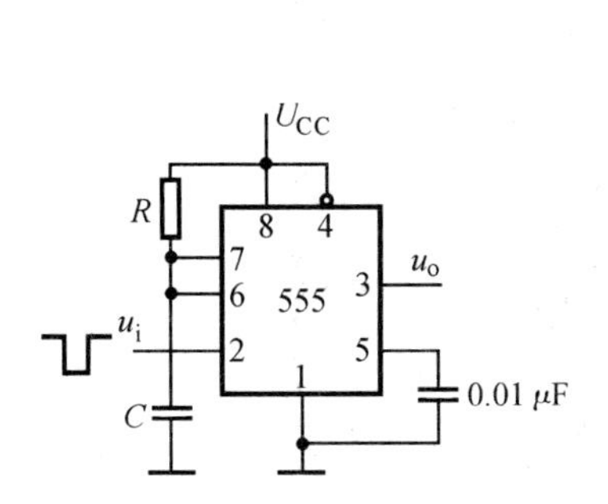

图 3.31 555 定时器构成的单稳态触发器

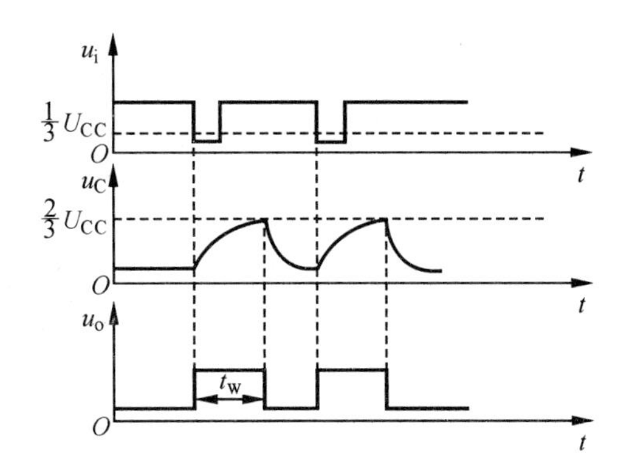

图 3.32 触发信号和输出波形

单稳态触发器的暂稳态时间由 R、C 参数决定。电容 C 两端的电压从 0 上升到 $\frac{2}{3}U_{CC}$ 的时间，就是暂稳态的持续时间。通过计算可得输出脉冲的宽度为

$$t_W = RC\ln3 \approx 1.1RC$$

通常电阻 R 取值为几百欧姆到几兆欧姆，电容 C 取值为几百皮法到几百微法。因此，电路产生的脉冲宽度可从几微秒到数分钟。

在这里要注意，触发脉冲的宽度要小于 t_W，并且其周期要大于 t_W。如果触发脉冲的宽度大于 t_W，可采用 RC 微分电路使触发脉冲的宽度变窄后再输入 555 定时器的 2 脚上。

4. 利用 555 定时器构成多谐振荡器

利用 555 定时器构成的多谐振荡器如图 3.33 所示。它无须外加触发信号，利用电容的不断充、放电即可产生连续的脉冲信号，其输出波形如图 3.34 所示。

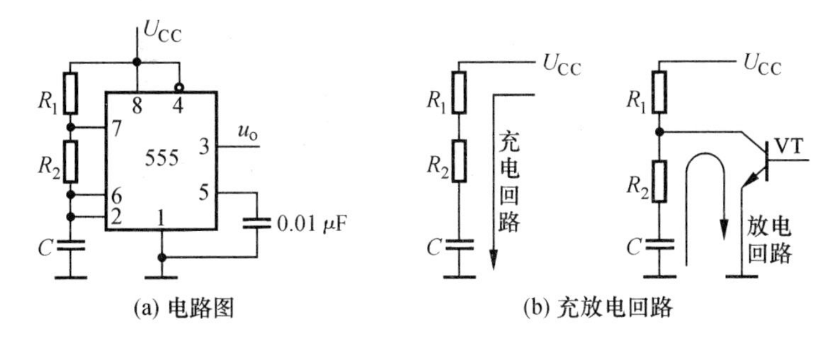

图 3.33 555 定时器构成的多谐振荡器

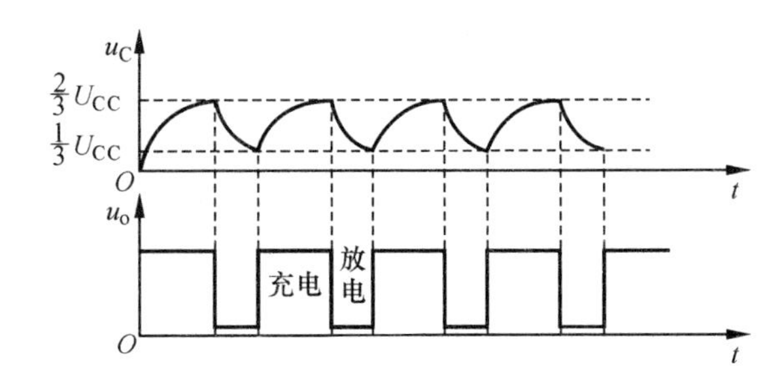

图 3.34 555 定时器构成的多谐振荡器输出波形

由图3.34可见,电容电压u_C在$\frac{1}{3}U_{CC}$与$\frac{2}{3}U_{CC}$之间变化,因而可求得电容C上的充电时间T_1和放电时间T_2,即

$$T_1=(R_1+R_2)C\ln2\approx0.7(R_1+R_2)C$$

$$T_2=R_2C\ln2\approx0.7R_2C$$

输出波形的周期为

$$T=T_1+T_2=(R_1+2R_2)C\ln2\approx0.7(R_1+2R_2)C$$

振荡频率为

$$f=\frac{1}{T}\approx\frac{1.44}{(R_1+2R_2)C}$$

输出波形的占空比为

$$q=\frac{T_1}{T}\approx\frac{R_1+R_2}{R_1+2R_2}>50\%$$

为了实现占空比小于50%,可以对图3.33中的电路稍加修改,使得电容C只从R_1充电,从R_2放电。这可通过将一个二极管VD并联在R_2两端,并让R_1小于R_2来实现。

3.6.5 基础性实验任务及要求

1. 用555定时器构成多谐振荡器

按照图3.33(a)所示连接实验电路,其中电阻R_1用1 kΩ的固定电阻和10 kΩ电位器串联来代替,R_2取2 kΩ,C选0.1 μF涤纶电容。

(1)调节10 kΩ电位器的大小,用示波器分别观察u_C、u_o的波形,并记录电位器为不同值时输出波形的频率和占空比大小。

(2)保持电位器的值不变,改变电容C的大小为1μF,观察此时输出波形的变化,并记录输出波形的频率和占空比大小。

注意:请勿拆除本实验电路,其输出将作为下面实验任务的信号源。

2. 用555定时器构成单稳态触发器

在上述实验电路基础上,按照图3.31所示连接另一实验电路。其中,电阻R用2 kΩ的固定电阻和10 kΩ的电位器串联来代替,C取1 μF,输出端接发光二极管。

(1) 将上述多谐振荡器的输出作为单稳态触发器的触发信号u_i送入2脚,用示波器同时观察u_i、u_o的波形,记录u_i、u_o的波形并分析两者之间的关系。

(2) 调节电位器的大小或改变电容C为0.1 μF,观察输出波形中暂稳态时间的变化情况。

3. 用555定时器构成施密特触发器

(1) 按照图3.29所示连接实验电路,其中2脚和6脚连接在一起,接至函数信号发生器三角波或正弦波输出端,调至一定的频率并将其幅值调到5 V,用示波器同时观察u_i、u_o的波形,记录u_i、u_o的波形并从示波器上测量回差电压的值。

(2) 在555定时器5脚外接3.6 V电压,在示波器上观察该电压对输出波形的脉宽和回差电压的影响(选做)。

3.6.6 设计性实验任务及要求

利用555定时器设计一个数字定时器,每启动一次,电路输出一个宽度为10 s的

正脉冲信号。安装电路并测试其功能(要求设计相应的启动电路)。

3.6.7 思考题

(1) 用555定时器构成多谐振荡器时,其输出波形的周期和占空比的改变与哪些因素有关?若只需改变周期而不改变占空比,应调整哪个元件的参数?

(2) 用555定时器构成单稳态触发器时,其触发信号为什么要选用窄脉冲信号?输出波形的宽度与哪些因素有关?

(3) 用555定时器构成施密特触发器时,其上、下触发电平为多少?如何改变?

3.7 D/A 转换器实验

3.7.1 实验目的

(1) 熟悉D/A转换器的基本工作原理;

(2) 掌握集成D/A转换器芯片DAC0832的功能和使用方法。

3.7.2 实验仪器及元器件

(1) 双踪示波器。

(2) 直流稳压电源。

(3) 函数信号发生器。

(4) 数字电路实验箱或实验电路板。

(5) 数字万用表。

(6) 实验元器件:DAC0832芯片1片、1 kΩ及15 kΩ电位器各1个、集成运算放大器μA741芯片1片、集成计数器74LS161芯片1片。

3.7.3 预习要求

(1) 了解D/A转换器的基本工作原理;

(2) 熟悉DAC0832的主要引脚功能;

(3) 阅读实验指导书,理解实验原理,了解实验内容。

3.7.4 实验原理

市场上的单片集成D/A转换器有很多种,DAC0832是采用CMOS工艺制成的单片电流输出型8位D/A转换器。DAC0832的逻辑符号和引脚排列如图3.35所示。引脚功能说明如下。

(1) ILE:输入锁存允许信号,输入高电平有效。

(2) $\overline{CS}$:片选信号,输入低电平有效。

(3) $\overline{WR_1}$:输入数据选通信号,输入低电平有效。

(4) $\overline{WR_2}$:数据传送选通信号,输入低电平有效。

(5) $\overline{XFER}$:数据传送选通信号,输入低电平有效。

(6) $D_7 \sim D_0$:8位数字量输入端,D_7为最高位,D_0为最低位。

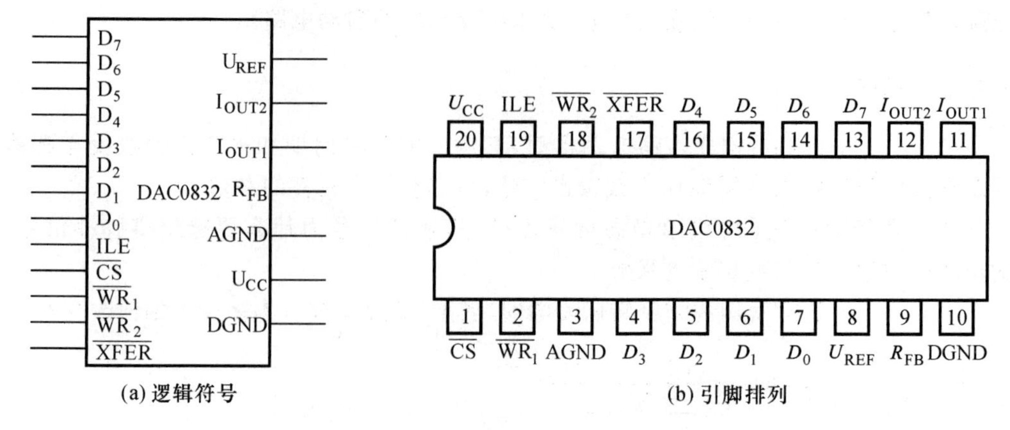

(a) 逻辑符号　　(b) 引脚排列

图 3.35　DAC0832 逻辑符号及引脚排列图

(7) U_{REF}:参考电压输入。一般此端外接一个精确、稳定的电压基准源,可在$-10\sim+10$ V范围内选择。

(8) R_{FB}:反馈电阻(内已含一个反馈电阻)引出端。

(9) I_{OUT1}:D/A 转换器输出电流 1。此输出信号一般作为运算放大器的一个差分输入信号。当 DAC 寄存器中的各位为 **1** 时,电流最大;为全 **0** 时,电流为 0。

(10) I_{OUT2}:D/A 转换器输出电流 2。此信号作为运算放大器的另一个差分输入信号(一般接地)。I_{OUT1} 和 I_{OUT2} 满足关系

$$I_{OUT1}+I_{OUT2}=\text{常数}$$

(11) U_{CC}:电源输入端,取值范围为$+5\sim+15$ V,一般取$+5$ V。

(12) DGND:数字地。

(13) AGND:模拟地。

DAC0832 输出的是电流,要转换为电压,还必须外接一个运算放大器,将 DAC0832 的两个电流输出端分别接到运算放大器的两个输入端上。由于芯片内部已设置了一个反馈电阻 R_{FB},因此只要将 9 脚接到运算放大器的输出端即可。理想情况下的转换公式为

$$U_o=-U_{REF}\times\frac{(D)_{10}}{256}$$

因此,当参考电压 U_{REF} 为$+5$ V(或-5 V)时,输出电压范围为 $0\sim-5$ V(或 $0\sim+5$ V)。若要扩大输出电压范围,可增大运算放大器的增益,即外加一个反馈电阻 R_f 与内部的 R_{FB} 串联。

3.7.5　基础性实验任务及要求

按照图 3.36 所示连接实验电路,反馈电阻 R_f 为 1 kΩ 的电位器。

(1) 数字量输入端 $D_7\sim D_0$ 均置 **0**,调节运算放大器的调零电位器,使输出电压趋近于零。

(2) 数字量输入端 $D_7\sim D_0$ 均置 **1**,调节电位器 R_f,改变运算放大器的增益,使输出电压达到满量程电压-5 V。

(3) 从数字量输入端最低位 D_0 开始,逐位置 **1**,用万用表测量对应的模拟输出电压值,并将实验结果填入表 3.14 中。

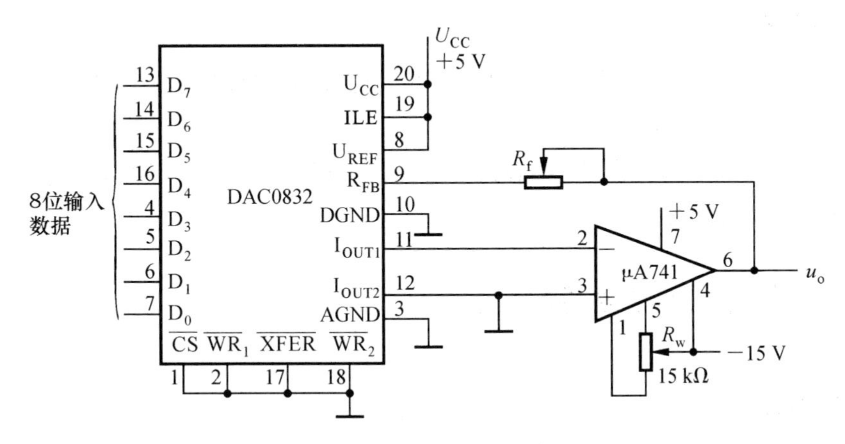

图 3.36 DAC0832 实验电路

表 3.14 DAC0832 实验记录表

输入数字量								输出电压 u_o/V	
D_7	D_6	D_5	D_4	D_3	D_2	D_1	D_0	实测值	理论值
0	0	0	0	0	0	0	0		
0	0	0	0	0	0	0	1		
0	0	0	0	0	0	1	1		
0	0	0	0	0	1	1	1		
0	0	0	0	1	1	1	1		
0	0	0	1	1	1	1	1		
0	0	1	1	1	1	1	1		
0	1	1	1	1	1	1	1		
1	1	1	1	1	1	1	1		

(4) 将集成计数器 74LS161 接成十六进制加法计数器，并将其 4 位输出端分别接 DAC0832 的数字量输入端 $D_7 \sim D_4$，低 4 位接地。给计数器送入 1 kHz 计数脉冲，用示波器观察输出电压的波形，记录并分析实验结果。

(5) 将 74LS161 的 4 位输出端分别接 DAC0803 的低 4 位输入端 $D_3 \sim D_0$，而高 4 位接地，用示波器观察输出波形的变化情况。

(6) 将 74LS161 的计数脉冲由 1 kHz 增加到 2 kHz，用示波器观察输出波形的变化情况。

3.7.6 设计性实验任务及要求

用 DAC0832 和集成运算放大器设计一个双极性输出电压的 D/A 转换电路，其输出电压范围为 −5～+5 V。进行软件仿真，并安装、调试该电路。

3.7.7 思考题

(1) 对于 DAC0832,设参考电压为+5 V,当输入数字量为 **10000000** 时,输出电压理论值为多少?

(2) 利用 DAC0832 进行 D/A 转换时,其模拟输出电压一般为阶梯信号形式,如何得到平滑的模拟输出电压?

3.8 A/D 转换器实验

3.8.1 实验目的

(1) 熟悉 A/D 转换器的基本工作原理;

(2) 掌握集成 A/D 转换器芯片 ADC0809 的功能和使用方法。

3.8.2 实验仪器及元器件

(1) 双踪示波器。

(2) 直流稳压电源。

(3) 函数信号发生器。

(4) 数字电路实验箱或实验电路板。

(5) 数字万用表。

(6) 实验元器件:ADC0809 芯片 1 片、发光二极管 8 个、1 kΩ 电阻 10 个。

3.8.3 预习要求

(1) 了解 A/D 转换器的基本工作原理;

(2) 熟悉 ADC0809 的主要引脚功能;

(3) 阅读实验指导书,理解实验原理,了解实验内容。

3.8.4 实验原理

ADC0809 是采用 CMOS 工艺制成的单片 8 位 8 通道逐次比较型 A/D 转换器,ADC0809 的引脚排列如图 3.37 所示,其引脚功能如下。

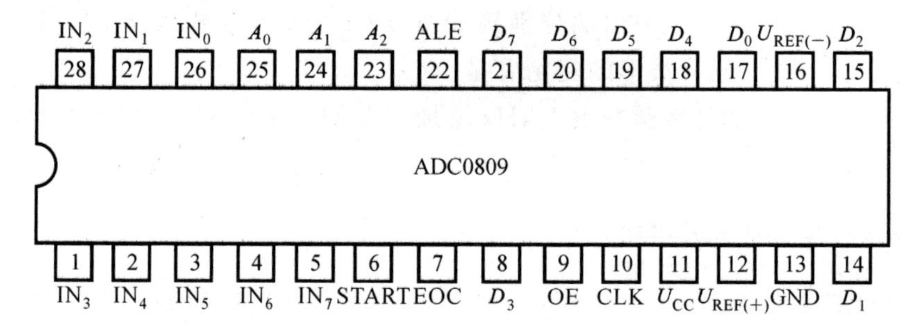

图 3.37 ADC0809 引脚排列

(1) IN_0～IN_7:8 路模拟信号输入端。

(2) A_2、A_1、A_0:8 路模拟信号的地址码输入端,$A_2A_1A_0$ 为 **000**～**111** 时,转换通道分别对应 IN_0～IN_7。

(3) ALE:地址锁存允许输入端,在此脚施加正脉冲,上升沿有效,此时锁存地址码,从而选通相应的模拟信号通道,以便进行 A/D 转换。

(4) START:启动信号输入端,应在此脚施加正脉冲,当上升沿到达时,内部逐次逼近寄存器复位,在下降沿到达后,开始 A/D 转换过程。

(5) EOC:转换结束信号,A/D 转换开始后,由高电平变为低电平;转换结束后,由低电平变为高电平。如将 START 端与 EOC 端直接相连,转换将连续进行。

(6) OE:输出允许信号,高电平有效。用于打开 ADC0809 内部的三态输出锁存器,将转换后的数据送到输出端。

(7) CLK :时钟信号输入端,其范围为 10～1 280 kHz。ADC0809 的转换时间约为 64 个时钟周期,外接时钟频率一般为 640 kHz,转换时间约为 100 μs 。

(8) U_{CC}:+5 V 单电源供电电压。

(9) $U_{REF(+)}$、$U_{REF(-)}$:基准电压的正端和负端。它们决定了输入模拟电压的最大值和最小值,一般 $U_{REF(+)}$ 接+5 V,$U_{REF(-)}$ 接地。

(10) D_7～D_0:数字信号输出端。

(11) GND :地。

理想情况下,当选中通道输入模拟信号为 0～5 V 时,其转换后的数字输出为 **00000000**～**11111111**。

3.8.5 基础性实验任务及要求

按照图 3.38 接好实验电路。

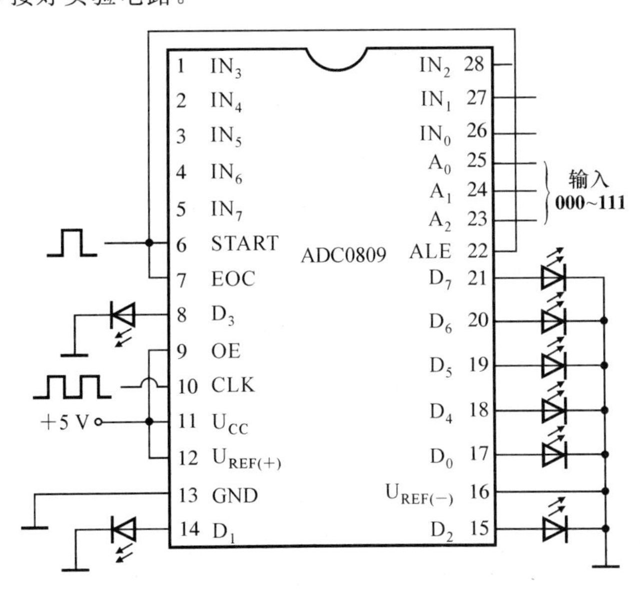

图 3.38 ADC0809 **实验电路**

(1) 由信号源产生频率为 640 kHz 的脉冲信号作为 CLK 时钟信号。

(2) START 端、ALE 端与 EOC 端直接连接在一起,以便 A/D 转换结束即自动开始下一次转换。

(3) 开始实验时,在 START 端加一个正单次脉冲作为起始的启动信号,即可开始 A/D 转换。

(4) 在 ADC0809 模拟信号通道 IN_0 输入端输入直流电压。利用电位器调节其大小,观察和测量相应的数字量输出 $D_7 \sim D_0$,将测量结果填入表 3.15 中。

(5) 改变 ADC0809 模拟信号通道(如 IN_1),重复上述实验内容,验证多通道 A/D 转换情况。

(6) 将上述实验输出数字量与理论输出数字量进行比较。

表 3.15　ADC0809 实验记录表

选中通道	输入模拟电压	实验输出数字量							
	U_i/V	D_7	D_6	D_5	D_4	D_3	D_2	D_1	D_0
IN_0									
IN_1									

3.8.6 设计性实验任务及要求

A/D 与 D/A 联合实验:将 A/D 转换器 ADC0809 的输出数字量作为 DAC0832 的输入数字量,连接好相关电路。

(1) 在 A/D 转换器 ADC0809 模拟信号通道输入端加直流电压。利用电位器调节其大小,观察和测量 DAC0832 的相应输出模拟电压值,记录并分析测量结果。

(2) 在 A/D 转换器 ADC0809 模拟信号通道输入端加入频率为 100 Hz、幅值为 2 V的正弦波信号,用示波器观察 DAC0832 输出电压的波形,将输入、输出波形进行比较并分析实验结果。

(3) 在(2)基础上,降低 ADC0809 的时钟频率,用示波器观察 DAC0832 输出电压波形的变化。

3.8.7 思考题

(1) 已知 A/D 转换器的分辨率为 8 位,其输入模拟电压范围为 0～5 V,则当输出数字量为 **10000001** 时,对应的输入模拟电压理论值为多少?

(2) 在 ADC0809 实验电路中,基准电压 $U_{REF(+)}$ 或 $U_{REF(-)}$ 可以为负吗? $U_{REF(+)}$ 和 $U_{REF(-)}$ 的取值应满足什么条件?

(3) 在 ADC0809 实验电路中,如何实现模拟量的双极性输入方式?

数字电路基础实验的 Proteus 仿真

4.1 逻辑门电路的仿真

以**与非**门 74LS00、三态门 74LS125、OC **与非**门 74LS03 为例，对它们的逻辑功能分别进行 Proteus 仿真验证。

4.1.1 与非门的功能仿真验证

在 Proteus 中选择元器件 74LS00，选择 LOGICSTATE 产生的 **0**、**1** 信号作为逻辑门的输入，选择 LOGICPROBE 作为逻辑探针测量逻辑门的输出，其原理图如图 4.1 所示。单击仿真运行，改变不同的输入，观察输出与输入之间是否满足**与非**逻辑关系。仿真运行结果如图 4.2 所示。

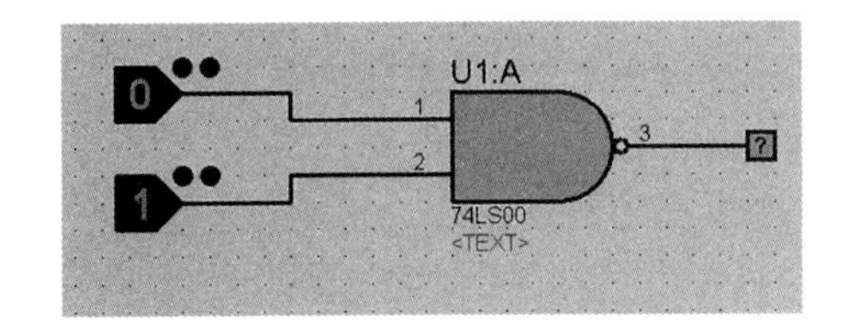

图 4.1 74LS00 逻辑门原理图

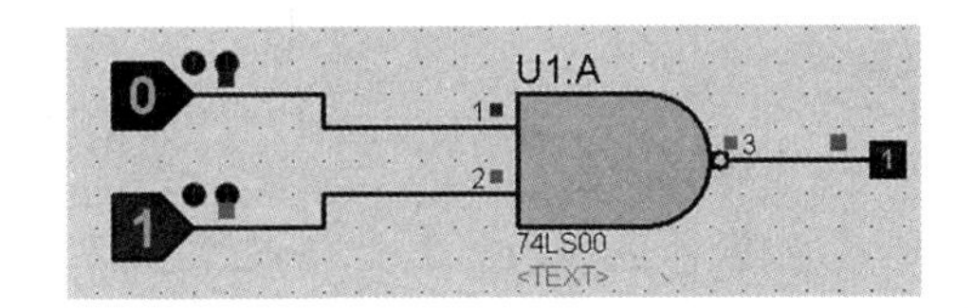

图 4.2 74LS00 逻辑门运行结果

4.1.2 三态门的功能仿真验证

在 Proteus 中选择元器件 74LS125 和 74LS126，选择 LOGICSTATE 产生的 **0**、**1** 信号作为逻辑门的输入和控制信号，选择 LOGICPROBE 作为逻辑探针测量逻辑门的输出，其原理图如图 4.3 所示。其中：74LS125 的控制端为低电平有效，即控制端为低电平时，输出等于输入，控制端为高电平时，输出为高阻状态；74LS126 的控制端为高电平有效，即控制端为高电平时，输出等于输入，控制端为低电平时，输出为高阻状态。

单击仿真运行，改变输入和控制信号，观察输出与输入之间是否满足三态门的逻辑关系。控制端有效时的仿真运行结果如图 4.4 所示，控制端无效时的仿真运行结果如图 4.5 所示，其中灰色代表输出为高阻状态。

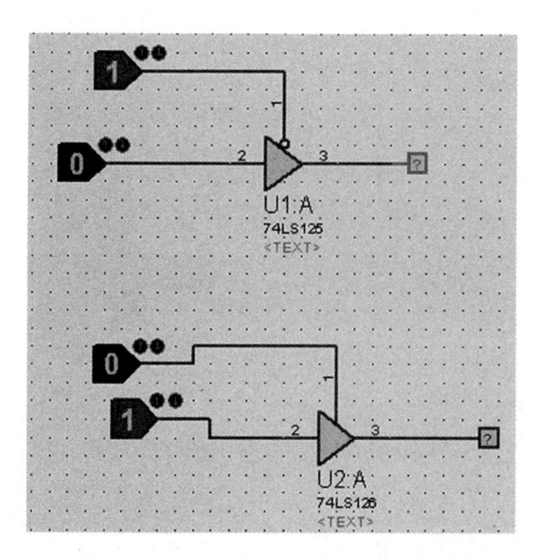

图 4.3　74LS125 及 74LS126 三态门原理图

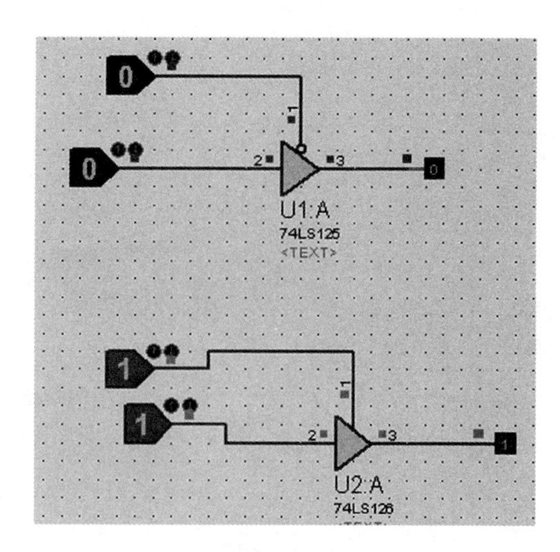

图 4.4　控制端有效时 74LS125 及 74LS126 的运行结果

4.1.3　三态门的应用仿真验证

在 Proteus 中选择发光二极管 LED-RED,选择数字信号源 DCLOCK,设置其频率为 2 Hz 并选择其他元器件,按照图 4.6 连接仿真原理图,实现 3 路不同信号的分时传输,分别控制同一发光二极管。

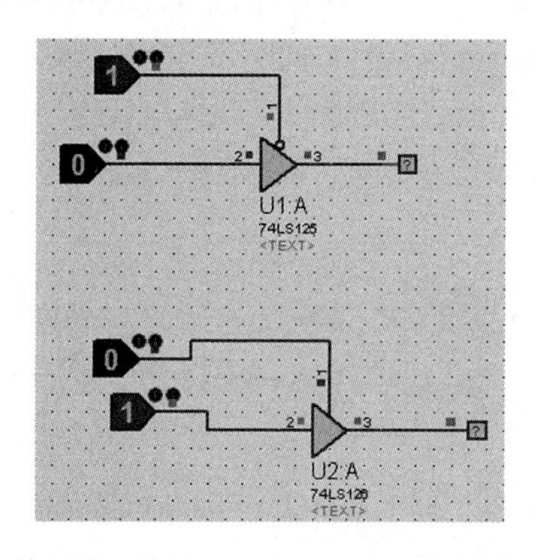

图 4.5　控制端无效时 74LS125 及 74LS126 的运行结果

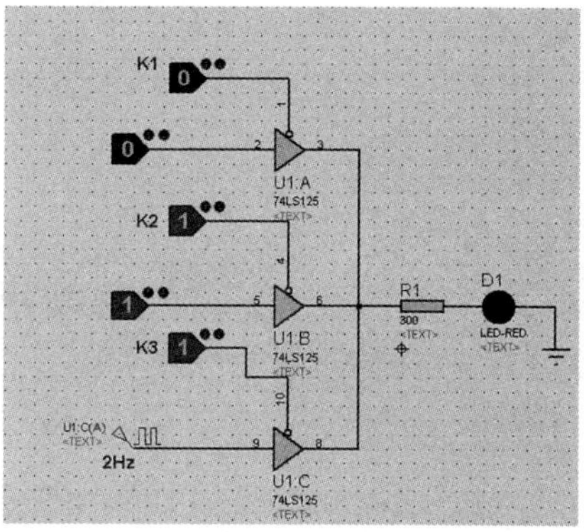

图 4.6　3 路信号分时传输原理图

单击仿真运行,可以观察到如下运行结果:当 K_1 K_2 K_3 = **011** 时,发光二极管灭;当 K_1 K_2 K_3 = **101** 时,发光二极管亮;当 K_1 K_2 K_3 = **110** 时,发光二极管以 2 Hz 的频率交替亮灭。

4.1.4　OC 门的功能仿真验证

在 Proteus 中选择元器件 74LS03 和其他元器件,从 74LS03 中选择一个 OC **与非**门不接上拉电阻,输出端接入发光二极管;再选择另一个 OC **与非**门接上拉电阻,输出端同时接入发光二极管,如图 4.7 所示。

单击仿真运行,当两个 OC **与非**门的输入相同且为 **11** 时,两者的输出均为低电平 **0**,发光二极管灭,如图 4.8 所示。

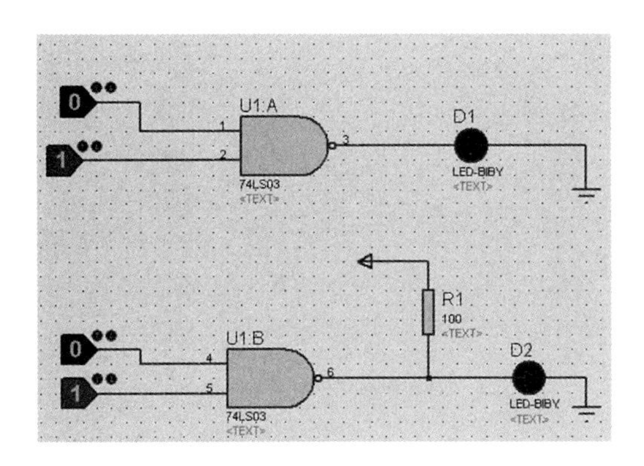

图 4.7 OC 与非门两种不同工作方式的比较

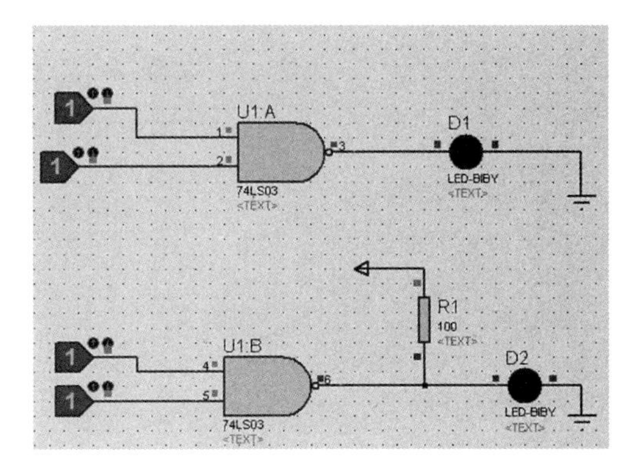

图 4.8 两个 OC 与非门的运行结果一

当两个 OC 与非门的输入相同且为其他值(**00** 或 **01** 或 **10**)时,两者的输出不再相同,未接上拉电阻的 OC 与非门输出为高阻状态,接有上拉电阻的 OC 与非门对外输出为高电平,使发光二极管发亮,如图 4.9 所示。

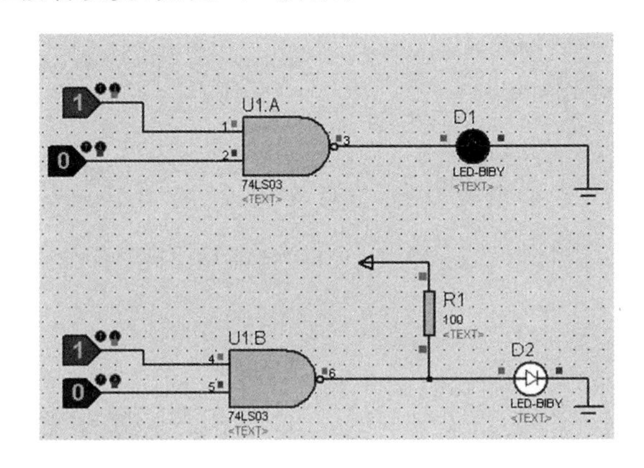

图 4.9 两个 OC 与非门的运行结果二

4.2 组合逻辑电路的仿真

4.2.1 二进制译码器 74LS138 的功能仿真验证

二进制译码器 74LS138 的功能表如表 3.5 所示。在 Proteus 中选择元器件 74LS138 和其他元器件,画出原理图,如图 4.10 所示。

单击仿真运行,当 CBA=**000**~**111** 时,Y_0~Y_7 依次输出低电平,相应的发光二极管发亮。运行结果如图 4.11 所示。

4.2.2 编码与译码显示电路的功能仿真验证

十进制编码器 74LS147 的功能表如表 3.4 所示,显示译码器 CD4511 的功能表如表 3.6 所示。在 Proteus 中选择元器件 74LS147、CD4511、共阴极数码管和其他元器件,按照图 3.12,画出原理图,如图 4.12 所示。

单击仿真运行,当编码器 74LS147 的 1~9 输入端的开关均断开时,输入端均无效,此时电路等效于对十进制数 0 进行编码,数码管显示 0,运行结果如图 4.13 所示。

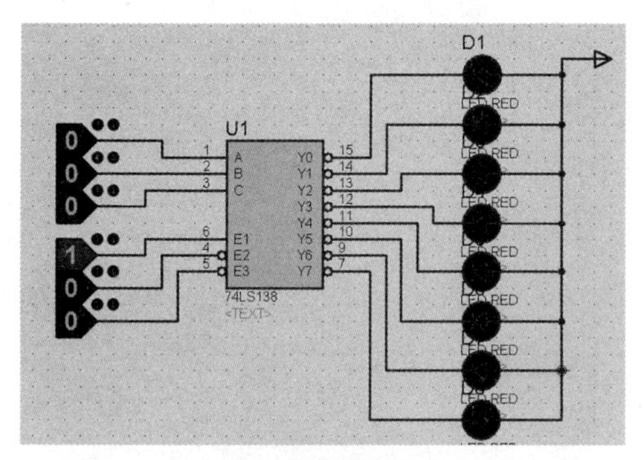

图 4.10　二进制译码器 74LS138 原理图

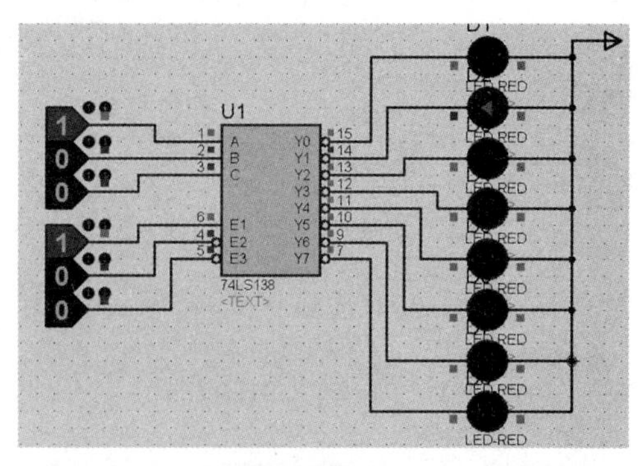

图 4.11　二进制译码器 74LS138 运行结果

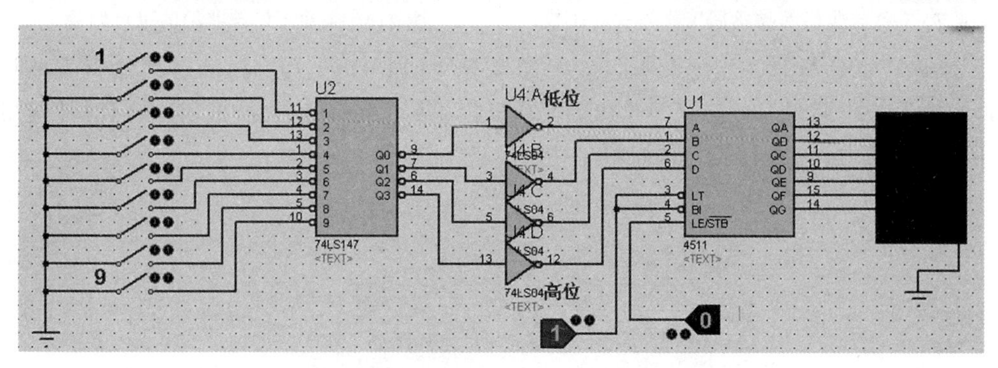

图 4.12　编码与译码显示电路原理图

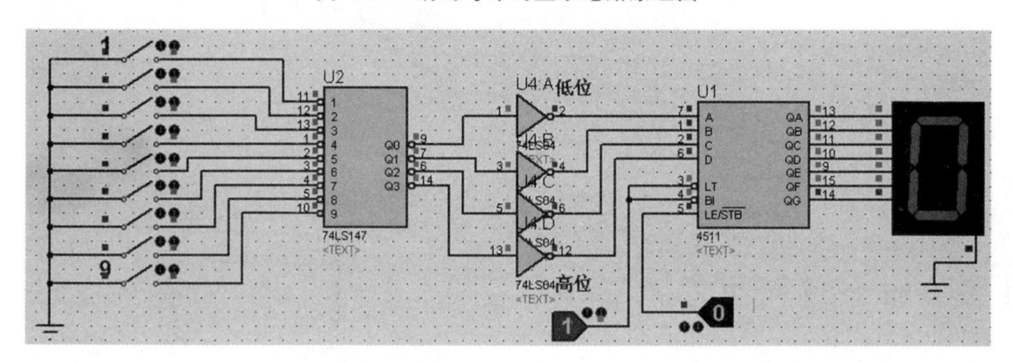

图 4.13　编码与译码显示电路运行结果一

单击仿真运行，当编码器 74LS147 的 1～9 输入端的某个开关(如 3 输入端开关)闭合时，电路等效于对十进制数 3 进行编码，数码管显示 3，运行结果如图 4.14 所示。故该电路可以对十进制数 0 到 9 进行编码并显示出来。

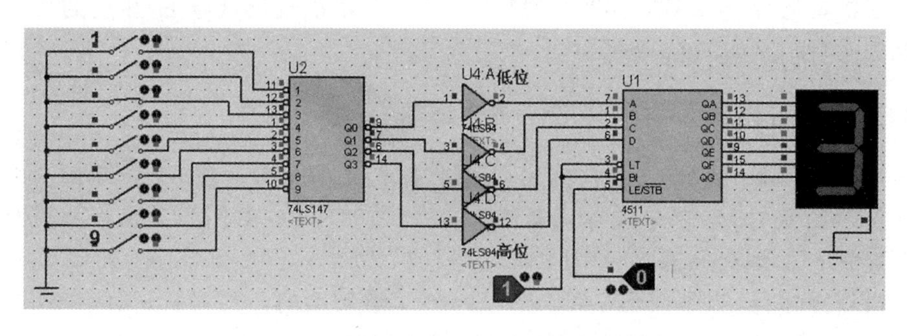

图 4.14　编码与译码显示电路运行结果二

4.3 时序逻辑电路的仿真

4.3.1 JK 触发器 74LS76 构成二分频、四分频电路的功能仿真验证

在 Proteus 中选择元器件 74LS76 和其他元器件，按照图 3.22 画出原理图，如图 4.15所示。

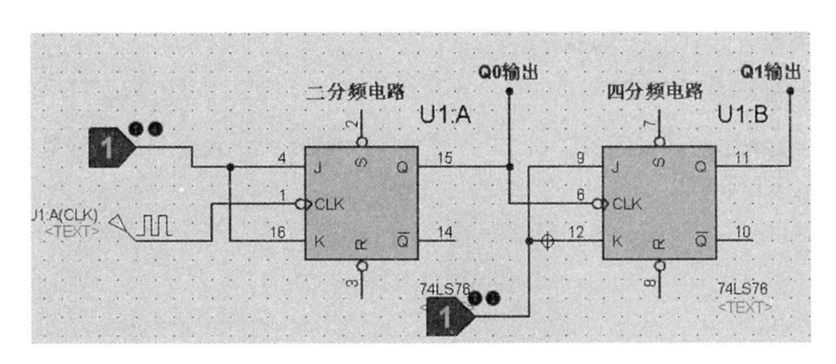

图 4.15 二分频、四分频电路原理图

在 Proteus 中放入示波器，同时测量输入时钟信号和输出信号 Q_0，单击仿真运行，将示波器的有关参数设置正确，显示二者为二分频关系，如图 4.16 所示。

在 Proteus 中放入示波器，同时测量 Q_0 和 Q_1，单击仿真运行，将示波器的有关参数设置正确，显示二者为二分频关系，如图 4.17 所示，即 Q_1 与输入时钟信号为四分频关系。

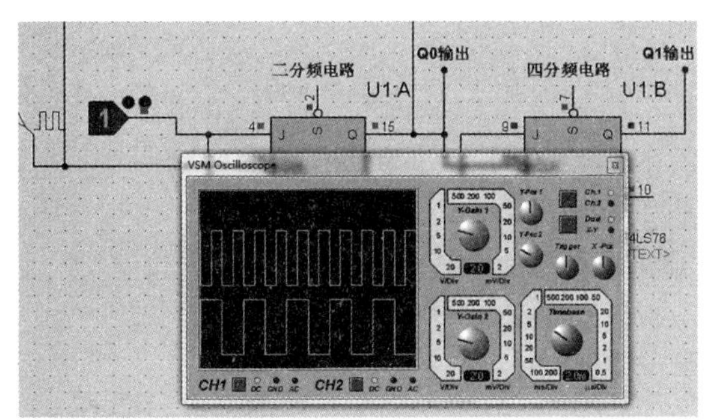

图 4.16 二分频电路运行结果一

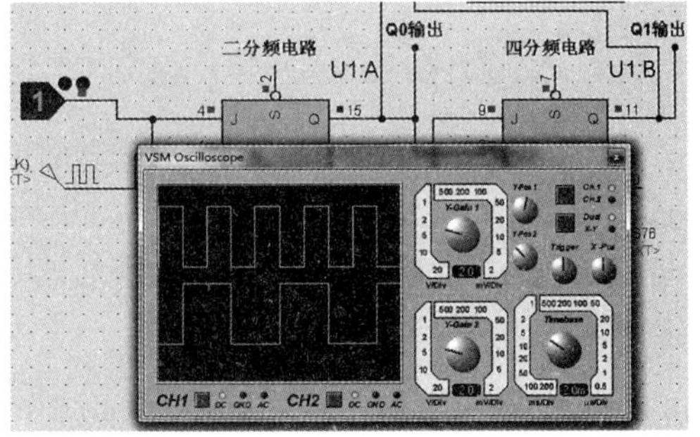

图 4.17 二分频电路运行结果二

4.3.2 集成计数器 74LS161 构成六进制加法计数器的功能仿真验证

在 Proteus 中选择元器件 74LS161、BCD 输入数码管 7SEG-BCD 和其他元器件，构成 0～5 循环加计数的原理图，如图 4.18 所示。计数器 74LS161 的时钟信号 CLK 的频率设置为 1 Hz，单击仿真运行，其运行结果如图 4.19 所示。

4.3.3 集成计数器 74LS161 构成十进制加法计数器的功能仿真验证

在 Proteus 中选择元器件 74LS161、BCD 输入数码管 7SEG-BCD 和其他元器件，构成 0～9 循环加计数的原理图，如图 4.20 所示。单击仿真运行，其运行结果如图4.21 所示。

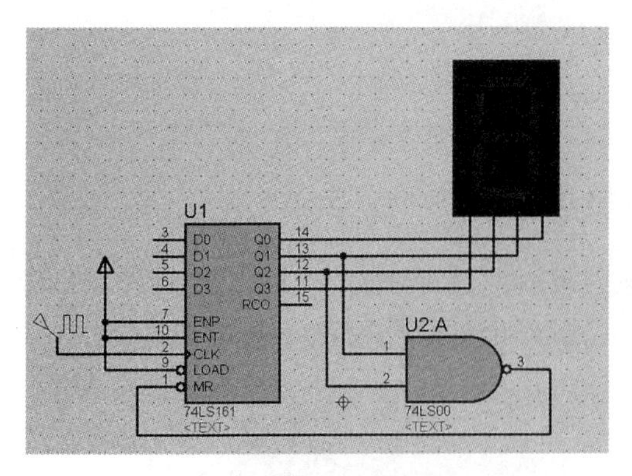

图 4.18　六进制加法计数器原理图

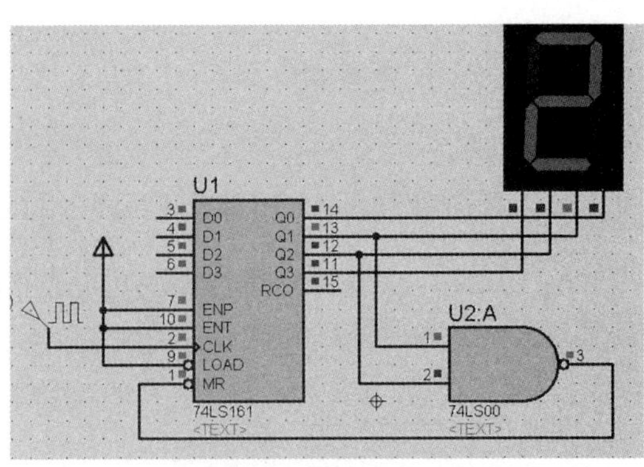

图 4.19　六进制加法计数器运行结果

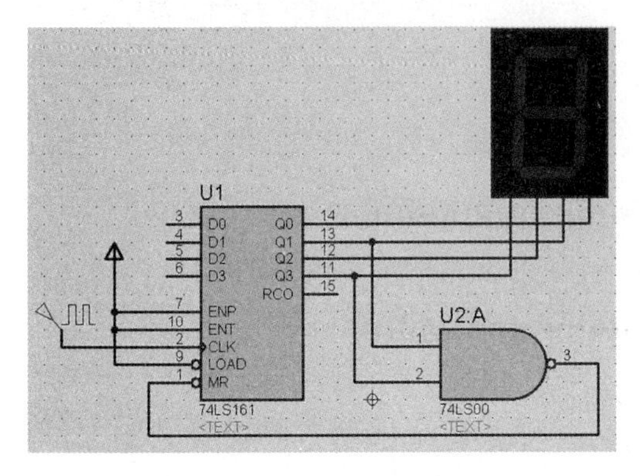

图 4.20　十进制加法计数器原理图

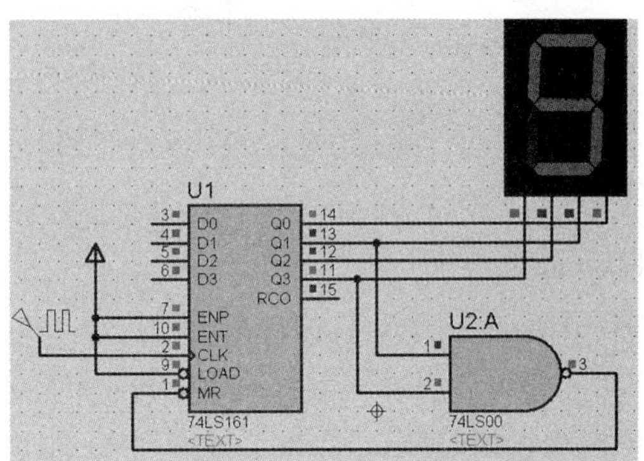

图 4.21　十进制加法计数器运行结果

4.3.4　集成计数器 74LS161 构成六十进制加法计数器的功能仿真验证

在 Proteus 中选择元器件 74LS161 、BCD 输入数码管 7SEG-BCD 各 2 片和其他元器件，将图 4.18 所示六进制加法计数器和图 4.20 所示十进制加法计数器进行级联，构成 0～59 循环加的六十进制加法计数器，其原理图如图 4.22 所示。单击仿真运行，其运行结果如图 4.23 所示。

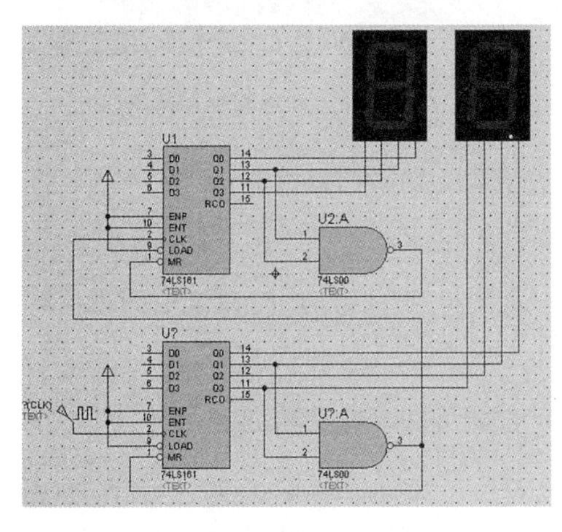

图 4.22　六十进制加法计数器原理图

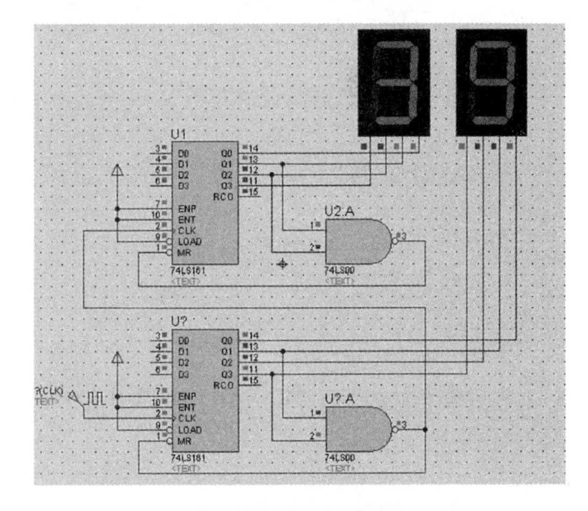

图 4.23　六十进制加法计数器运行结果

4.4 555 定时器的仿真

4.4.1 555 定时器构成多谐振荡器的功能仿真验证

在 Proteus 中选择元器件 555 定时器、电阻 Resistors、电容 Capacitors，按照图3.33 画出多谐振荡器的原理图，如图 4.24 所示。在 Proteus 中放入示波器，单击仿真运行，其运行结果如图 4.25 所示。

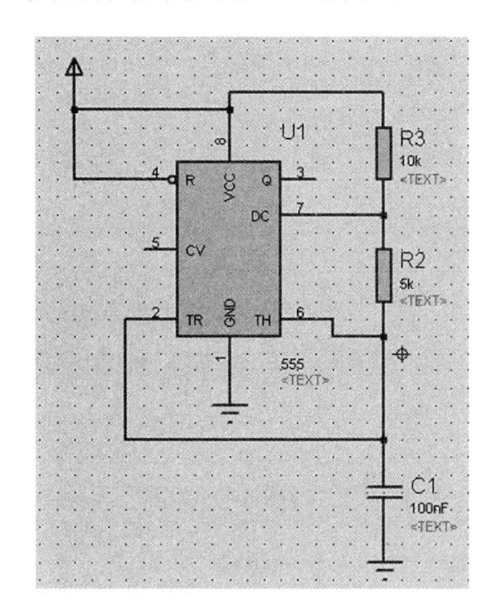

图 4.24 多谐振荡器原理图

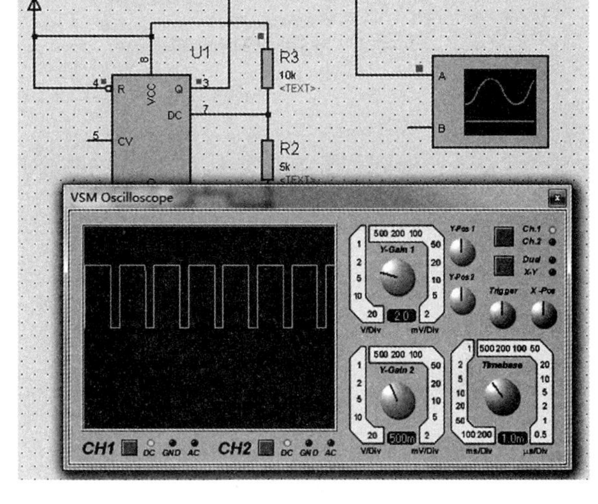

图 4.25 多谐振荡器运行结果

4.4.2 555 定时器构成单稳态触发器的功能仿真验证

在 Proteus 中选择元器件 555 定时器 2 片、电阻 Resistors 和电容 Capacitors 若干，将图 4.24 所示多谐振荡器的输出作为单稳态触发器的触发信号，按照图 3.31 画出单稳态触发器原理图，如图 4.26 所示。在 Proteus 中放入示波器，单击仿真运行，其运行结果如图 4.27 所示。

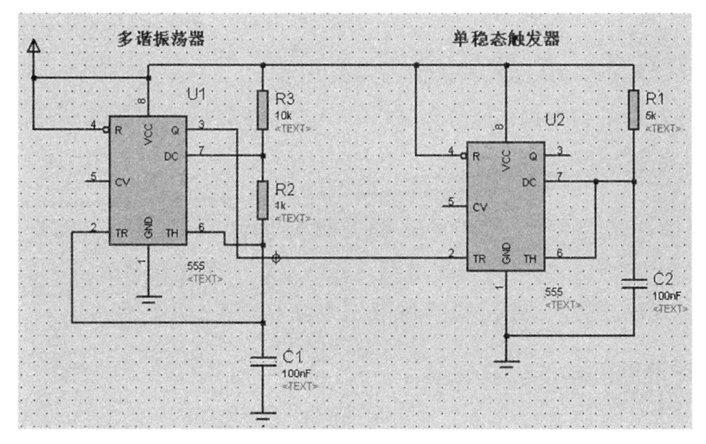

图 4.26 单稳态触发器原理图

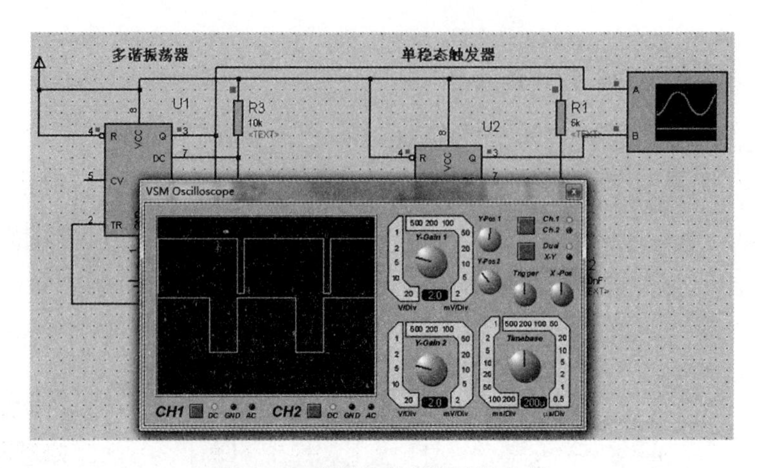

图 4.27 单稳态触发器运行结果

4.4.3 555 定时器构成施密特触发器的功能仿真验证

在 Proteus 中选择元器件 555 定时器和其他元器件，按照图 3.29 画出施密特触发器原理图，如图 4.28 所示。在 Proteus 中放入示波器，单击仿真运行，其运行结果如图 4.29 所示。

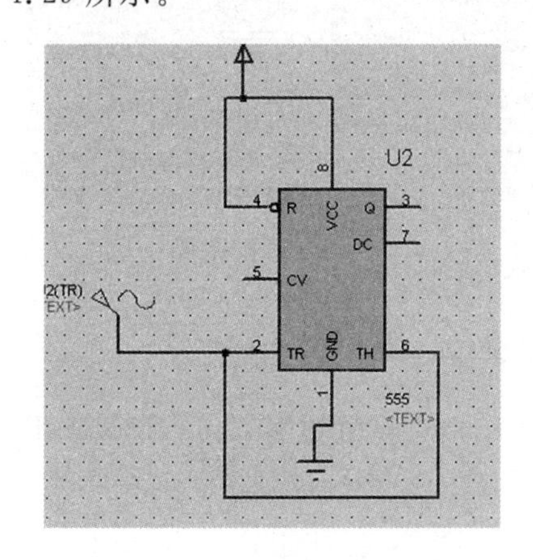

图 4.28 施密特触发器原理图

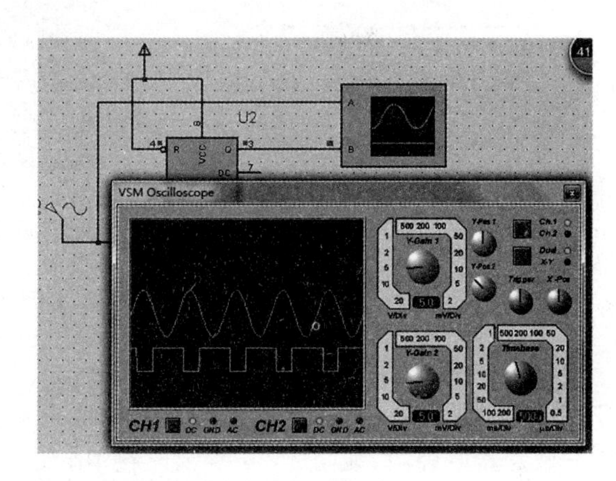

图 4.29 施密特触发器运行结果

4.5 A/D 与 D/A 转换器的仿真

4.5.1 A/D 转换器的功能仿真验证

在 Proteus 中选择元器件 ADC0808 和其他元器件，按照图 3.38，以 ADC0808 代替 ADC0809，画出 A/D 转换器的原理图，如图 4.30 所示。单击仿真运行，由电位器调节 IN_0 通道输入端的直流电压大小，输出数字量随之发生相应变化，其运行结果如图 4.31 所示。

4.5.2 D/A 转换器的功能仿真验证

在 Proteus 中选择元器件 DAC0832、集成运放 μA741 和其他元器件，按照图 3.36 画出 D/A 转换器的原理图，如图 4.32 所示。单击仿真运行，手动改变输入数字量，输出模拟电压值随之发生相应变化，其运行结果如图 4.32 所示。

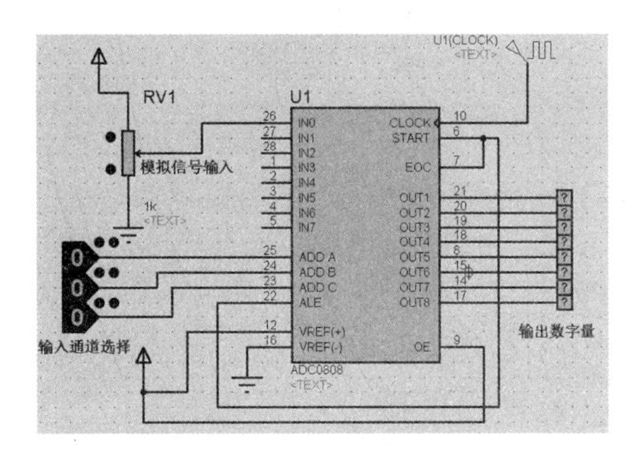

图 4.30　A/D 转换器原理图

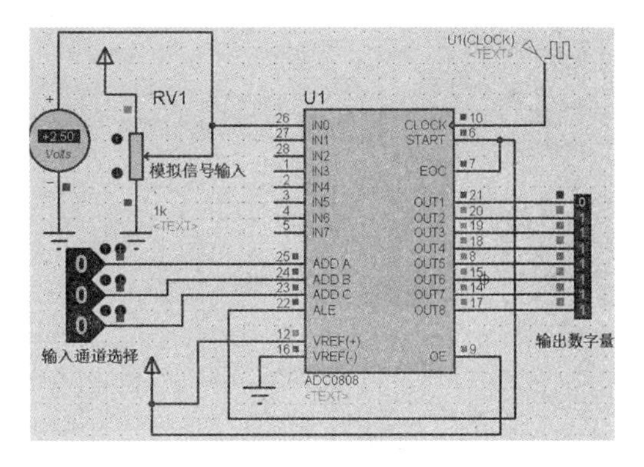

图 4.31　A/D 转换器运行结果

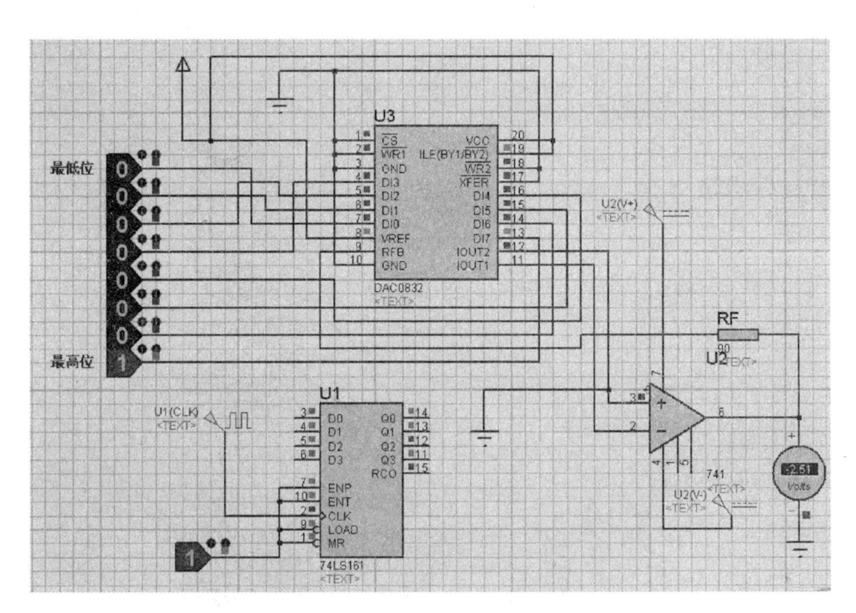

图 4.32　D/A 转换器原理图及运行结果

在 Proteus 中选择元器件 74LS161 构成 4 位二进制计数器，其时钟信号 CLK 的频率设置为 1 kHz，如图 4.32 所示，其输出 $Q_3Q_2Q_1Q_0$ 作为 DAC0832 的低 4 位输入数字量，使得 DAC0832 的输入数字量自动连续变化。在 Proteus 中放入示波器，测量输出电压变化情况如图 4.33 所示。

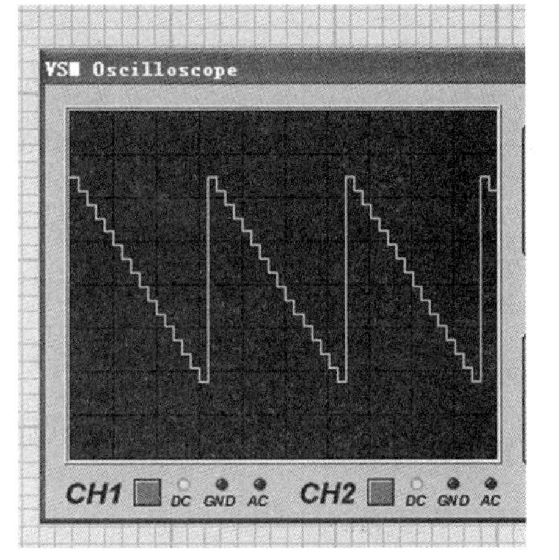

图 4.33　输入数字量自动连续变化时 D/A 转换器的输出运行结果

4.6.3　A/D 与 D/A 联合实验的仿真验证

将 A/D 转换器 ADC0808 的输出数字量作为 DAC0832 的输入数字量。

在 A/D 转换器 ADC0808 通道 IN_0 输入端加入直流电压，由一个电位器调节其大小。调好零点和满量程电压后，理想情况下，输出电压与输入电压相等，如图 4.34 所示。

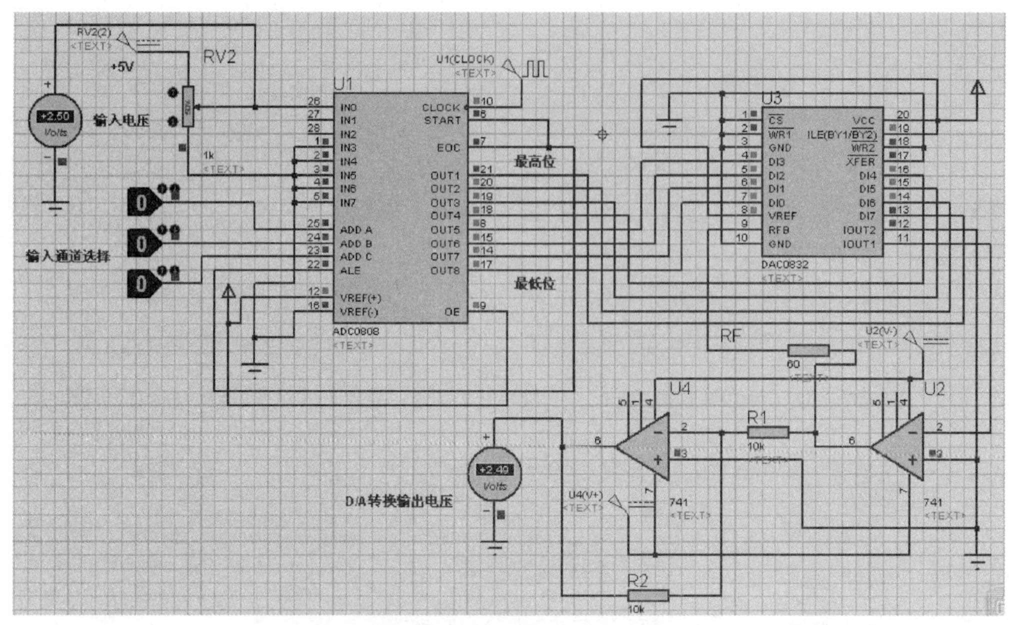

图 4.34 输入直流电压时的输出电压运行结果

在 A/D 转换器 ADC0808 通道 IN_0输入端加入 100 Hz、幅度为 2 V 的正弦波信号，用示波器观察 DAC0832 输出电压的波形，理想情况下，D/A 转换器输出波形与 A/D 转换器输入波形相同，如图 4.35 所示。

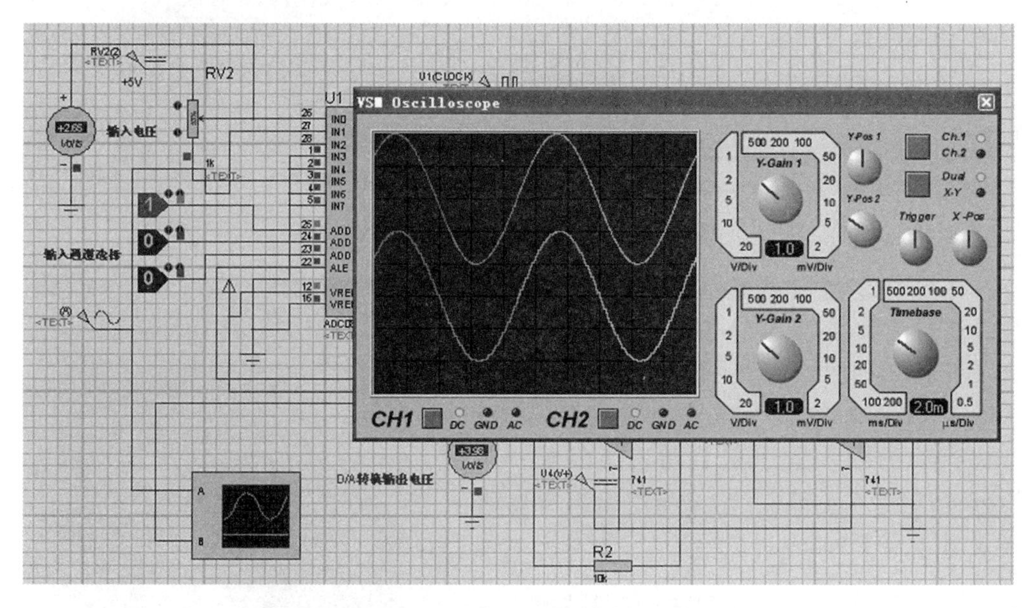

图 4.35 输入正弦波信号时的输出波形运行结果

5

数字电路综合设计实验

5.1 数字密码锁设计

学习目标：学会由SSI、MSI器件构建数字密码锁电路，掌握组合逻辑电路的一般设计方法；学会利用EDA软件(Proteus)对数字密码锁电路进行仿真；掌握数字密码锁电路的安装及调试方法。

5.1.1 设计任务与要求

设计由编码器、集成逻辑门电路、声光报警指示电路构成的密码锁电路，研究门电路的接口与驱动技术，学习组合逻辑电路的设计方法；用Proteus软件仿真；测试电路的逻辑功能。具体要求如下。

(1) 密码锁电路由密码输入电路、密码设置电路和密码控制电路组成，密码输入及密码设置均采用十进制数形式，密码通过键盘输入，密码设置通过开关输入。

(2) 如果输入的密码与预先设定的密码相同，保险箱将被打开，密码控制电路的输出$E=\mathbf{1}$，$F=\mathbf{0}$；否则电路发出声、光报警信号，即输出$E=\mathbf{0}$，$F=\mathbf{1}$。

(3) 实验时，“锁被打开”的状态可用绿色发光二极管指示；声、光报警可分别用红色发光蜂鸣器及二极管指示。

(4) 写出设计步骤，画出最简逻辑电路图。

(5) 对设计的电路进行仿真、修改，使仿真结果达到设计要求。

(6) 安装并测试电路的逻辑功能。

(7) 如果有一个开锁用的钥匙插孔输入端G，则在开箱时($G=\mathbf{1}$)，密码输入才有效，试在上述电路基础上实现该功能。

5.1.2 课题分析及设计思路

1. 密码输入电路及密码设置电路的设计思路

由于密码输入及密码设置均采用十进制数形式，故可利用8421BCD码编码器分别实现，以1位密码输入及密码设置为例，其实现框图如图5.1所示。

2. 密码控制电路的设计思路

分析以上设计任务与要求，密码控制电路的实现框图如图5.2所示。

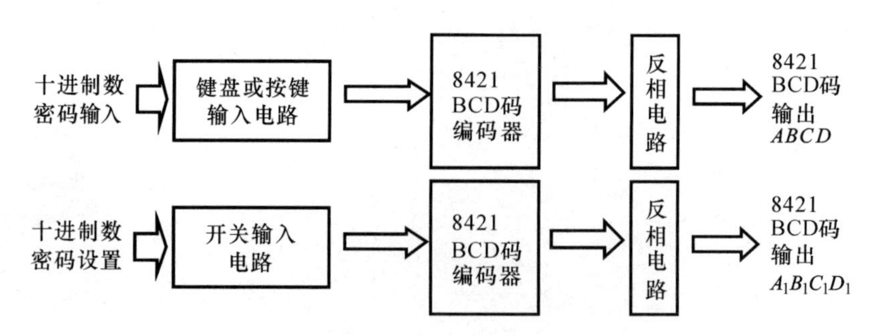

图 5.1　密码输入及密码设置电路的实现框图

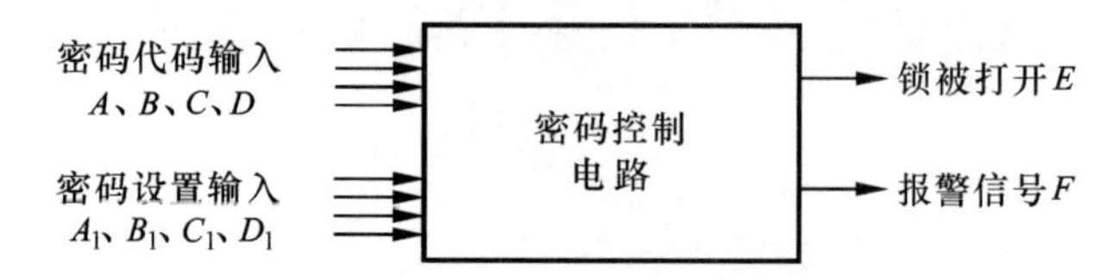

图 5.2　密码控制电路实现框图

很容易得到

$$E=\overline{F}=\overline{(A\oplus A_1)}\cdot\overline{(B\oplus B_1)}\cdot\overline{(C\oplus C_1)}\cdot\overline{(D\oplus D_1)}$$

由上述逻辑表达式可确定相应的逻辑电路图。

3. TTL 集成门电路与 LED 发光二极管的接口电路设计

TTL 集成门电路除了可驱动门电路外，还能驱动一些其他器件，如 LED 发光二极管。以集成反相器为例，有如下两种情况，如图 5.3(a)、(b)所示。

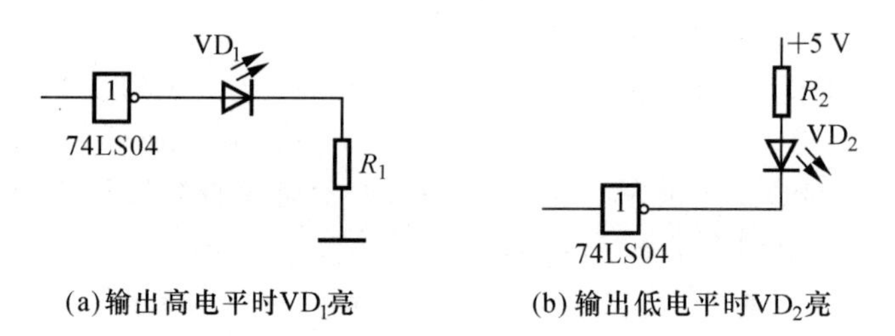

(a)输出高电平时VD_1亮　　(b)输出低电平时VD_2亮

图 5.3　TTL 集成门电路驱动 LED 发光二极管

电路中串接的电阻 R_1、R_2 为限流电阻，其作用是避免 LED 因过流而烧坏，其大小按如下公式进行选择：

$$R_1=\frac{U_{OH}-U_F}{I_D}$$

$$R_2=\frac{U_{CC}-U_F-U_{OL}}{I_D}$$

式中：I_D 为 LED 正常发光时的电流；U_F 为 LED 导通电压；U_{OH}、U_{OL} 分别为反相器的高、低电平输出电压。

如 $I_D=5$ mA，$U_F=2.2$ V，$U_{OH}=3.4$ V，$U_{OL}=0.2$ V 时，则 $R_1=240\ \Omega$，$R_2=520\ \Omega$。

(1) 图 5.3(a)中，发光二极管的电流不能超过门电路的最大拉电流；图 5.3(b)中，发光二极管的电流不能超过门电路的最大灌电流，否则会导致输出电平的混乱。当然，如果该门电路处于整个逻辑电路的最末端，则发光二极管的电流可不受此限制。

(2) 如果门电路需要驱动较大电流的发光二极管,则可采用三极管驱动的方式,如图5.4所示。

4. TTL 集成门电路与蜂鸣器的接口电路设计

TTL 集成门电路的输出高电平可直接驱动蜂鸣器发出声音,其接法如图 5.5 所示。

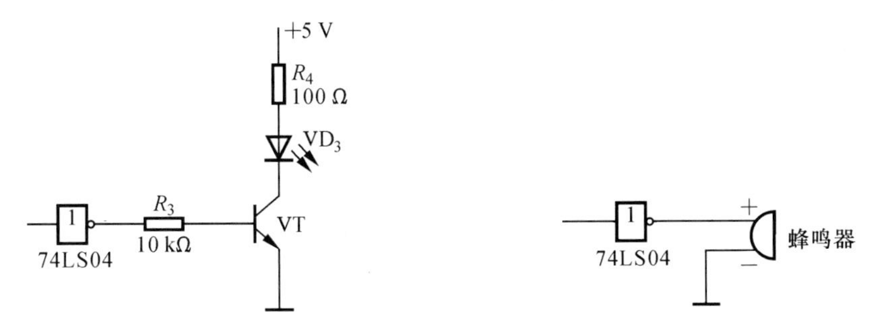

图 5.4 三极管驱动的 TTL-LED 接口　　**图 5.5 TTL 与蜂鸣器接口**

5.1.3 集成电路及元器件选择

可采用 8421BCD 码编码器 74LS147、集成**异或**门 74LS86 或 74LS386、集成**非**门 74LS04 和集成四输入**与**门 74LS21(或集成**与非**门 74LS20)实现密码锁电路的功能。

此外,还需要其他一些辅助元器件:发光二极管、发声元器件——蜂鸣器、按键和电阻等。

5.1.4 原理图绘制与电路仿真

用 Proteus 软件绘制密码锁电路原理图,对所设计的电路进行仿真实验,并验证电路的逻辑功能是否达到设计要求。

5.1.5 电路安装与调试

1. 电路布局

在多孔电路实验板上装配电路时,首先应熟悉其结构,明确哪些孔眼是连通的,并妥善安排电源正、负引出线在实验板上的位置。

电路的布局应以主要元器件为中心,按信号流向从左至右合理设计。电路与外接仪器的连接端、测试端要布置合理,便于操作。

2. 安装与调试方法

电路安装前,要先检测所用集成电路及其他元器件的工作性能。安装完成后,要用万用表检测电路接触是否良好,电源电压大小、极性是否正确;一切正常后才能通电调试。

5.1.6 设计、仿真及实验问题研究

(1) 密码控制电路部分如果全部采用集成**与非**门实现,请画出其逻辑电路原理图。

(2) 实际调试时,如何输入十进制数“0”? 如何设计 2 位密码锁电路?

(3) 实验时,TTL 集成电路的多余输入端如何处理?

(4) TTL集成电路输入高、低电平的电压范围各为多少?输出高、低电平的电压范围又各为多少?实际测试密码锁电路中各集成门输出高、低电平的电压值。

(5) 实际测试TTL-LED接口电路中,限流电阻对发光二极管及门电路输出高、低电平的影响。

(6) 三极管驱动的TTL-LED接口电路中,门电路输出高、低电平时,三极管分别处于什么状态(放大、饱和或截止)?实际测试之。

5.2 十进制数的动态显示电路设计

学习目标: 熟悉常用MSI组合逻辑器件的功能和应用,掌握组合逻辑电路的一般设计方法;学会利用EDA软件(Proteus)对十进制数的动态显示电路进行仿真;掌握动态显示电路的安装及调试方法。

5.2.1 设计任务与要求

设计由JK触发器、数据选择器、译码器和LED数码管构成的动态显示电路,研究十进制数的动态显示方法,学会MSI器件的应用设计,用Proteus软件仿真,测试电路的逻辑功能。具体要求如下:

(1) 用1个显示译码器驱动4个LED数码管,轮流显示4位十进制数;

(2) 每位十进制数以8421BCD码形式输入;

(3) 写出设计步骤,画出设计的逻辑电路图;

(4) 对设计的电路进行仿真、修改,使仿真结果达到设计要求;

(5) 安装并测试电路的逻辑功能。

5.2.2 课题分析及设计思路

1. 动态显示电路的设计思路

分析以上设计任务与要求,动态显示电路的实现框图如图5.6所示。

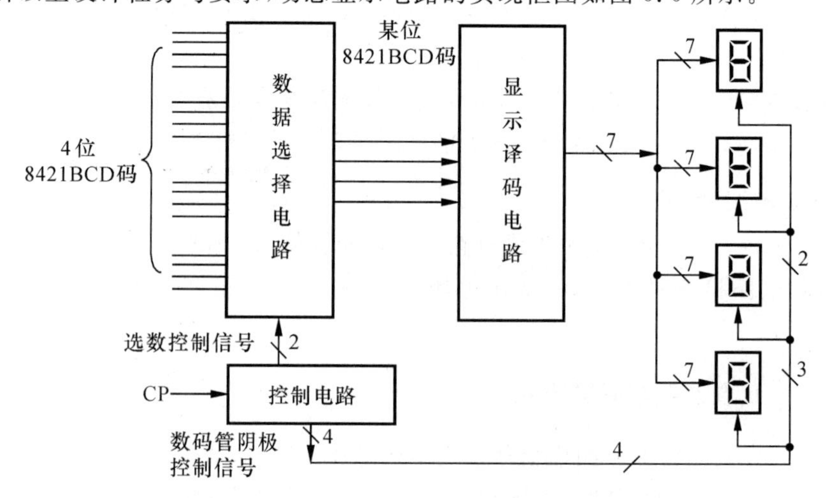

图5.6 动态显示电路的实现框图

2. 控制电路的设计思路

控制电路的主要功能是在 CP 脉冲的作用下，控制数据选择电路依次输出 4 位 8421BCD 码，并同时控制对应 LED 数码管的阴极，使其接地而正常显示。因此，控制电路的设计框图如图 5.7 所示。

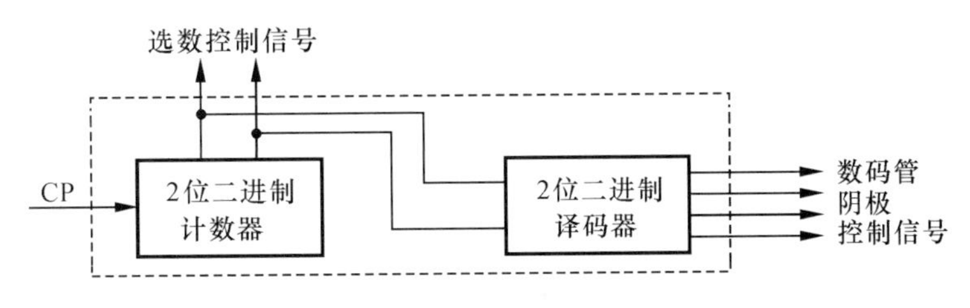

图 5.7 控制电路的设计框图

图 5.7 中，2 位二进制计数器的输出状态依次为 **00**、**01**、**10**、**11**，作为数据选择电路的控制信号，同时也作为 2 位二进制译码器的输入信号，使其 4 个输出端依次为低电平。有关 2 位二进制计数器的设计详见相关理论课教材。

5.2.3 集成电路及元器件选择

数据选择电路部分采用 2 片数据选择器 74LS153，显示译码电路部分采用 74LS48 或 CD4511，控制电路部分采用集成 JK 触发器 74LS76 构成计数器，2 位二进制译码器采用 74LS139。此外，LED 数码管采用共阴极数码管。

5.2.4 原理图绘制与电路仿真

用 Proteus 软件绘制该电路的原理图，对所设计的电路进行仿真实验。在仿真实验过程中，要求能够实时改变 4 位十进制数，并验证电路的逻辑功能是否达到设计要求。

5.2.5 电路安装与调试

1. 电路布局

在多孔电路实验板上装配电路时，首先应熟悉其结构，明确哪些孔眼是连通的，并妥善安排电源正、负引出线在实验板上的位置。

电路布局时应妥善安排各集成块的位置，以方便连线为原则。电路与外接仪器的连接端、测试端要布置合理，便于操作。十进制数的输入端应方便改变其电平。

2. 安装与调试方法

电路安装前，要先检测所用集成电路及其他元器件的工作性能。安装完成后，要用万用表检测电路接触是否良好，电源电压大小、极性是否正确；一切正常后才能通电调试。

实验调试时，注意数码管不能过亮。如果过亮，可在数码管的阴极串接一个 200 Ω 左右的限流电阻。调试过程最好分步或分块进行，如首先调试控制电路部分，然后调试数据选择电路部分，最后调试译码显示部分。

5.2.6 设计、仿真及实验问题研究

(1) 如何采用集成D触发器构成2位二进制计数器?请画出其逻辑电路图。

(2) 实验时,如何产生2位二进制计数器所需要的CP脉冲?

(3) 仿真及实验时,改变CP脉冲的频率,对电路有无影响?对CP脉冲的频率是否有限制?

(4) 要使数以相反的顺序轮流显示,应如何改动电路?

(5) 设计一个2位十进制数轮流显示的电路,画出其逻辑电路图,并列出所需元器件清单。

5.3 模 M 的十进制加/减可逆计数器设计

学习目标: 熟悉常用MSI集成计数器的功能和应用,掌握利用集成计数器构成任意进制计数器的一般设计方法;学会利用EDA软件(Proteus)对模 M 的可逆计数器电路进行仿真;掌握可逆计数器电路的安装及调试方法。

5.3.1 设计任务与要求

设计具有手控和自动方式实现模 M 的十进制加/减可逆计数功能的电路,利用数码管显示计数器的值。掌握用反馈清零法和反馈置数法构成任意进制计数器的设计方法,用Proteus软件仿真,测试电路的逻辑功能。具体要求如下。

(1) 手控方式模 M 的十进制加/减可逆计数器:控制端信号 $E=\mathbf{1}$ 时,进行模 M 的加法计数;控制端信号 $E=\mathbf{0}$ 时,进行模 M 的减法计数。

(2) 自动方式模 M 的十进制加/减可逆计数器:加法计数到最大值时,自动进行减法计数;减法计数到最小值时,自动进行加法计数。

(3) 模 M 可为2位数或3位数,集成计数器采用74LS192。

(4) 写出设计步骤,画出设计的逻辑电路图。

(5) 对设计的电路进行仿真、修改,使仿真结果达到设计要求。

(6) 安装并测试电路的逻辑功能。

5.3.2 课题分析及设计思路

1. 手控方式模 M 的十进制加/减可逆计数器的设计思路

以 $M=125$ 为例,即实现一百二十五进制加/减可逆计数器。分析以上设计任务与要求,设计思路如下。

第一步,将3片74LS192进行级联,用反馈清零法设计一个一百二十五进制加法计数器,反馈清零信号取自计数器的输出端 $Q_0 \sim Q_3$。

第二步,将3片74LS192进行级联,用反馈置数法设计一个一百二十五进制减法计数器,反馈置数信号取自计数器最高位的借位端TCD。

第三步,将上述加、减法计数器电路结合起来,即初步构成一个一百二十五进制加/减可逆计数器。

余下的问题就是在加/减可逆计数条件下,如何切换计数器最低位的计数脉冲输入端 CP_D、CP_U 的信号。经过分析,它们应实现如表 5.1 所示功能。

表 5.1 计数功能控制关系

手控信号 E	计数方式	CP_U	CP_D
1	加法	CP	**1**
0	减法	**1**	CP

这一功能通过 1 片数据选择器即可实现。整个可逆计数器电路(不包括数字显示部分)的设计框图如图 5.8 所示。

2. 自动方式模 M 的十进制加/减可逆计数器的设计思路

仍以 $M=125$ 为例进行分析和设计。设计自动方式的一种加/减可逆计数顺序,如图 5.9 所示。

从图 5.9 中可以看出,当加计数到最大值 124 后自动进行减计数;当减计数到最小值 0 后自动进行加计数,如此不断循环。

自动方式模 M 的十进制加/减可逆计数器可以在手控方式的电路基础上进行设计,需解决的关键问题是电路如何自动产生加/减计数控制信号。

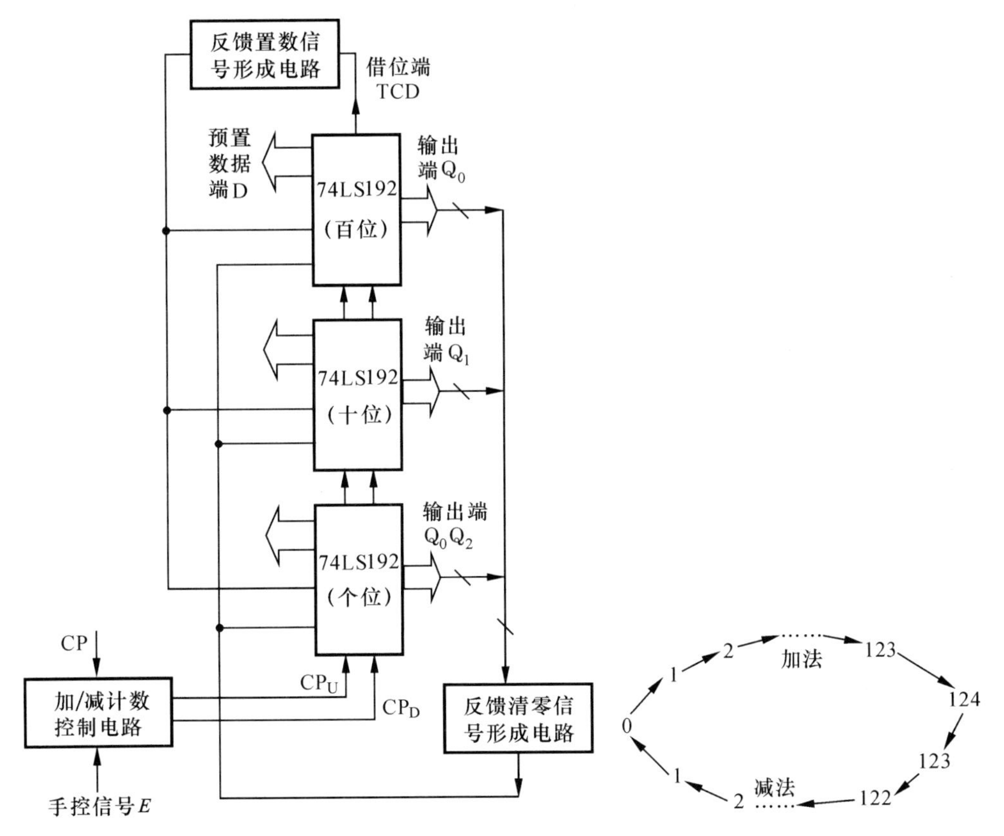

图 5.8 手控可逆计数器电路的设计框图 **图 5.9 自动可逆计数顺序及范围**

通过分析和反复仿真,其中的一种设计思路如图 5.10 所示。

加/减计数控制信号自动产生电路的原理图如图 5.11 所示。

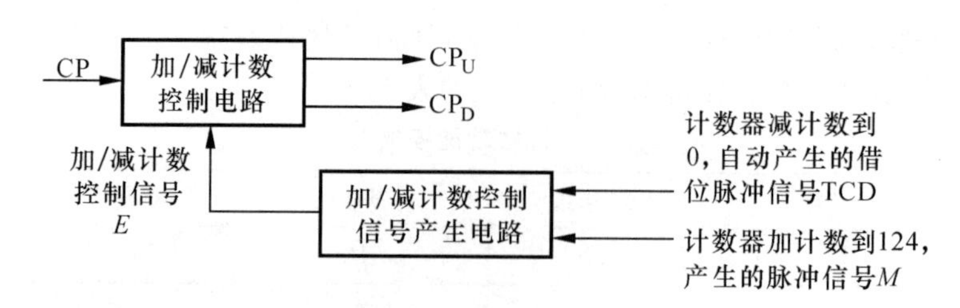

图 5.10 加/减计数控制信号自动产生电路框图

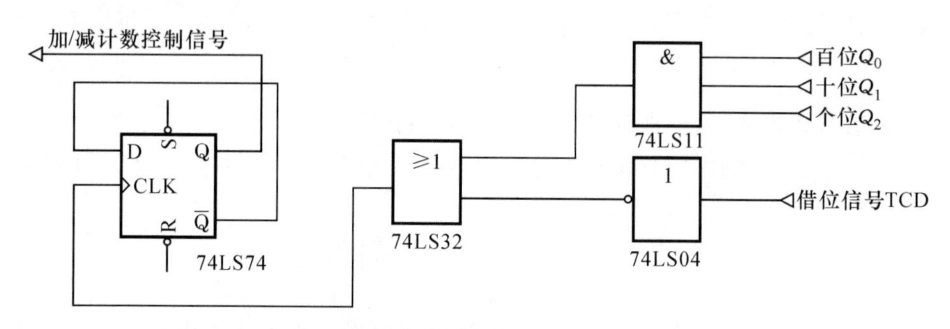

图 5.11 加/减计数控制信号自动产生电路原理图

对于电路的其他部分,也要相应做一些改动:取消输出端反馈清零信号(因为加计数到 124 后,下一计数状态不是 0 而是 123)和借位端反馈置数信号(因为减计数到 0 后,下一计数状态不是 124 而是 1)。

5.3.3 集成电路及元器件选择

加/减计数控制电路部分采用 1 片数据选择器 74LS157,集成计数器采用 74LS192,译码显示电路部分采用 74LS48 或 CD4511,加/减计数控制信号自动产生电路部分采用集成 D 触发器 74LS74 和集成门电路 74LS11、74LS32、74LS04 等。此外,LED 数码管采用共阴极数码管。

5.3.4 原理图绘制与电路仿真

用 Proteus 软件绘制该电路的原理图,对所设计的电路进行仿真实验。在仿真实验过程中,发现问题应及时修改,直至达到设计要求。

对自动方式的整个电路进行仿真时,发现一个容易被忽视的问题:加计数可以正常进行,但当减计数到 0 时,接着下一状态为 999,再为 0、1……之所以出现不需要的计数状态 999,是因为减计数到 0 时,加/减计数控制信号还没有切换到加计数,因而又做了一次减计数到 0 的操作,得到下一状态 999。通过增加借位端反馈清零信号,该问题得以顺利解决。

5.3.5 电路安装与调试

1. 电路布局

在多孔电路实验板上装配电路时,首先应熟悉其结构,明确哪些孔眼是连通的,并妥善安排电源正、负引出线在实验板上的位置。

电路布局时应妥善安排各集成块的位置，以方便连线为原则。电路与外接仪器的连接端、测试端要布置合理，便于操作。

2. 安装与调试方法

电路安装前，要先检测所用集成电路及其他元器件的工作性能。安装完成后，要用万用表检测电路接触是否良好，电源电压大小、极性是否正确；一切正常后才能通电调试。

调试过程最好分步或分块进行。

首先，调试手控方式模 M 的十进制加/减可逆计数器电路，在该电路的调试过程中，可能会出现如下两个问题。

(1) 借位端 TCD 反馈置数不正常：显示的数比预置端的数始终少 1。解决办法是将 TCD 信号通过 2 个反相器延时后送入计数器的置数端。

(2) 输出端反馈清零不正常：计数到 123 后下一状态为 0(正常时应为 124)。解决办法是将形成反馈清零信号的四输入**与**门更换为 2 个四输入**与非**门。

然后，将上述手控方式的可逆计数器电路改为自动方式的可逆计数器电路。在该电路的调试过程中，第一步调试加/减计数控制信号自动产生电路，使其工作正常，第二步进行整体调试。

5.3.6 设计、仿真及实验问题研究

(1) 分别说明集成计数器 74LS192 正常计数、置数和清零的条件，并举例说明同步清零(置数)与异步清零(置数)有什么不同。

(2) 对于手控方式模 M 的十进制加/减可逆计数器电路，如果改变 M 的值，在电路中要做哪些改动？

(3) 对于自动方式模 M 的十进制加/减可逆计数器电路，通电开始工作时，首先做加计数还是减计数？为什么？

(4) 对于自动方式模 M 的十进制加/减可逆计数器电路，如果改变 M 的值，在电路中要做哪些改动？

(5) 对于自动方式模 M 的十进制加/减可逆计数器电路，怎样使计数从任意值开始？

5.4 多功能数字钟设计

学习目标： 学习数字钟的基本原理，掌握利用常用中小规模集成电路设计数字钟基本电路及功能扩展电路的方法；学会利用 EDA 软件(Proteus)对数字钟电路进行仿真；掌握数字钟电路的安装及调试方法。

5.4.1 设计任务与要求

设计一个具有时、分、秒显示的数字钟，具体要求如下：

(1) 具有正常走时的基本功能；

(2) 具有校时功能(只进行分、时的校时)；

(3) 具有整点报时功能;

(4) 具有定时闹钟功能;

(5) 秒信号产生电路采用石英晶体构成的振荡器;

(6) 写出设计步骤,画出设计的逻辑电路图;

(7) 对设计的电路进行仿真、修改,使仿真结果达到设计要求;

(8) 安装并测试电路的逻辑功能。

5.4.2 课题分析及设计思路

数字钟基本功能的原理框图如图 5.12 所示,其工作原理是:秒脉冲产生电路作为数字钟的时间基准信号,输出 1 Hz 的标准秒脉冲作为秒计数器的计数脉冲;秒计数器计满 60 后产生一个进位信号作为分计数器的计数脉冲,分计数器计满 60 后产生一个进位信号作为小时计数器的计数脉冲。因此在数字钟电路中,秒计数器和分计数器为六十进制加法计数器,小时计数器为二十四进制加法计数器。

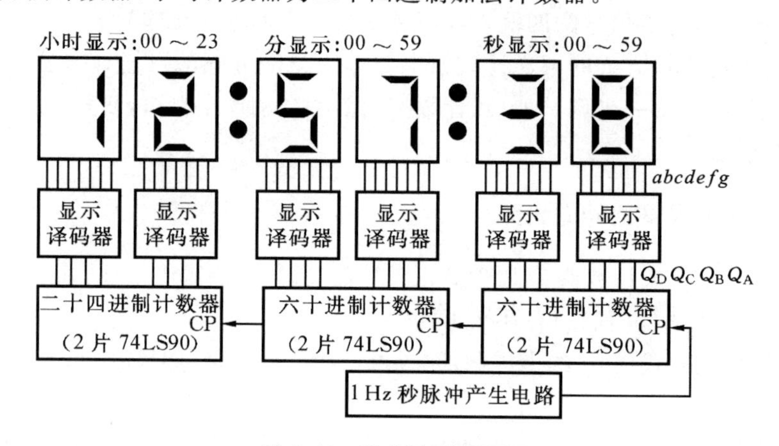

图 5.12 数字钟原理框图

1. 秒脉冲产生电路的设计

秒脉冲产生电路是数字钟的核心,它的稳定度和精确度决定了数字钟走时的准确度,因此通常选用石英晶体振荡电路。如图 5.13 所示的是由 CD4060(14 位二进制串行计数器)和石英晶体构成的一种典型的脉冲产生电路,图中晶振的谐振频率为 32 768 Hz,经 CD4060 内部的 14 级二分频器后,从 Q_4 ~ Q_{10} 和 Q_{12} ~ Q_{14} 各输出端可分别得到频率为 2 048 Hz、1 024 Hz、512 Hz、256 Hz、128 Hz、64 Hz、32 Hz、8 Hz、4 Hz和 2 Hz 的脉冲信号。将 2 Hz 信号再经一个外接的二分频电路即可得到 1 Hz 的秒脉冲信号。

2. 小时、分、秒计数器的设计

分和秒计数器均为六十进制加法计数器,小时计数器为二十四进制加法计数器,它们可分别由 2 片 74LS90 级联并采用反馈清零法构成,设计中的难点是各进位信号的产生。

3. 校时电路的设计

当数字钟接通电源或走时出现误差时,需要校时。其具体要求为:在小时校时时不

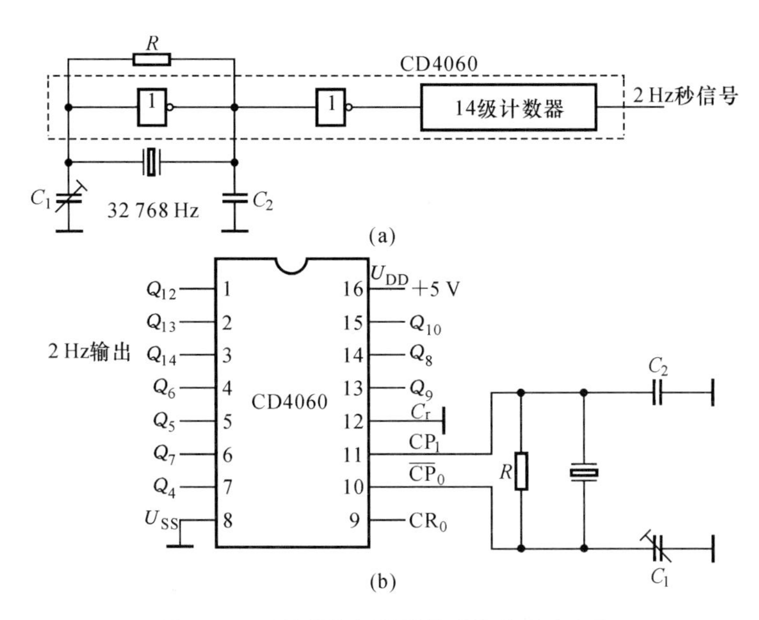

图 5.13 石英晶体振荡器构成的秒脉冲电路

影响分、秒的正常计数；在分校时时不影响小时、秒的正常计数。具体设计方案有如下三种：

(1) 用集成门电路实现；

(2) 用二选一的数据选择器实现；

(3) 用单次脉冲产生电路实现。

图 5.14 所示的为方案(1)、(2)的校时电路，图中当控制信号为 **1** 时正常走时；当控制信号为 **0** 时用秒脉冲校时。需要注意的是，控制信号 **1** 或 **0** 实际上由开关产生，可能会产生抖动而影响校时操作，必要时可在开关两端并联 1 个 0.01 μF 电容或者利用 RS 触发器构成专门的去抖动电路。

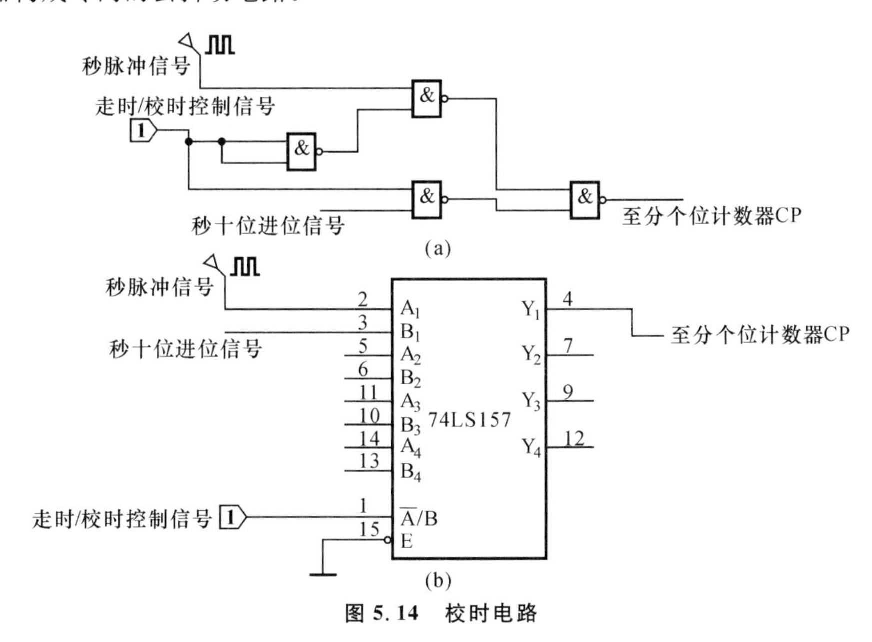

图 5.14 校时电路

4. 整点报时电路设计

整点报时电路的功能是:每当数字钟走时到整点时发出声响,有些情况下对声响还有其他特殊要求,如声响的音调、次数及几点响几声等。具体设计方案有如下几种。

(1) 利用分六十进制计数器的进位信号实现。如图 5.15 所示,分六十进制计数器向小时计数器产生进位信号时,正好是整点时刻。但该进位信号为窄脉冲,不能直接驱动发声,故将此信号经一单稳态触发器展宽后再送蜂鸣器。

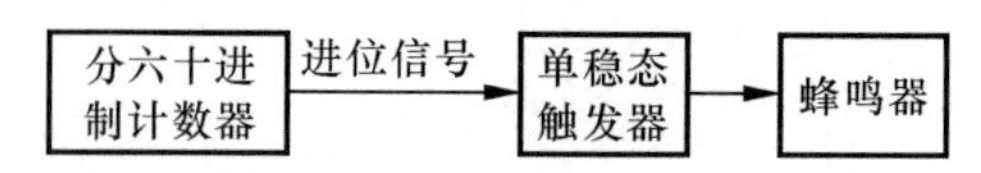

图 5.15 整点报时电路之一

(2) 利用比较器或集成逻辑门实现。当分、秒计数器的输出端均为“59”(**01011001**)时,下一秒即为整点时刻。用 4 片 4 位集成比较器将“59”“59”分别和分、秒计数器的当前时间进行比较,当它们相等时即产生整点控制信号。根据这一思路,可提前几秒开始整点报时。此外,用集成逻辑门也可实现该功能。

(3) 实现“整点为几报几下”。其主要思路是:设计一个 2 位减法计数器,将数字钟小时个位及十位的当前时间作为减法计数器的预置数据,将分六十进制计数器的进位信号作为置数控制信号。每当整点时刻到达时,减法计数器从小时计数器的整点值开始进行减计数,每减一次响一声,直到减为零为止,如图 5.16 所示。

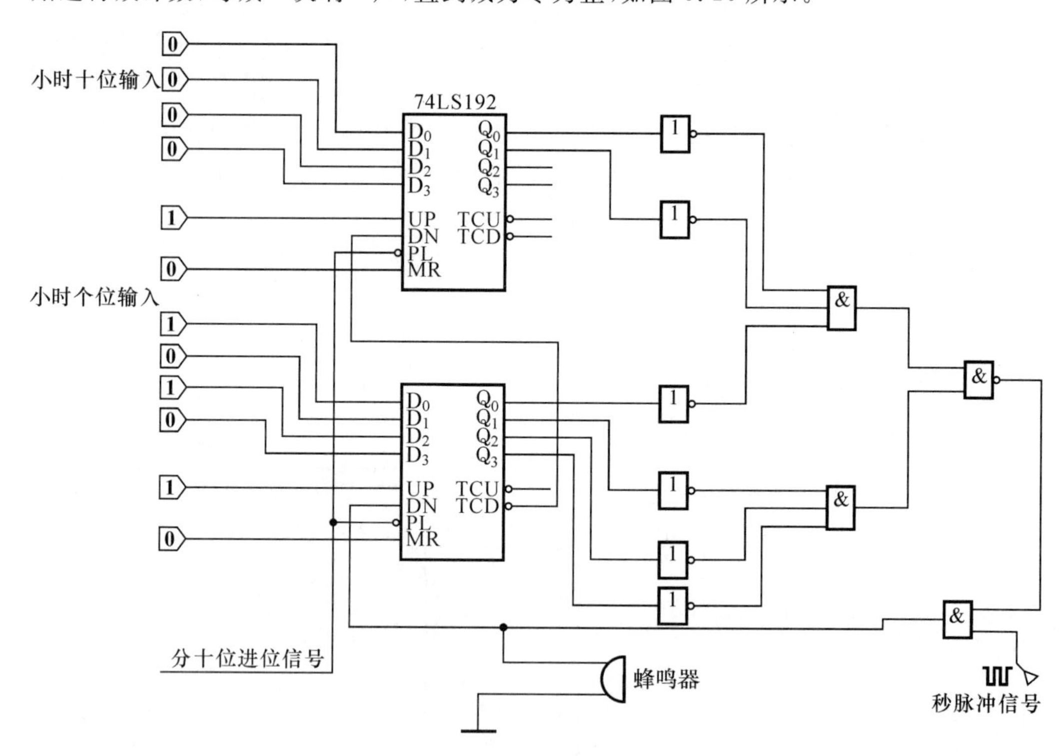

图 5.16 整点报时电路之二

(4) 要求在差 10 s 为整点时产生每隔 1 s 鸣叫 1 次的响声;共鸣叫 5 次,每次持续 1 s,前 4 声为低音 500 Hz,后 1 声为高音 1 kHz 。其主要思路是:设 4 声低音分别发生在 59 分 51 秒、59 分 53 秒、59 分 55 秒、59 分 57 秒,最后 1 声高音发生在 59 分 59 秒,它们的持续时间均为 1 s，如表 5.2 所示。

表 5.2 秒个位计数器的状态

CP/s	Q_3	Q_2	Q_1	Q_0	功能
50	**0**	**0**	**0**	**0**	—
51	**0**	**0**	**0**	**1**	低音
52	**0**	**0**	**1**	**0**	停
53	**0**	**0**	**1**	**1**	低音
54	**0**	**1**	**0**	**0**	停
55	**0**	**1**	**0**	**1**	低音
56	**0**	**1**	**1**	**0**	停
57	**0**	**1**	**1**	**1**	低音
58	**1**	**0**	**0**	**0**	停
59	**1**	**0**	**0**	**1**	高音
00	**0**	**0**	**0**	**0**	停

由表 5.2 可知，当 Q_3 为 **1** 时，高音 1 kHz 输入声响电路；当 Q_3 为 **0** 时，低音 500 Hz 输入声响电路。当且仅当分十位的 Q_2Q_0 为 **11**、分个位的 Q_3Q_0 为 **11**、秒十位的 Q_2Q_0 为 **11**、秒个位的 Q_0 为 **1** 时，才会有信号输入声响电路而发出声音。这一功能可以由若干集成门来实现，如图 5.17 所示。

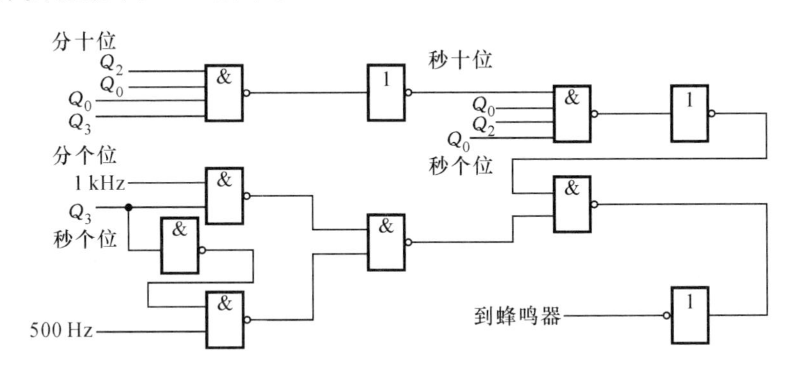

图 5.17 整点报时电路之三

5. 定时闹钟功能

定时闹钟功能即数字钟在预定的时刻发出信号驱动声响电路而发出声音的功能，要求闹钟的开始时刻与声响持续时间均满足规定的要求，如预定时刻到来时发出闹钟信号，持续时间为 1 min 或不限或仿广播电台报时(4 低音 1 高音的顺序，高音的结束时刻为整点时刻)等。具体设计方案有如下两种。

(1) 利用多片比较器实现，预置闹钟时间为二进制数形式。将当前时间与预置闹钟时间进行比较，当两者相等时，发出闹钟信号。在该方案基础上采用多片 BCD 码编码器，可使预置闹钟时间为十进制数形式。

(2) 用多个三输入**与**门实现，预置闹钟时间为二进制数形式。小时、分和秒计数器的十位及个位输出端分别接到各自的三输入**与**门，共需要 6 个三输入**与**门；再将 6 个三输入**与**门的输出相**与**而得到闹钟信号。这种方案的缺点是当预置闹钟时间改变时，电路的接线也要相应变化。

5.4.3 集成电路及元器件选择

秒脉冲产生电路采用 32 768 Hz 晶振、CD4060 和集成 D 触发器 74LS74；六十进制计数器、二十四进制计数器采用 74LS90；译码显示电路采用 CD4511 和共阴极数码管；其他扩展功能电路依据不同的电路方案而选择相应的元器件。

5.4.4 原理图绘制与电路仿真

用 Proteus 软件绘制出该电路的原理图，对所设计的电路进行仿真实验。在仿真实验过程中，首先进行数字钟的基本走时功能的仿真，然后逐一添加扩展功能进行仿真，直至达到全部功能的设计要求。

5.4.5 电路安装与调试

1. 电路布局

在多孔电路实验板上装配电路时，首先应熟悉其结构，明确哪些孔眼是连通的，并妥善安排电源正、负引出线在实验板上的位置。

数字钟电路所需集成电路器件较多，在电路布局时应妥善安排各集成块的位置，以方便连线为原则。电路与外接仪器的连接端、测试端要布置合理，便于操作。

2. 安装与调试方法

电路安装前，要先检测所用集成电路及其他元器件的工作性能。安装完成后，要用万用表检测电路接触是否良好，电源电压大小、极性是否正确；一切正常后才能通电调试。

调试过程最好分步或分块进行。

首先调试秒脉冲产生电路。用示波器逐一测量 CD4060 的各不同频率输出端波形，并在 1 Hz 频率输出端接发光二极管指示秒脉冲信号是否正常。

然后调试译码显示电路。利用 CD4511 的试灯端 3 脚测试各数码管的好坏，并输入任意一组 BCD 码，检查各数码管显示的数字是否正常。

接着调试小时、分、秒计数器电路。将小时、分、秒计数器之间的进位信号断开，而以秒脉冲信号代替它们，分块调试小时、分、秒计数器电路。当它们均正常工作后再接入各进位信号。

最后在数字钟的上述基本走时功能正常后，分别进行其他扩展功能的调试。

5.4.6 设计、仿真及实验问题研究

(1) 数字钟电路中，小时计数器能否采用 74LS161 构成二十四进制计数器？并说明理由。

(2) 数字钟电路中，分、秒计数器能否采用 74LS161 构成六十进制计数器？并说明理由。

(3) 说明六十进制计数器进位信号的产生方法。

(4) 如果小时计数器为十二进制计数器，电路应如何设计？画出电路原理图。

(5) 用 RS 触发器设计一个单次脉冲产生电路，画出电路原理图。

(6) 在调试"整点为几报几下"电路过程中，出现声响次数比整点数少1的现象，这可能是什么原因造成的？如何解决这一问题？

(7) 给数字钟增加清零的功能，电路要做怎样的改动？

5.5 多路抢答器设计

学习目标： 熟悉常用MSI集成编码器、译码器、锁存器、555定时器的功能和应用，掌握抢答器的工作原理及其设计方法；学会利用EDA软件(Proteus)对抢答器电路进行仿真；掌握抢答器电路的安装及调试方法。

5.5.1 设计任务与要求

设计由主持人控制，具有优先抢答、定时抢答、抢答报警功能的多路抢答器电路，利用数码管分别显示抢答者的编号及抢答时间。掌握用MSI数字集成器件设计多路抢答器的方法，用Proteus软件仿真，测试电路的逻辑功能。具体要求如下：

(1) 设计一个可同时供8名选手进行抢答的多路抢答器，选手编号分别是0、1、2、3、4、5、6、7，各用一个抢答按钮，按钮编号与选手编号相对应，分别是S_0、S_1、S_2、S_3、S_4、S_5、S_6、S_7。

(2) 设置主持人控制开关，用来控制电路清零和抢答开始。

(3) 抢答器具有定时抢答功能，其时间可由主持人自行设定。

(4) 当主持人启动"开始"键后，扬声器发出短暂的声响以提醒选手，并立即进行倒计时显示；若有选手抢答，则倒计时停止，数码管分别显示抢答选手的编号和当前时间，并保持不变，直到主持人将系统清零为止，同时电路发出声响表示抢答完成。此外，电路禁止其他选手继续抢答；抢答开始后，如果抢答时间到却无选手抢答，则电路进行报警，表示抢答时间结束。

(5) 写出设计步骤，画出设计的逻辑电路图。

(6) 对设计的电路进行仿真、修改，使仿真结果达到设计要求。

(7) 安装并测试电路的逻辑功能。

5.5.2 课题分析及设计思路

按照功能要求，抢答器主要由编码电路、控制电路、锁存电路、秒脉冲产生电路、译码电路、显示电路、定时电路和报警电路等几部分组成，其总体框图如图5.18所示。下面分别介绍各部分电路的设计思路。

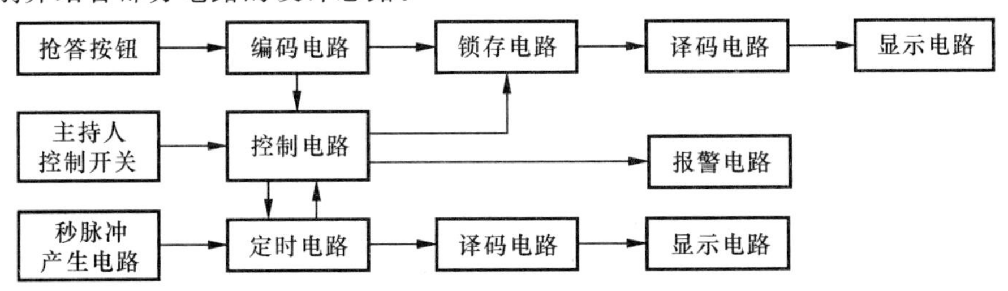

图5.18 定时抢答器总体框图

1. 编码电路及锁存电路设计思路

编码电路的功能是将抢答选手的编号编码成3位二进制代码送给锁存电路,同时输出一个标志信号给控制电路,表示已有选手抢答;锁存电路的功能是锁存最先抢答的选手编号,使其他选手抢答无效。编码电路选用优先编码器74LS148;锁存功能的实现既可以采用专用的锁存器(如74LS373),也可采用带锁存功能的显示译码器(如CD4511)。

74LS148为8-3线优先编码器,利用其8个输入信号对应8位选手。当有选手按下抢答按钮时,编码器使能输出端EO由**0**变为**1**,控制电路接收到该信号后立即产生一个锁存信号LE,其设计框图如图5.19所示。

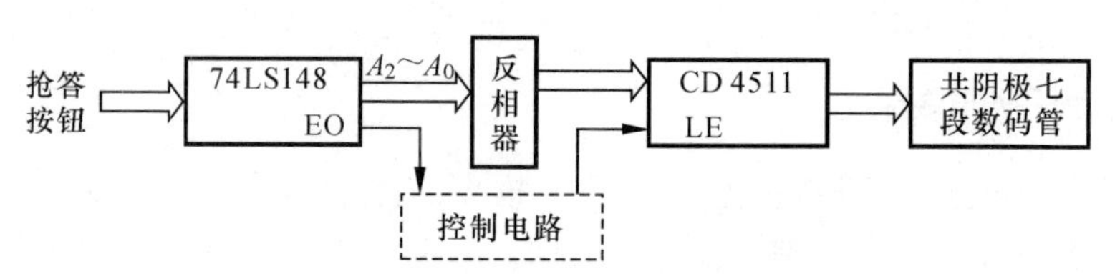

图5.19 编码电路及锁存电路设计框图

2. 秒脉冲产生电路与定时电路设计思路

秒脉冲信号可由555定时器构成多谐振荡器产生。

定时电路即为一个倒计时电路,可选择2片十进制同步加/减法计数器74LS192,通过级联实现0~99 s的定时。

这里以定时时间30 s为例进行说明。将2片74LS192进行级联,十位及个位74LS192的预置数据分别为**0011**和**0000**,置数信号由主持人控制开关产生。当有减时钟信号到来时,定时电路从30开始进行减计数直到0。

减时钟产生电路由三种信号——秒脉冲CP、减计数到零产生的借位输出信号TC(或计数输出为**00**时产生的状态信号)和有选手抢答时产生的信号LE共同控制。当定时时间到或有选手抢答时,减时钟停止产生。其设计框图如图5.20所示。

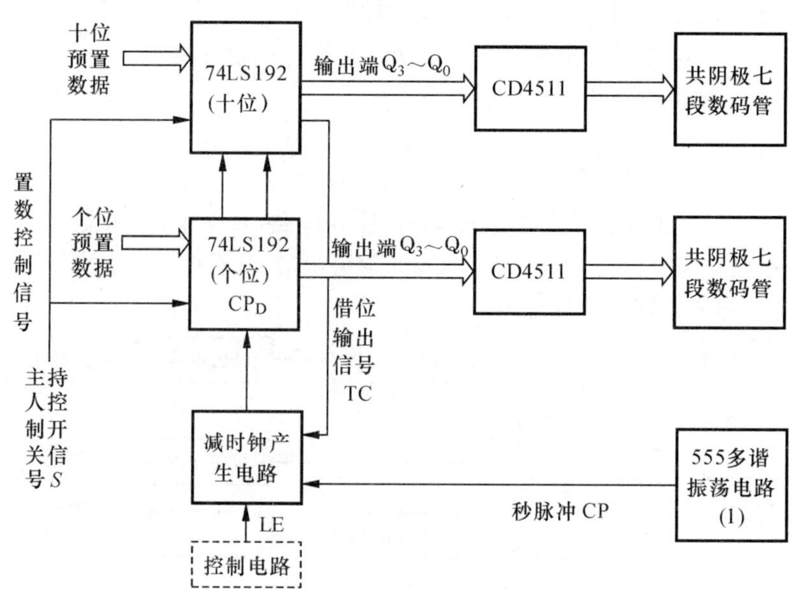

图5.20 秒脉冲产生电路与定时电路设计框图

3. 报警电路设计思路

抢答器在如下三种情况下需要报警提示：当主持人启动“开始”按钮后，扬声器要发出短暂的声响；抢答开始后，如果抢答时间到，却无选手抢答，电路要进行报警；抢答开始后，若有选手抢答，电路发出声响提示。

可由 555 定时器和三极管构成报警电路，其中，555 定时器构成多谐振荡器，选择合适的 R、C，可获得较高频率的输出信号；该信号经三极管放大电路驱动后使扬声器发声（若采用蜂鸣器，则不需要三极管放大电路驱动）。利用控制电路产生的高电平报警信号控制 555 定时器的复位端 R_D，使复位端无效，多谐振荡器工作，从而发出声音。报警电路设计框图如图 5.21 所示。

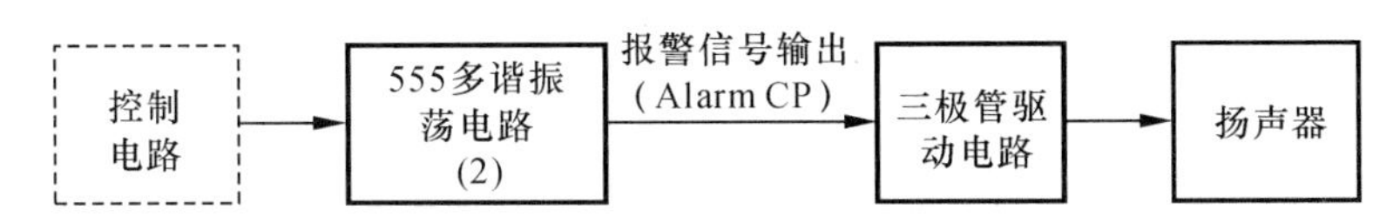

图 5.21 报警电路设计框图

4. 控制电路设计思路

根据前面各单元电路的要求和需要，控制电路需要实现的功能如下：

(1)产生三种不同情况下的高电平报警信号；

(2)在定时时间内有选手抢答时产生锁存信号。

功能(1)可以通过集成单稳态触发器实现，如不可重复触发单稳态触发器 74LS121 有三个触发输入端（B、A_1、A_2），选择 2 片 74LS121，用主持人控制开关信号 S 控制片(1)的 B 端，锁存信号 LE、借位输出信号 TC 分别控制片(2)的 A_1、A_2 端，即可利用 2 片单稳态触发器的输出产生相应的报警信号。

功能(2)可以通过一个 D 触发器实现。当有选手抢答时，编码电路输出的 EO 由 **0** 变为 **1**，即产生一个上升沿，将它作为 D 触发器的时钟信号，则 D 触发器的输出信号即为锁存信号。为了获得准确、稳定的锁存信号，可在其后增加一个延时电路。控制电路设计框图如图 5.22 所示。

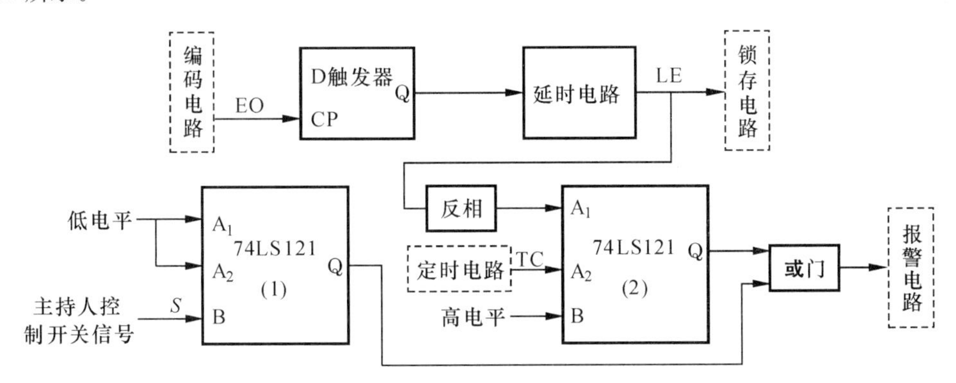

图 5.22 控制电路设计框图

5.5.3 集成电路及元件选择

编码电路及锁存电路部分采用优先编码器 74LS148、显示译码器 CD4511 或

74LS48、共阴极七段数码管;秒脉冲产生电路与定时电路部分采用集成计数器74LS192、显示译码器CD4511或74LS48、共阴极七段数码管及部分集成逻辑门;报警电路部分采用555定时器;控制电路部分采用集成D触发器74LS74、单稳态触发器74LS121,以及集成门电路74LS08、74LS32、74LS04等。

5.5.4 原理图绘制与电路仿真

用Proteus软件绘制出该电路的原理图,对所设计的电路进行仿真实验。在仿真实验过程中,发现问题应及时修改,直至达到设计要求。

仿真时可以用74LS123代替2个74LS121,仿真过程中要特别注意单稳态触发器74LS123的暂稳态时间是固定的1 s,改变R、C参数无效,必须双击此器件,修改Monostable Time Constant参数,如图5.23所示。

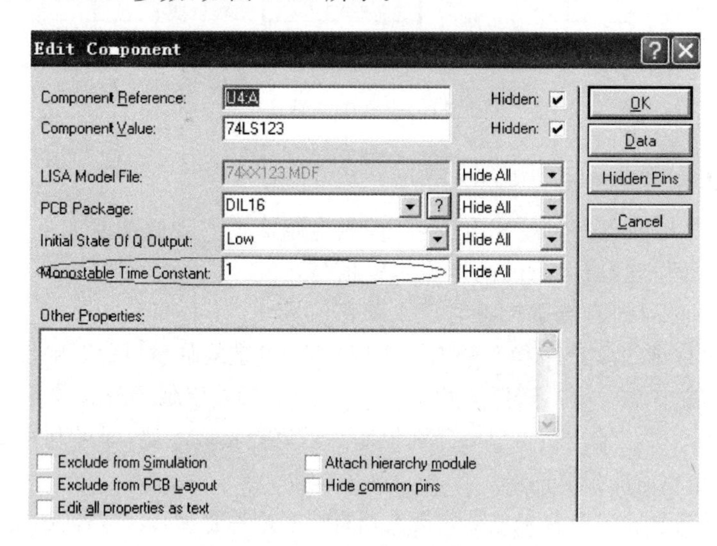

图5.23 74LS123属性编辑对话框

5.5.5 电路安装与调试

1. 电路布局

在多孔电路实验板上装配电路时,首先应熟悉其结构,明确哪些孔眼是连通的,并妥善安排电源正、负引出线在实验板上的位置。

电路布局时应妥善安排各集成块的位置,以方便连线为原则。电路与外接仪器的连接端、测试端要布置合理,便于操作。

2. 安装与调试方法

电路安装前,要先检测所用集成电路及其他元器件的工作性能。安装完成后,要用万用表检测电路接触是否良好,电源电压大小、极性是否正确;一切正常后才能通电调试。

调试过程最好分步或分块进行。

首先调试编码电路及锁存电路,其次调试秒脉冲产生电路及定时电路,然后调试报警电路和控制电路,最后把这几部分结合起来进行整体调试。

在该电路的调试过程中，主持人控制开关信号用一个按钮控制，按钮按下时，各状态复位；按钮弹出时，系统赋初值，抢答正式开始。调试中，还要注意对单稳态触发器74LS121多余的触发输入端的处理，若处理不正确，则单稳态触发器不会正常工作。

5.5.6 设计、仿真及实验问题研究

(1) 说明锁存信号LE产生的原理。

(2) 能否通过74LS148的扩展输出端GS产生锁存控制信号？若能，该如何修改控制电路？

(3) 在多路抢答器中，如何将序号为0的组号在七段数码显示器上显示为8？

(4) 在多路抢答器中，若要求有选手抢答时计数清零，则需如何修改电路？

(5) 试分析单稳态触发器74LS121在图5.22所示控制电路中的工作原理。若采用1片74LS121，该控制功能能否实现？

5.6 简易频率计设计

学习目标：学习频率测量的基本原理，掌握利用常用中小规模集成器件设计数字频率计的方法，以及分析测量误差来源和减小测量误差的方法；学会利用EDA软件(Proteus)对简易频率计电路进行仿真；掌握简易频率计电路的安装及调试方法。

5.6.1 任务与要求

要求设计一个简易的数字频率计，能够测量方波、正弦波、三角波的频率，并利用数码管显示所测频率值，用Proteus软件仿真，测试电路的逻辑功能。具体要求如下：

(1) 测量信号为方波、正弦波和三角波；

(2) 测量频率范围为1～9 999 Hz；

(3) 测量精度为1 Hz；

(4) 测量误差$\frac{\Delta f_x}{f_x} \leqslant 1\%$；

(5) 测量信号的幅度$U_m = 0.5 \sim 5$ V；

(6) 采用4位十进制数显示；

(7) 写出设计步骤，画出设计的逻辑电路图；

(8) 对设计的电路进行仿真、修改，使仿真结果达到设计要求；

(9) 安装并测试电路的逻辑功能。

5.6.2 课题分析及设计思路

1. 数字频率计测频率的基本原理

所谓频率，就是周期性信号在单位时间(1 s)内变化的次数。若在一定时间间隔T内测得这个周期性信号的重复变化次数为N，则其频率可表示为$f = N/T$。如图5.24所示的是数字频率计的组成框图，各信号之间的时序关系如图5.25所示。

被测信号u_x经放大整形电路变成计数器所要求的脉冲信号Ⅰ，其频率与被测信号的频率f_x相同。时基电路提供标准时间基准信号Ⅱ，其高电平持续时间$t_1 = 1$ s(称为

闸门时间)。当 1 s 信号到达时,计数电路开始计数;当 1 s 信号结束时,停止计数。若在闸门时间 1 s 内计数电路计得的脉冲个数为 N,则被测信号频率 $f_x=N$ (单位:Hz)。一般取 $t_1=t_2=1$ s,注意锁存时间加上清零时间应小于 1 s。逻辑控制电路的作用有两个:一是产生锁存信号Ⅳ,使数码管显示的数字保持不变;二是产生清零信号Ⅴ,使计数电路每次从 0 开始计数。

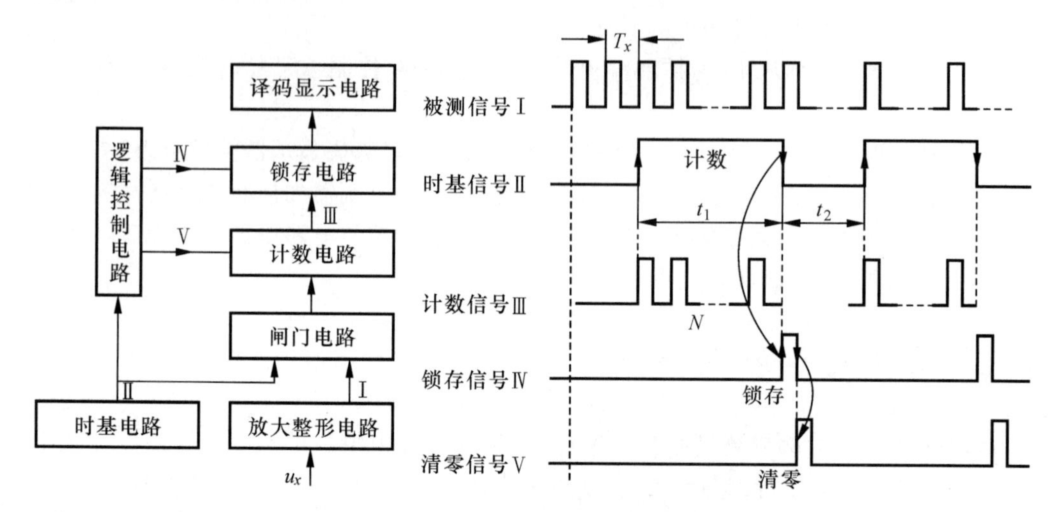

图 5.24 数字频率计的组成框图

图 5.25 数字频率计的波形时序图

2. 放大整形电路

小信号放大电路可以采用运算放大器 μA741 来完成,将输入频率为 f_x 的周期信号 u_i(如正弦波、三角波等)进行放大,放大后的信号经 555 定时器构成的施密特触发器整形产生 TTL 电平的脉冲信号 u_o,如图 5.26 所示。

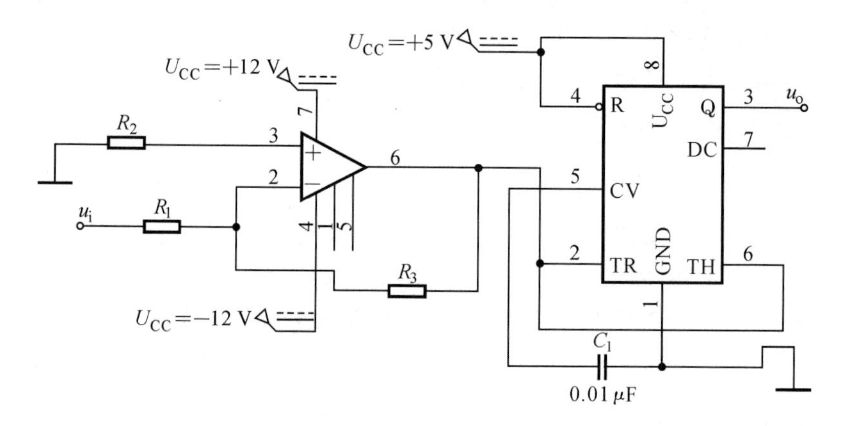

图 5.26 放大整形电路

3. 时基电路

时基电路的作用是产生一个标准时间脉冲信号(高电平持续时间为 1 s),可采用 555 定时器及 R、C 构成。当对时间信号的精度要求较高时,最好采用石英晶体振荡器。下面介绍第二种电路方案。

如图 5.27 所示电路是由集成电路 CD4060(14 位二进制串行计数器)和石英晶体振荡器构成的一种典型的脉冲产生电路,可以得到 2 Hz 的脉冲信号,对它再进行四分频就可以得到所需要的 0.5 Hz 的信号。

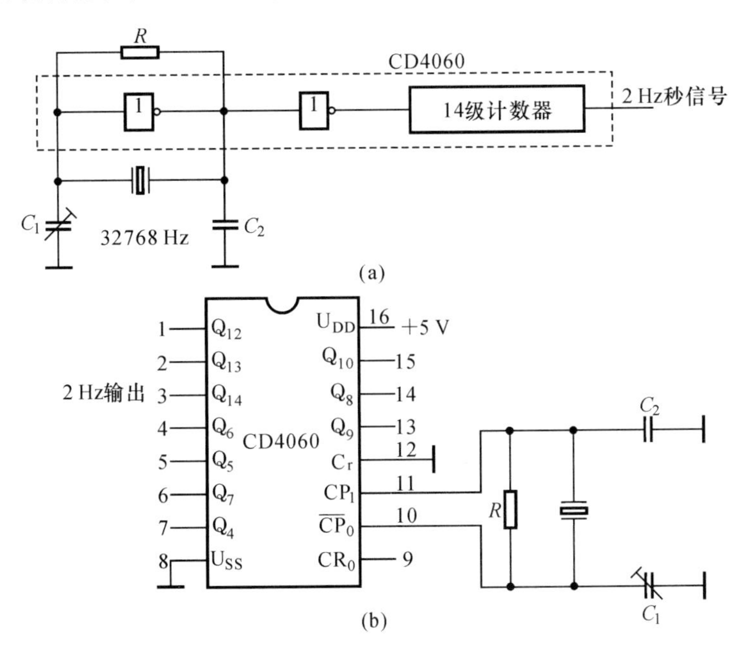

图 5.27 石英晶体振荡器构成的时基电路(时基电路)

4. 闸门电路

闸门电路直接由集成门电路构成。

5. 逻辑控制电路

由图 5.25 中的各信号时序关系可知,时基信号Ⅱ产生的下降沿触发锁存信号Ⅳ的产生,锁存信号Ⅳ的下降沿又触发清零信号Ⅴ的产生。根据这种时序关系,锁存信号Ⅳ和清零信号Ⅴ均可由单稳态触发器产生,可选用集成单稳态触发器 74LS121 或 74LS123。

集成单稳态触发器的输出脉冲宽度 t_W 由外接的 R、C 决定:如果采用 74LS121,则 $t_W=0.7RC$;如果采用 74LS123,则 $t_W=0.45RC$ 。在进行电路设计时,应选取适当的 R、C,只要锁存信号Ⅳ和清零信号Ⅴ的脉冲宽度相加不超过 1 s 即可。

如图 5.28 所示电路为集成单稳态触发器 74LS123 构成的逻辑控制电路,时基信号Ⅱ从第 1 个单稳态触发器的触发信号输入端 1 脚输入,输出端 13 脚产生高电平有效的锁存信号Ⅳ,并同时作为第 2 个单稳态触发器的触发信号输入 9 脚,输出端 5 脚产生高电平有效的清零信号Ⅴ。

6. 计数电路

计数电路可用 4 片集成计数器 74LS90 级联构成一万进制加法计数器,计数范围为0～9 999。

7. 锁存电路及译码显示电路

锁存电路的作用是将计数电路在 1 s 结束时所计得的数进行锁存,以便数码管能稳定地显示此时的计数值,即频率值。

选用8D 锁存器 74LS273 可以完成上述功能。当时钟脉冲 CP 的正跳变来到时,锁

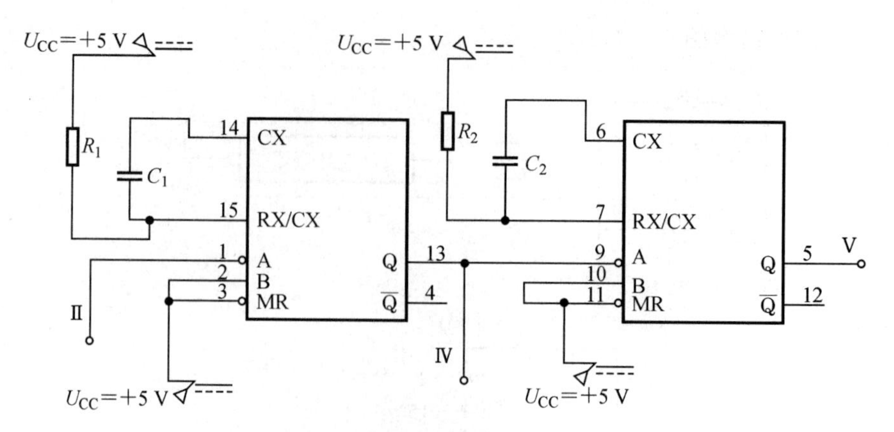

图 5.28　逻辑控制电路

存器的输出等于输入,即 $Q=D$,从而将计数电路的输出值送到锁存器的输出端。正脉冲结束后,无论 D 为何值,输出 Q 的状态仍保持原来的状态不变。所以,计数电路的输出不会送到显示译码器。

此外,也可以采用显示译码器 CD4511 本身的锁存功能实现,即 5 脚高电平为锁存有效。这种情况下,可在显示端看到计数值不断变化的过程。

5.6.3　集成电路及元器件选择

放大整形电路采用集成运算放大器 μA741 和 555 定时器或集成施密特触发器 74LS13;时基电路采用 32 768 Hz 晶振、CD4060 、集成 D 触发器 74LS74;逻辑控制电路采用 1 片 74LS123 或 2 片 74LS121;计数电路采用 4 片 74LS90;锁存电路采用 74LS273 或者直接利用 CD4511 的锁存端;译码显示电路采用 CD4511 和共阴极数码管,此外需要电阻、电容若干。

5.6.4　原理图绘制与电路仿真

用 Proteus 软件绘制出该电路的原理图,对所设计的电路进行仿真实验。在仿真实验过程中,发现问题应及时修改,直至达到设计要求。

在 Proteus 仿真过程中,特别注意单稳态触发器 74LS123 的暂稳态时间是固定的 1 s,改变 R、C 参数无效,必须双击此器件,修改 Monostable Time Constant 参数,如图 5.29 所示。

5.6.5　电路安装与调试

1. 电路布局

在多孔电路实验板上装配电路时,首先应熟悉其结构。明确哪些孔眼是连通的,并妥善安排电源正、负引出线在实验板上的位置。

电路布局时应妥善安排各集成块的位置,以方便连线为原则。电路与外接仪器的连接端、测试端要布置合理,便于操作。

2. 安装与调试方法

电路安装前,要先检测所用集成电路及其他元器件的工作性能。安装完成后,要用

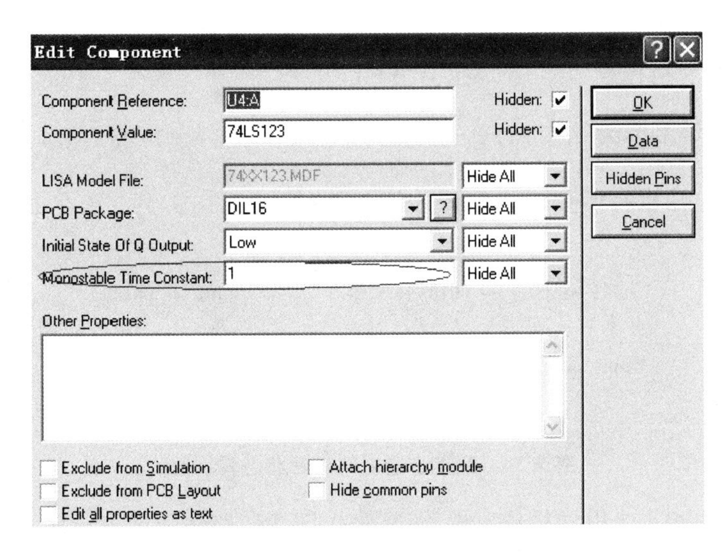

图 5.29　74LS123 **属性编辑对话框**

万用表检测电路接触是否良好，电源电压大小、极性是否正确；一切正常后才能通电调试。

调试过程最好分步或分块进行。

首先调试时基电路和逻辑控制电路，接通电源后，用双踪示波器观察时基电路的输出波形，如图 5.25 所示的波形Ⅱ，使其中 $t_1=t_2=1$ s。改变示波器的扫描速率旋钮，观察 74LS123 的 13 脚和 5 脚的波形，应有如图 5.25 所示的锁存信号Ⅳ和清零信号Ⅴ的波形。

然后调试计数电路和锁存、译码及显示电路，将 4 片 74LS90 的 2 脚、3 脚全部接低电平，在个位计数器的 14 脚加入计数脉冲信号，在 CD4511 的锁存控制端 5 脚分别加入低电平和高电平(锁存有效)，检查 4 位计数、锁存、译码及显示是否正常。

最后进行统调。具体方法为：在输入信号端分别加入被测方波信号、正弦信号和三角波信号，将 74LS90 的 2 脚、3 脚接清零信号Ⅴ，将闸门电路的输出信号接在个位计数器的 14 脚，在 CD4511 的锁存控制端 5 脚加入锁存信号Ⅳ，观测整个电路的工作情况。

5.6.6　设计、仿真及实验问题研究

(1) 数字频率计中，逻辑控制电路有何作用？如果不用集成电路单稳态触发器，是否可用其他器件或电路来完成逻辑控制功能？画出设计的逻辑控制电路图。

(2) 整形电路的设计方法还有哪些？试画出电路图。

(3) 频率计中采用 74LS273 锁存和利用 CD4511 的 5 脚进行锁存，结果有什么不同？

(4) 计数部分如果采用集成器件 74LS192 或 74LS161，电路应该如何设计？

(5) 分析实验中测量误差产生的可能原因及应采取的措施。

5.7　多路序列信号发生器设计

学习目标：设计由 555 定时器、移位寄存器、存储器等器件构成的多路序列信号输

出电路,重点学习555定时器、移位寄存器、存储器的原理及应用方法。用Proteus软件仿真,测试技术指标及功能,绘制信号波形。

5.7.1 设计任务与要求

四相步进电动机有四相八拍和四相四拍两种工作方式,其状态转换图如图5.30所示。

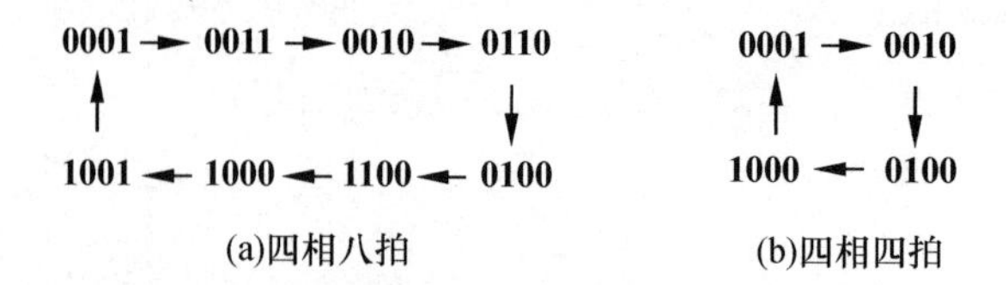

图5.30 四相步进电动机的状态转换图

设计一个四相步进电动机控制电路(其输出即为四路序列信号),具体要求如下:

(1) 时钟频率为2 Hz~2 kHz连续可调;

(2) 有四相八拍和四相四拍两种工作方式,并能控制步进电动机正转和反转;

(3) 调试时用七段数码管的上四段或下四段模拟步进电动机的工作;

(4) 步数(或圈数)显示(选做);

(5) 步数(或圈数)控制(选做);

(6) 写出设计步骤,画出设计的逻辑电路图;

(7) 对设计的电路进行仿真、修改,使仿真结果达到设计要求;

(8) 安装并测试电路的逻辑功能。

5.7.2 课题分析及设计思路

多路序列信号发生器在数字电路设计中应用广泛,如彩灯循环、步进电动机驱动等,其设计方案较多。下面以三相步进电动机控制为例,介绍多路序列信号发生器的设计思路。

如图5.31所示的为三相步进电动机,它由转子和定子组成,定子上绕制了A、B、C三个线圈构成三个不同的绕组,不同绕组上所加脉冲不同,形成不同的步距和转速。

三相步进电动机有三相三拍和三相六拍两种工作方式,其状态转换图如图5.32所示。

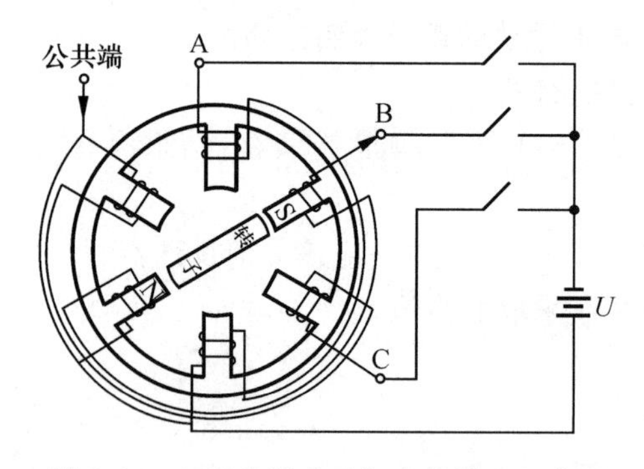

图5.31 三相步进电动机内部原理示意图

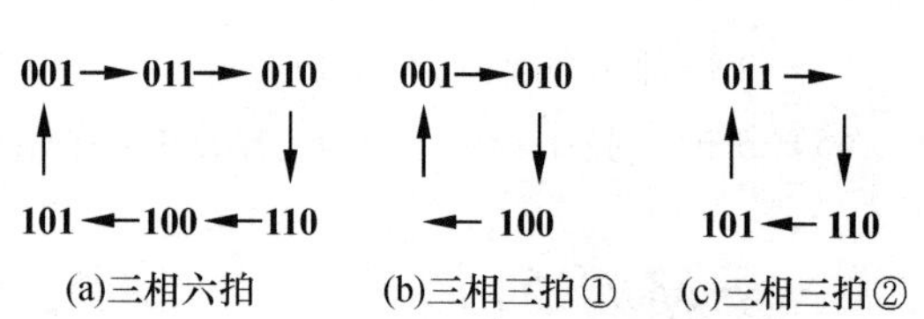

图5.32 三相步进电动机的状态转换图

一般不用图 5.32(c)所示的这种工作方式。

三相步进电动机控制电路原理框图如图 5.33 所示。

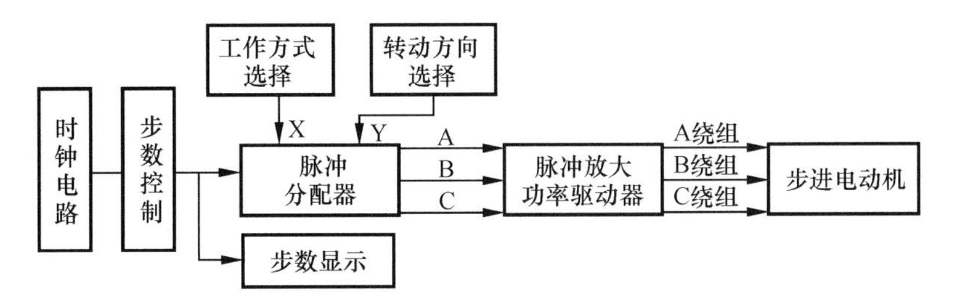

图 5.33　三相步进电动机控制电路原理框图

(1) 时钟电路:由 555 定时器构成,用电位器实现频率连续可调。

(2) 步数(或圈数)控制:宜采用倒计数,用可逆可置数的计数器(如 74LS190～74LS193)和逻辑门设计。设计安装时可先不考虑步数控制,直接把时钟电路与脉冲分配器相连即可。

(3) 步数(或圈数)显示:圈数＝总步数/一圈步数。

(4) 脉冲分配器:这是本课题设计的关键,其输出即为多路序列信号。其设计方案有多种,为简化问题,先不考虑工作方式选择和转动方向选择,只考虑三相六拍一种工作方式的基本脉冲分配器。这时,脉冲分配器的设计实际上转化为图 5.32(a)所示状态转换图的实现问题。

① 方案 1。用时序逻辑电路的设计方法设计,用触发器实现。请特别注意自启动问题。

② 方案 2。用集成计数器或移位寄存器设计六进制计数器,产生六种不同的状态。显然,用集成计数器设计最简单方便,不存在自启动问题。若采用移位寄存器,则存在自启动问题,而且其输出状态不是连续的。下面介绍后者的设计方法。n 位移位寄存器可构成 $2n$ 进制扭环形计数器,故 3 位移位寄存器可构成六进制扭环形计数器,其完整的状态转换图如图5.34所示。

图 5.34 所示的六进制扭环形计数器显然不能自启动。一种能够自启动的六进制扭环形计数器电路如图 5.35 所示。其中 74LS194 是 4 位双向移位寄存器。RC 电路有通电清零(自启动)功能,由于 **000** 是有效状态,因此取 $RC>1\ \mu s$ 即可。

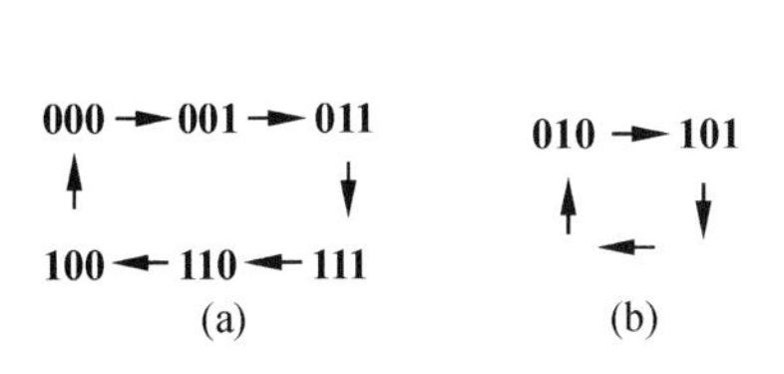

图 5.34　状态转换图

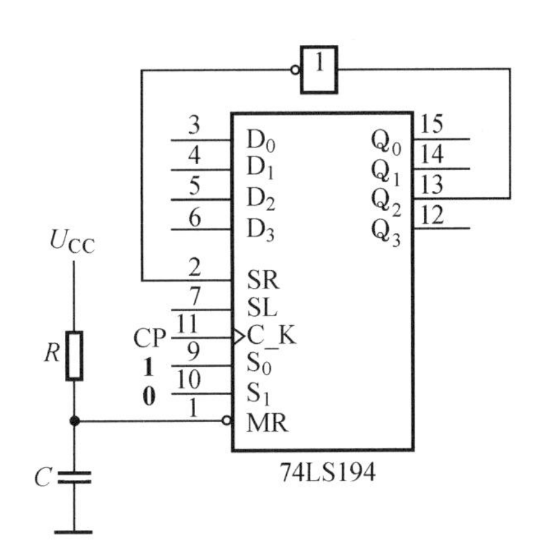

图 5.35　74LS194 构成的六进制扭环形计数器

六进制计数器设计完毕,余下的问题只是一个组合逻辑问题,即码组变换:把计数器的六种输出状态变换成图5.32(a)所示的状态输出。有多种方法可实现该变换,这里介绍最简单的利用存储器实现的方法。由于存储器中的不同数据可产生不同的状态输出,故正转、反转控制及多种工作方式的控制也变得简单。

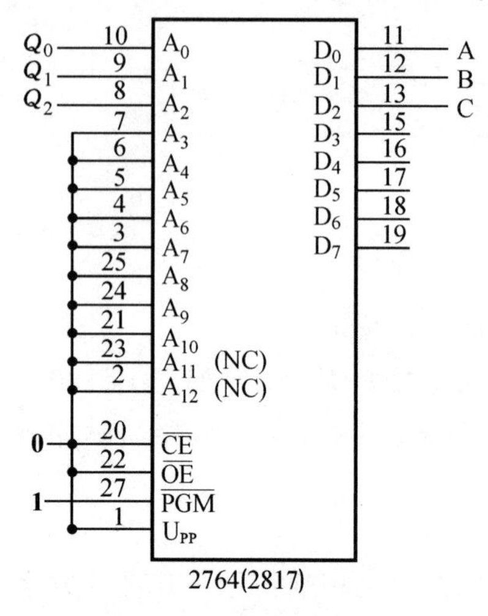

图5.36　存储器接线方式

三相步进电动机控制电路的存储器接线方式如图5.36所示。存储器既可用2764(8K×8 EPROM),也可用2817(2K×8 EEPROM)或2864(8K×8 EEPROM)。其中2864与2764管脚排列一致,2817除2脚与23脚为空脚(NC)外,其他脚与2864的一致。本课题数据较少,它们可以互相替换。图中Q_0 Q_1 Q_2为六进制计数器的输出,A、B、C为三相步进电动机的三相。

其码组变换表如表5.3所示。此表的填法是:最小项序号由0逐渐增大;Q_2 Q_1 Q_0栏填入计数器的有效状态值,计数器输出顺序按其状态转换图顺序填写,起点任意。D_2 D_1 D_0按三相六拍工作方式的状态转换图顺序填写,起点任意。表中对应的十六进制数为要写入存储器的数据,××为任意数(如**00**)。

表5.3　码组变换表1

Q_2 Q_1 Q_0	最小项序号	计数器输出顺序	D_2 D_1 D_0	对应的十六进制数
0 0 0	0	0	**0 0 1**	01
0 0 1	1	1	**0 1 1**	03
0 1 0	2	2	**0 1 0**	02
0 1 1	3	3	**1 1 0**	06
1 0 0	4	4	**1 0 0**	04
1 0 1	5	5	**1 0 1**	05
	6			××
	7			××

六进制扭环形计数器的码组变换表如表5.4所示。此表的填法和表5.3的填法相同。请关注计数器输出顺序而不是其值。注意扭环形计数器状态转换图和三相六拍步进电动机状态转换图的顺序关系和在此表的位置,否则设计时很容易出错。

表5.4　码组变换表2

Q_2 Q_1 Q_0	最小项序号	计数器输出顺序	D_2 D_1 D_0	对应的十六进制数
0 0 0	0	0	**0 0 1**	01
0 0 1	1	1	**0 1 1**	03
	2			××
0 1 1	3	2	**0 1 0**	02
1 0 0	4	5	**1 0 1**	05

续表

$Q_2\ Q_1\ Q_0$	最小项序号	计数器输出顺序	$D_2\ D_1\ D_0$	对应的十六进制数
	5			××
1 1 0	6	4	**1 0 0**	04
1 1 1	7	3	**1 1 0**	06

(5) 正转和反转:较通用的方法是用二选一数据选择器或三态门组成的电路,它们可用于各种方案。

如采用存储器,可不用上述电路,只需在原数据后添加经反序的数据即可。如集成计数器方案可在原数据 01 03 02 06 04 05 ×× ××后添加 05 04 06 02 03 01 ×× ××;扭环形计数器方案在原数据 01 03 ×× 02 05 ×× 04 06 后添加 06 04 ×× 05 02 ×× 03 01。同时,把原接地的 A_3 端改接为高电平 **1**,故 A_3 为正、反转控制信号。

(6) 三相三拍和三相六拍两种工作方式的控制:如采用存储器,只需在原数据(三相六拍方式的正转和反转数据)后添加新数据(三相三拍方式的正转和反转数据)即可。如集成计数器方案添加 01 02 04 01 02 04 ×× ×× *04 02 01 04 02 01 ×× ××*(斜体字是反转数据),扭环形计数器方案添加 01 02 ×× 04 04 ×× 02 01 *04 02 ×× 01 01 ×× 02 04*(斜体字是反转数据)。同时把原接地的 A_4 端改接高电平 **1**,故 A_4 为工作方式控制信号。

(7) 功率驱动器:本课题可采用 MC1403。

本课题还可用单片机或可编程逻辑器件实现。

5.7.3 集成电路及元器件选择

选用步进电动机 1 个,调试时用(共阴极)七段数码管(注意加限流电阻)的上四段或下四段模拟步进电动机的工作;时钟电路采用 555 定时器;脉冲分配器采用集成计数器 74LS161 或 74LS194、存储器 2817 或 2864;功率驱动器采用 MC1403。此外需要若干电阻、电容和集成逻辑门。

5.7.4 原理图绘制与电路仿真

参考上面介绍的三相步进电动机控制器的设计思路完成四相步进电动机控制电路的设计。难点是向存储器的哪些地址范围的存储单元写入一些什么样的数据。完成设计后,用 Proteus 软件绘制电路原理图,并对所设计的电路进行仿真,模拟电路的实际工作状态。

对该课题进行仿真时要注意以下几点。

(1) 在 Proteus 软件中有些 IC 没有相应的元件模型而不能仿真。如在 Proteus 6.9 SP4 中 2817、2864 都不能仿真。所以虽然实际电路用的是 2817,但仿真时要改用能仿真的 2764。可能新版软件能够解决 2817 的仿真问题。

(2) 数据文件的生成和关联。存储器的仿真需要一个与该存储器关联的二进制数据文件,该文件可用编程器带的软件或 VC 生成,如 SUPERPRO 序列编程器软件的编辑界面(见图 5.37),在 HEX 栏键入对应的十六进制数据,再保存二进制文件即可。单击“写入”按钮可将数据写入 IC。关联的方法是在 Proteus 中将鼠标指向待关联的 IC

(本课题中为 2764),单击鼠标右键,选中该 IC,再单击左键就会出现一个对话框,如图 5.38 所示。在“Image File”文本编辑框中键入要关联的二进制数据文件名或单击右边的打开文件的图标选取文件即完成关联。

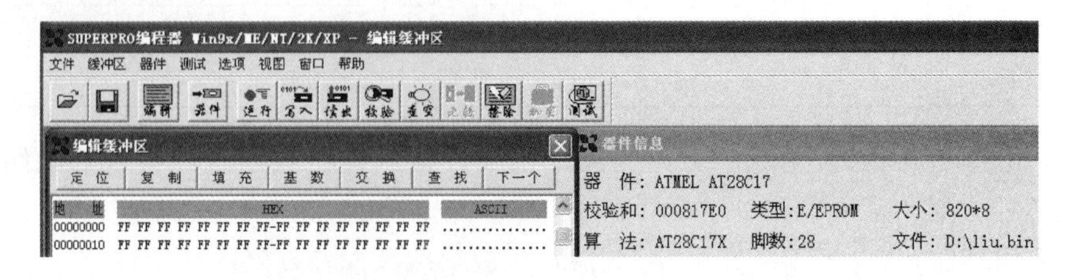

图 5.37 SUPERPRO 序列编程器软件的编辑界面

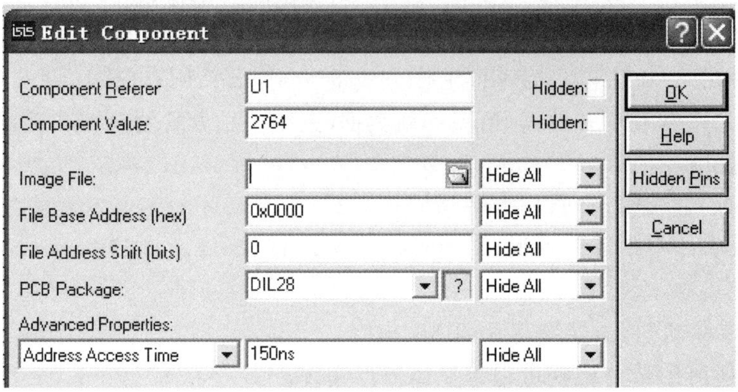

图 5.38 Proteus 中的 Edit Component 对话框

(3) 用(共阴极)七段数码管(注意加限流电阻)的上四段或下四段模拟四相步进电动机。

(4) 仿真时,将时钟脉冲调到 1～4 Hz,以便观察数码管各管脚高、低电平的变化和虚拟步进电动机的转动情况。

5.7.5 电路安装与调试

1. 电路布局与安装技巧

电路的布局应以主要元器件为中心,按信号流向从左至右合理设计。相互连线较多的 IC 应相邻。电路与外接仪器的连接端、测试端要布置合理,便于操作。

电路安装前,首先检测元器件能否正常工作,参数能否满足设计要求,信号是否匹配(如 555 定时器的电源电压可达 15 V,但本课题使用的是 5 V)。安装完成后,用万用表检测电路接触是否良好,IC 是否连上电源(仿真时 IC 一般不需要接电源),电源端是否短路。一切正常后才能通电调试。

2. 电路调试方法

通电调试应分级、分模块进行。

(1) 时钟电路。测试是否有时钟信号,并测试其频率范围是否满足要求。

(2) 脉冲分配器。逻辑笔是调试数字电路的常用工具。如无逻辑笔,可用发光二极管(LED)及限流电阻来调试。如有七段数码管,可将一根导线的一端接到七段数码管上没有用到的一个 LED(如点 h)上,另一端接到待测点来测试。监测频率较高的方波或正弦波时,LED 会常亮(视觉暂留),容易使人误解为高电平。因此,用 LED 监测时,应取较低频率(如 1～8 Hz)的时钟信号。如果时钟信号频率较低时,测试 74LS194 的 11 脚(CP),LED 不亮或常亮,则说明该引脚无时钟信号,问题出在时钟电路与该引脚的连接上(设前面已完成时钟电路的调试)。如果 LED 闪亮,则说明时钟信号已传到该引脚。应注意 LED 的闪亮频率。如果测试 74LS194 的任一输出端 Q,LED 的闪亮频率应变慢,否则该电路有问题。

四相步进电动机有两种工作方式,每种工作方式又可分为正转和反转两种形式,因此共有四种转动模式。其中任一转动模式工作正常即说明电路正常;若其他转动模式无法正常工作,只需修改 2817 的相关数据即可使其他转动模式工作正常。

验收时再连接 MC1413 和实际步进电动机,测试实际步进电动机的工作情况。

5.7.6 设计、仿真及实验问题研究

(1) 画出用 74LS157 控制正转和反转的电路图。

(2) 画出用 74LS244 及非门控制正转和反转的电路图。

(3) 画出用 D 触发器组成的三相六拍步进电动机基本脉冲分配器的电路图(不考虑自启动问题)。

(4) (3)中自启动问题除可用 RC 电路解决外,还可用集成逻辑门来解决。画出其电路图。

(5) 图 5.33 中的步数显示和步数控制模块可合二为一:步数显示时加计数,步数控制时减计数,用一个开关选择。画出其电路图。

(6) 取消元器件限制,用其他方案设计本课题。

5.8 出租车计价器控制电路设计

学习目标: 学习三态八缓冲器/线驱动器的使用方法,掌握利用常用中小规模集成器件设计出租车计价器控制电路的方法;学会利用 EDA 软件(Proteus)对电路进行仿真;掌握出租车计价器控制电路的安装及调试方法。

5.8.1 设计任务与要求

要求设计一个出租车计价器控制电路,能够实现计费、等候、预置数据、显示等功能。用 Proteus 软件仿真,安装电路并测试其逻辑功能。具体要求如下。

(1) 能预置起步价和单价,如设置起步里程为 5 km,起步价为 13 元,当里程大于 5 km时,每公里按 1 元计费,能用数据开关设置每公里单价 1 元。

(2) 实现按里程计费,总费用＝起步价＋(总里程－5)×里程单价。

(3) 等候时间计费,如每 10 min 增收 1 km 的费用。

(4) 总费用、单价均用 2 位数字显示,单位为元,最大显示 99 元。

(5) 里程显示,显示为 3 位数,单位为 km,最大显示 999 km。

(6) 清零功能,按复位键,里程显示、总费用显示装置清零。

(7) 按下计价键后,汽车运行计费,候时关断,候时计数时,运行计费关断。

(8) 写出设计步骤,画出设计的逻辑电路图。

(9) 对设计的电路进行仿真、修改,使仿真结果达到设计要求。

(10) 安装并测试电路的逻辑功能。

5.8.2 课题分析及设计思路

1. 出租车计价器控制电路原理及框图

出租车开动后,随着行驶里程的增加,计价器里程数字显示的读数从零逐渐增大,而计费数字显示起步价(如 13 元)。当行驶到某一里程(如 5 km)时,计费从起步价开始按照里程单价增加。当出租车到达某地需要等候时,司机只要按一下"计时"键,每等候一定时间,计费就增加一个额外的等候费用。出租车继续行驶时,停止计算等候费,继续增加里程计费。到达目的地,便可按显示的数字收费。出租车计价器控制电路框图如图5.39所示。

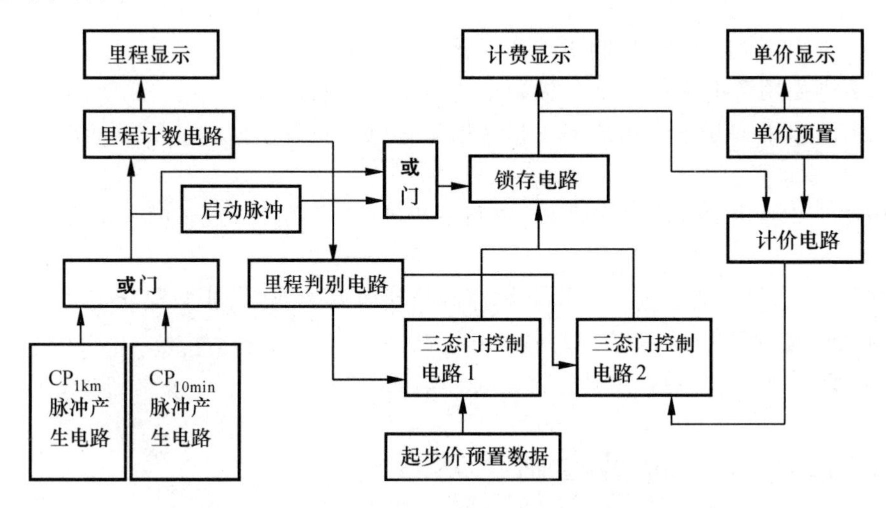

图 5.39 出租车计价器控制电路框图

出租车行驶时,设每走 1 km 产生一个脉冲 CP_{1km},该脉冲作为里程计数器的时钟。出租车等候时,设每等候 10 min 增收 1 km 的费用,此时产生脉冲 CP_{10min},作为里程计数器的时钟。里程判别电路产生两个反相的控制信号作为使能信号,使三态门控制电路 1 和三态门控制电路 2 轮流工作:计价器启动时,里程判别电路产生的一个控制信号,使三态门控制电路 1 工作,起步价预置数据通过三态门控制电路 1 输出,启动脉冲将锁存器打开,使译码显示电路显示起步价;里程计数超过起步里程 5 km 时,里程判别电路产生的另一个控制信号,使三态门控制电路 2 工作,计价电路进行费用的计算后通过三态门控制电路 2 输出,经锁存器及译码显示电路显示出总费用。

2. 里程计数电路设计

设出租车每走 10 m 产生一个脉冲,到 1 km 时,产生 100 个脉冲。所以要对里程计数,首先要设计一个模 100 加法计数器产生 CP_{1km}脉冲。这里可以利用 2 片集成计数器 74LS90 级联构成一百进制加法计数器,如图 5.40 所示,CP_{10m}是出租车运行 10 m 产生的脉冲,作为 74LS90(1)的时钟,当计数器计满 1 km(100×10 m)时,74LS90(2)的 Q_3 输出端信号即为脉冲 CP_{1km},作为里程计数器的计数脉冲。里程的计数则用 3 片

74LS90 级联构成一千进制加法计数器即可实现，最大计数值为 999。

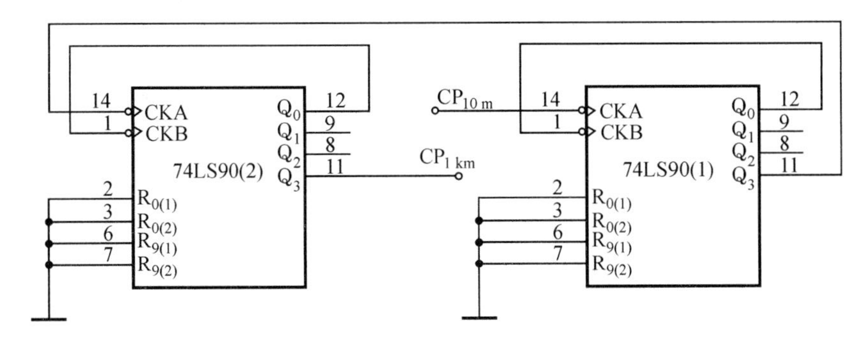

图 5.40　CP_{1km}脉冲产生电路

3. 里程判别电路设计

里程判别电路如图 5.41 所示。当实际里程数达到所设置的起步里程数时，触发器翻转。实际里程数未到起步里程数时，$Q=\mathbf{0}$；达到起步里程数时，$Q=\mathbf{1}$。

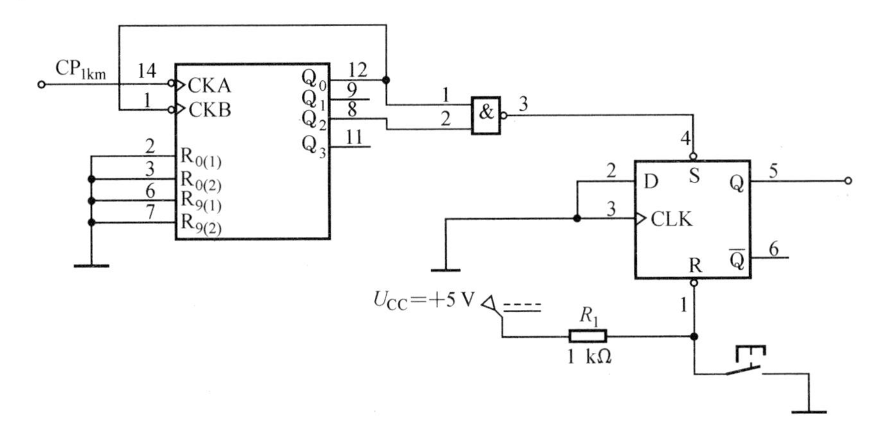

图 5.41　里程判别电路

4. 三态门控制电路设计

三态门控制电路由 2 片三态八缓冲器/线驱动器 74LS244 构成。三态门控制电路 1 和三态门控制电路 2 轮流工作。

5. 计价电路设计

计价电路的作用是将起步价与所走里程费用进行累加，得到总的费用。计价电路可由 8421BCD 码加法器构成。常用的加法器一般为二进制加法器，如 74LS283，因此需要由 74LS283 及门电路构成 8421BCD 码加法器。由于 4 位二进制数相加与 2 个 1 位十进制数相加的进位率不一样，因此得到的和值要进行修正。当和值大于 9 时，应修正加 6；当和值小于或等于 9 时，则可不修正。因此，修正电路应含有一个判 9 电路：当和值大于 9 时，结果加 **0110**；当和值小于或等于 9 时，结果加 **0000**。图 5.42 所示的电路为 1 位 8421BCD 码加法器电路。

6. CP_{10min}脉冲产生电路设计

如图 5.43 所示，出租车在等候时，司机按一下“等候”键，使触发器的 4 脚接地，则

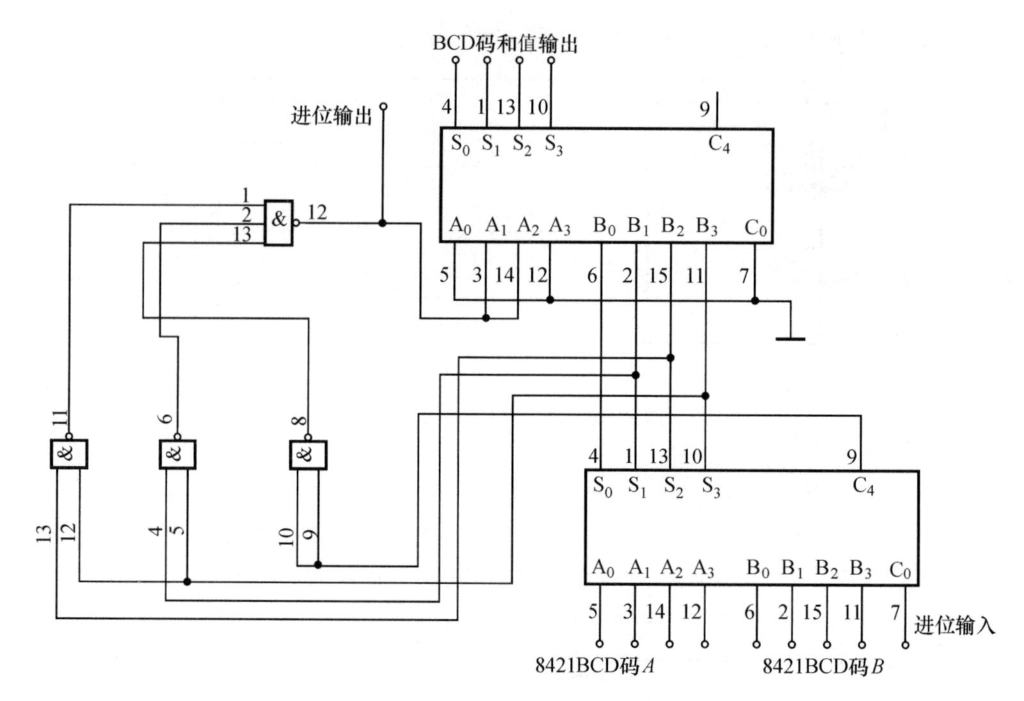

图 5.42 1 位 8421BCD 码加法器

Q 端输出高电平,555 振荡器工作,输出 1 Hz 的脉冲到等候计数器。当计满 10 min 时,输出一个 CP_{10min}脉冲,该脉冲经**或**门送给里程计数器计数,即等候 10 min 产生的费用相当于行驶 1 km 产生的费用。若等候 5 min 后,出租车恢复行驶,这时,将触发器的 4 脚接高电平,出租车行驶输出的 CP_{10m}脉冲使触发器翻转($Q=\mathbf{0}$),555 振荡器停止工作,等候计数器停止计数。

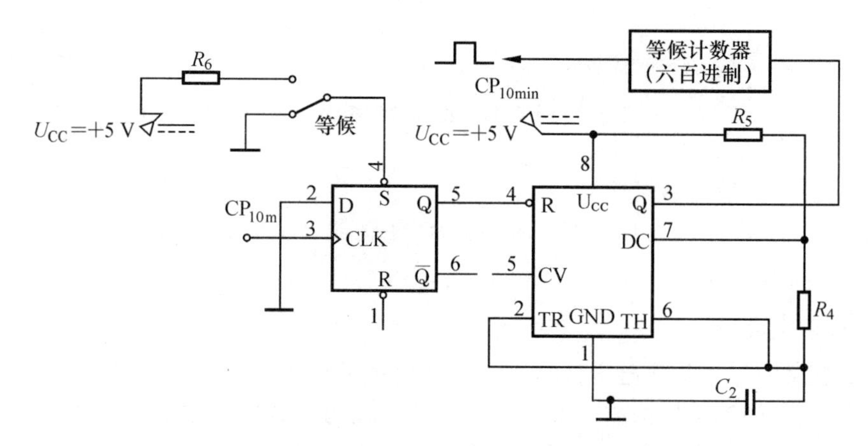

图 5.43 CP_{10min}脉冲产生电路

7. 锁存电路设计

锁存电路选用 8D 锁存器 74LS273。当时钟脉冲 CP_{1km}、CP_{10min}或启动脉冲的正跳变到来时,锁存器被打开,其输出等于输入,从而将三态门控制电路的输出值送到锁存器的输出端。

5.8.3 集成电路及元器件选择

所需要的主要元器件为8片74LS90、1片74LS74、1片74LS32、1片74LS08、2片74LS00、1片74LS10、4片74LS283、2片74LS244、1片74LS273、1片74LS02、1片555、7片CD4511和7个共阴极数码管,此外需要电阻、电容若干。

5.8.4 原理图绘制与电路仿真

用Proteus软件绘制该电路的原理图,对所设计的电路进行仿真实验。在仿真实验过程中,发现问题应及时修改,直至达到设计要求。

5.8.5 电路安装与调试

1. 电路布局

在多孔电路实验板上装配电路时,首先应熟悉其结构,明确哪些孔眼是连通的,并妥善安排电源正、负引出线在实验板上的位置。

电路布局时应妥善安排各集成块的位置,以方便连线为原则。电路与外接仪器的连接端、测试端要布置合理,便于操作。

2. 安装与调试方法

电路安装前,要先检测所用集成电路及其他元器件的工作性能。安装完成后,要用万用表检测电路接触是否良好,电源电压大小、极性是否正确。一切正常后才能通电调试。

调试过程最好分步或分块进行。

首先调试里程计数模块。将CP_{1km}脉冲产生电路和一千进制计数器结合在一起,检查里程计数电路是否能正常计数。

然后调试CP_{10min}脉冲产生电路。将图5.43中D触发器的4脚接地,用双踪示波器测量555的3脚波形是否有秒脉冲信号,同时测试等候计数器是否正常计数。

接着调试里程判别电路。分别测试未到起步里程数时Q端是否为**0**,达到起步里程数后Q端是否为**1**。

再调试计价电路。测试8421BCD码加法器是否工作正常。

最后将三态门控制电路和其他部分电路进行整体联调(通过修改起步价预置数据及单价预置数据实现),随着里程的不断增加,观察总费用显示是否正确。

5.8.6 设计、仿真及实验问题研究

(1) 出租车计价器控制电路中,三态门控制电路有何作用?

(2) 如果里程单价设置要精确到0.1元,电路应该怎么设计?

(3) 试分析1位8421BCD码加法器电路的工作原理。

(4) 电路中如果不用锁存器74LS273会造成什么结果?

(5) 如果计费用3位数显示,最大显示999元,则应该如何修改电路?

(6) 里程判别电路还有其他的设计方法吗? 试画出电路图。

5.9 交通信号灯控制电路设计

该综合设计按分步实施方式进行,分为方案设计、组合逻辑电路设计、时序逻辑电路设计三部分。

5.9.1 方案设计

1. 问题描述

设计并实现一个十字路口的红、绿、黄三色交通信号灯控制与显示电路,即每个路口设置一组红、黄、绿交通信号灯,按图 5.44 所示情况变化,以保证车辆、行人安全通行。

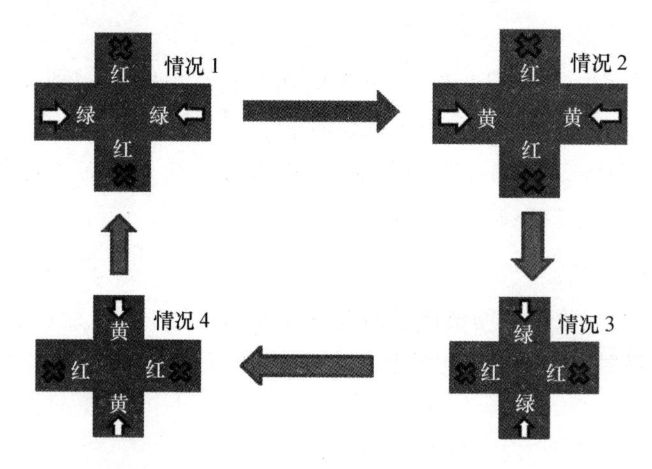

图 5.44 正常情况下交通信号灯状态示意图

2. 功能分析

1) 基本功能

根据需求描述,系统应具有如下基本功能。

东西方向绿灯亮时,南北方向红灯亮,该信号灯点亮时间(单位:s)可自由设定(设定范围为00～99),同时点亮时间进行倒计时显示;当倒计时显示时间(单位:s)减为 00 时,东西方向绿灯熄灭,黄灯同时点亮,并维持数秒,南北方向仍为红灯亮;当倒计时显示时间减为 00 时,东西方向红灯亮,南北方向绿灯亮,点亮时间仍可自由设定;当倒计时显示时间减为 00 时,南北方向绿灯熄灭,黄灯同时点亮,并维持数秒,东西方向仍为红灯亮。当倒计时显示时间减为 00 时,系统状态进入下一个周期,以后周而复始地循环。

2) 扩展功能

(1) 特殊状态控制功能:特殊状态控制,如紧急车辆随时通行功能受一个特殊状态开关控制。无紧急车辆时,交通信号灯按正常时序控制。有紧急车辆来时,将特殊状态开关按下,不管原来交通信号灯的状态如何,一律强制让两个方向的红灯同时点亮,禁止其他车辆通行,同时计时停止;特殊状态结束后,恢复原来的状态继续运行。

(2) 交通信号灯点亮时间预置功能：控制电路在任何时候可根据实际情况修改交通信号灯的点亮时间。

(3) 各路口交通信号灯故障报警功能(选做)：交通信号灯控制电路发出警报，说明各路口交通信号灯同时熄灭或点亮的情况不符合预定要求。

3. 设计任务与要求

正常情况下，十字路口的红、绿、黄三色交通信号灯有如图 5.44 所示四种情况，假设东西方向的绿灯点亮时间为 T_e，南北方向的绿灯点亮时间为 T_s，东西、南北方向的黄灯点亮时间均为 T_y。

(1) 参考图 5.44，定义交通灯的状态，确定状态表；

(2) 根据实际交通信号灯转换过程，设计交通信号灯的状态转换图；

(3) 按交通信号灯的功能要求，设计系统的电路模块图。

4. 设计方案

根据上述设计要求，交通信号灯共有四种状态，如表 5.5 所示。该电路根据灯亮时间 T_e、T_s 和 T_y 产生这些状态，并对它们进行有序的控制。相应的状态转换图如图 5.45所示。系统模块框图如图 5.46 所示。

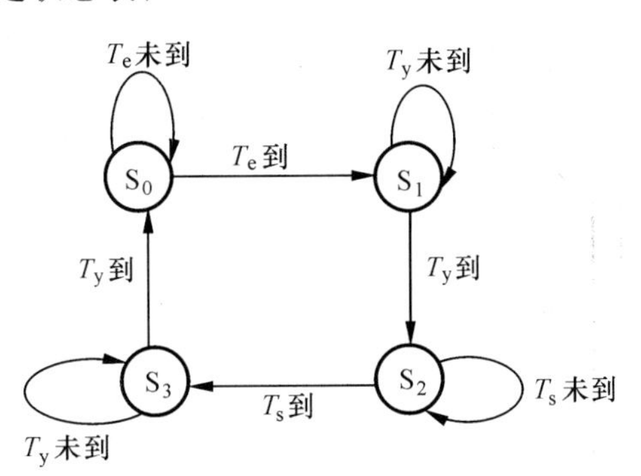

图 5.45　交通灯状态转换图

表 5.5　状态表

状　　态	东西方向	南北方向	时间/s
S_0	绿灯亮	红灯亮	T_e
S_1	黄灯亮	红灯亮	T_y
S_2	红灯亮	绿灯亮	T_s
S_3	红灯亮	黄灯亮	T_y

如图 5.46 所示，系统模块框图中各电路模块的作用如下。

1) 状态译码电路、输出电路及交通信号灯单元

该电路将状态产生电路的输出状态信号 A_1A_0 译码为东西、南北方向 6 对交通信号灯的控制信号。

2) 时间预置电路

该电路根据四种不同的状态信号 A_1A_0 分别预置相应的灯亮时间数据 T_e、T_y、T_s 和 T_y，作为开始计时的初始值，改变这些初始值可实现修改信号灯点亮时间的功能。

3) 倒计时电路

该电路在秒信号作用下，对不同状态的灯亮时间 T_e、T_y、T_s 和 T_y 分别进行减计数循环，实现倒计时功能；每当倒计时到 00 时，向状态产生电路发出计时结束信号。

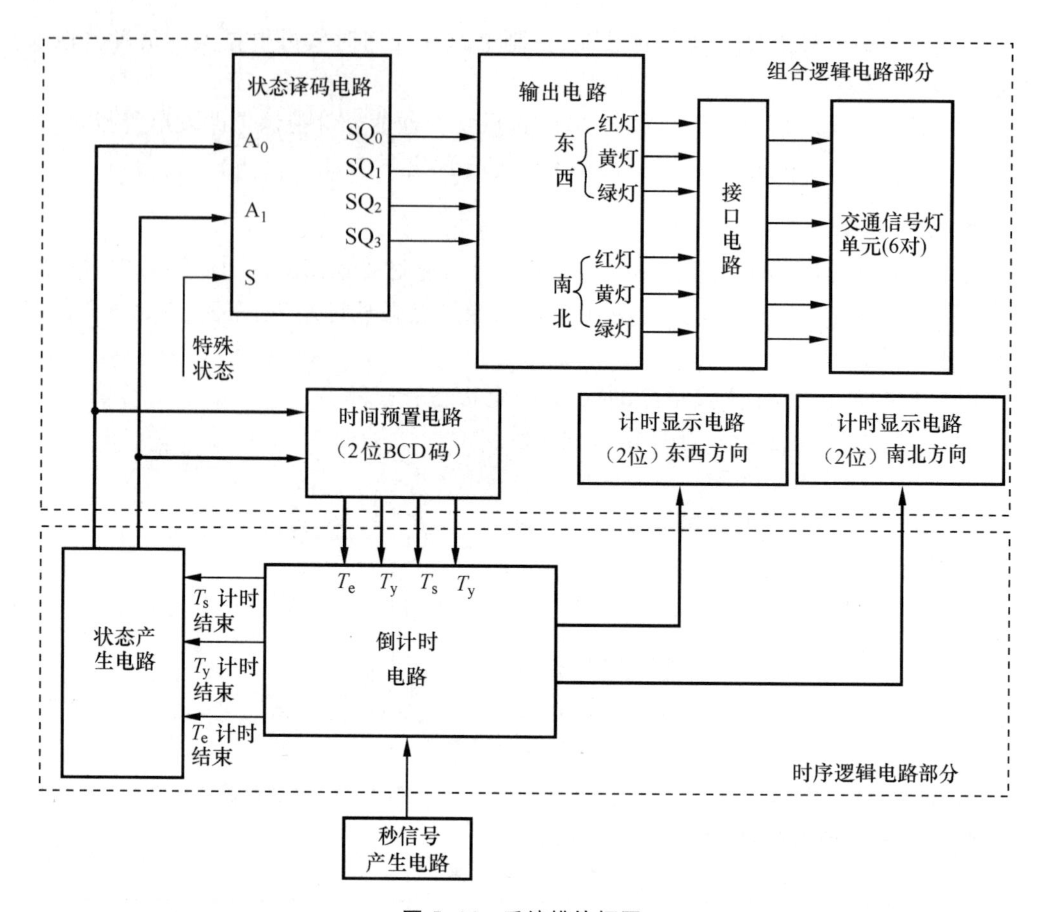

图 5.46 系统模块框图

4) 状态产生电路

该电路根据计时结束信号分别产生交通信号灯的四种不同状态的信号 A_1A_0。

5) 计时显示电路

该电路采用数码管将灯亮时间 T_e、T_y、T_s 和 T_y 进行实时显示。

5.9.2 组合逻辑电路设计

1. 设计任务与要求

用数据选择器、译码器和集成逻辑门等集成电路器件,设计交通信号灯控制电路中的组合逻辑电路部分,即状态译码电路、输出电路及交通信号灯单元、时间预置电路和计时显示电路。具体要求如下:

(1) 将状态信号译码为东西、南北方向 6 对交通信号灯的控制信号,实现正常时序控制功能;

(2) 特殊状态期间,东西、南北两个方向的红灯同时亮,实现特殊状态控制功能;

(3) 将东西方向、南北方向的灯亮时间分别用数码管显示;

(4) 根据不同的状态信号分别预置相应的灯亮时间数据 T_e、T_y、T_s 和 T_y,其显示范围为 00～99 s,用 2 位 BCD 码形式表示;

(5) 写出设计步骤,画出设计的逻辑电路图;

(6) 对设计的电路进行仿真、修改,使仿真结果达到设计要求;

(7) 安装并测试电路的逻辑功能。

2. 课题分析及设计思路

1) 状态译码电路、输出电路及交通信号灯单元的设计思路

该部分电路的主要功能是依据不同的状态信号实现对交通信号灯的控制,其设计框图如图 5.47 所示。状态译码电路采用二进制译码器 74LS138 实现;输出电路采用集成逻辑门实现;交通信号灯单元采用普通的红色、绿色和黄色发光二极管;接口电路起信号驱动作用,视实验情况的不同选用。

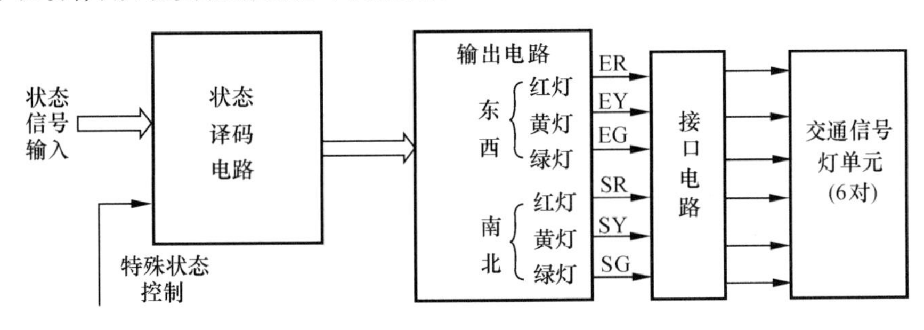

图 5.47　设计框图一

2) 时间预置电路的设计思路

该电路的主要功能是依据不同的状态信号输入相应的时间预置数据,从而确定交通信号灯的灯亮时间,其设计框图如图 5.48 所示,该电路采用集成数据选择器 74LS153 实现。

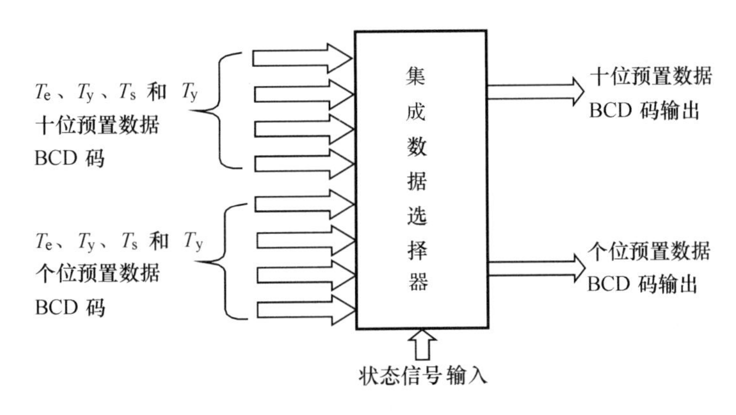

图 5.48　设计框图二

3)计时显示电路的设计思路

将倒计时电路产生的输出经显示译码器 CD4511 和数码管进行显示。

3. 原理图绘制与电路仿真

用 Proteus 软件绘制该电路的原理图,对所设计的电路进行仿真实验。在仿真过程中,分别改变状态信号及特殊状态信号,验证电路的逻辑功能是否达到设计要求。

4. 电路安装与调试

1）电路布局

在多孔电路实验板上装配电路时，首先应熟悉其结构，明确哪些孔眼是连通的，并妥善安排电源正、负引出线在实验板上的位置。

电路布局时应妥善安排各集成块的位置，以方便连线为原则。电路与外接仪器的连接端、测试端要布置合理，便于操作。状态信号、预置数据的输入端应方便改变其电平。

2）安装与调试方法

电路安装前，要先检测所用集成电路及其他元器件的工作性能。安装完成后，要用万用表检测电路接触是否良好，电源电压大小、极性是否正确。一切正常后才能通电调试。

实验调试时，注意发光二极管不能过亮。如果过亮，可串接一个 100 Ω 左右的限流电阻。调试过程最好分块进行，如首先调试状态译码电路，然后调试输出电路及交通信号灯单元，最后调试时间预置电路。

5. 设计、仿真及实验问题研究

(1) 如何实现特殊状态控制功能？

(2) 如果采用二进制译码器 74LS139，可实现状态译码电路吗？如果能实现，请画出其逻辑电路图。

(3) 如何实现时间预置电路中预置数据直接采用十进制形式？画出其逻辑电路图。

5.9.3 时序逻辑电路设计

1. 设计任务与要求

用集成触发器、集成计数器等集成器件设计交通信号灯控制电路中的时序逻辑电路部分，即倒计时电路和状态产生电路，并在设计组合逻辑电路的基础上完成整个控制电路的调试。具体要求如下。

(1) 交通信号灯的不同状态转换时分别产生相应的状态信号。

(2) 对交通信号灯不同状态的灯亮时间 T_e、T_y、T_s 分别进行减计数，实现倒计时功能。

(3) 特殊状态期间，计时停止；特殊状态结束后，恢复正常计时。

(4) 写出设计步骤，画出设计的逻辑电路图。

(5) 对设计的电路进行仿真、修改，使仿真结果达到设计要求。

(6) 安装并测试电路的逻辑功能。

(7) 将组合逻辑电路和时序逻辑电路连接起来，完成整个控制电路的调试。

2. 课题分析及设计思路

在设计组合逻辑电路的基础上完成本部分电路的设计。

1）倒计时电路的设计思路

该电路在秒信号作用下，分别以不同状态的灯亮时间 T_e、T_y、T_s 和 T_y 作为开始计

时的初始值进行减计数循环，每当倒计时到 00 时，向状态产生电路发出计时结束信号。改变这些初始值即可实现修改信号灯点亮时间的功能。采用 2 片具有置数功能的集成十进制加/减法可逆计数器 74LS192，组成倒计时电路，其设计框图如图 5.49 所示。

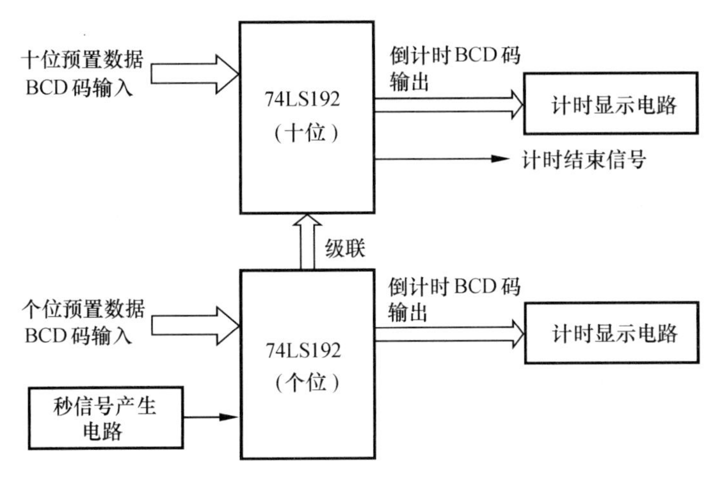

图 5.49　设计框图三

2）状态产生电路的设计思路

该电路的主要功能是根据实际交通信号灯的转换过程，产生相应的状态信号供其他电路使用。根据设计要求，只有当倒计时时间结束时交通信号灯的状态才发生变化，故可将倒计时电路产生的计时结束信号作为状态变化的控制信号。为此，将该信号作为计数器的时钟脉冲即可，计数器采用 JK 触发器或 D 触发器实现，其设计框图如图 5.50 所示。

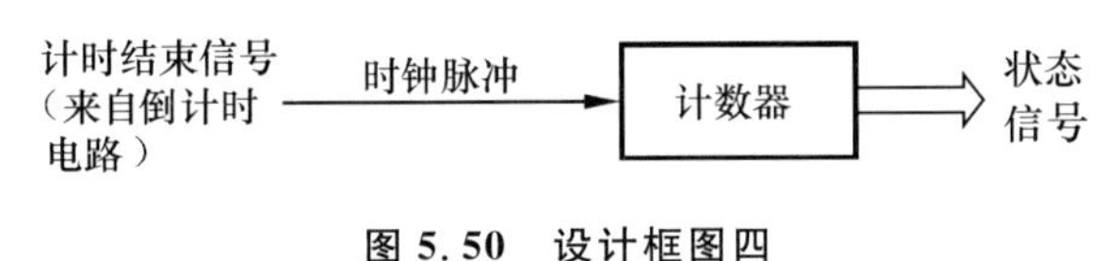

图 5.50　设计框图四

3. 原理图绘制与电路仿真

用 Proteus 软件绘制出该电路的原理图，对所设计的电路进行仿真实验。在仿真过程中，分别手动改变每个状态的时间预置数据，观察电路的仿真运行结果；将组合逻辑电路和时序逻辑电路连接起来，验证电路的逻辑功能是否达到设计要求。

4. 电路安装与调试

1）电路布局

在多孔电路实验板上装配电路时，首先应熟悉其结构，明确哪些孔眼是连通的，并妥善安排电源正、负引出线在实验板上的位置。

电路布局时应妥善安排各集成块的位置，以方便连线为原则。电路与外接仪器的连接端、测试端要布置合理，便于操作。组合逻辑电路和时序逻辑电路之间的接口应方便连线，最好在各自的连接线上做好标记。

2）安装与调试方法

电路安装前，首先检测所用集成电路及其他元器件的工作性能。安装完成后，要用万用表检测电路接触是否良好，电源电压大小、极性是否正确。一切正常后才能通电调试。

调试时，利用实验室信号源产生秒脉冲信号。首先手动设置某一时间预置数据，调试倒计时电路；然后调试状态产生电路；最后将组合逻辑电路和时序逻辑电路连接起来，完成整个控制电路的调试。

5. 设计、仿真及实验问题研究

(1) 如何实现"特殊状态期间，计时停止；特殊状态结束后，恢复正常计时"的功能？

(2) 在倒计时电路中，如何产生交通信号灯不同状态下的计时结束信号和置数信号？说明其原理，并画出它们的波形。

(3) 采用JK触发器或D触发器设计状态产生电路时，选用上升沿触发和下降沿触发方式，其实验结果有何不同？

(4) 在本次电路设计中，考虑到电路实现的简单性，红灯亮的倒计时次数共两次，如何改进电路设计，使红灯亮的倒计时次数为一次而倒计时时间不变？

6 可编程技术

6.1 EDA技术概述

电子设计自动化(electronic design automation,EDA)的发展经历了20世纪70年代的计算机辅助设计(computer aided design,CAD)阶段,20世纪80年代的计算机辅助工程(computer aided engineering,CAE)阶段,到20世纪90年代的EDA阶段。

CAD阶段是EDA技术发展的早期阶段。在这个阶段,人们开始利用计算机取代手工劳动。但当时的计算机硬件功能有限,软件功能较弱,人们主要借助计算机对所设计的电路进行一些模拟和预测,辅助进行集成电路版图编辑、印制电路板(printed circuit board,PCB)布局布线等简单的版图绘制工作。

CAE是在CAD的工具逐步完善的基础上发展起来的,尤其是人们在设计方法学、设计工具集成化方面取得了长足的进步,可以利用计算机作为单点设计工具,并建立各种设计单元库,开始用计算机将许多单点工具集成在一起使用,大大提高了工作效率。

随着微电子技术的发展,速度更快、容量更大、功能更强的可编程逻辑器件(programmable logic device,PLD)的不断推出,对数字电子系统的设计提出了更高的要求,出现了以利用硬件描述语言、系统仿真和综合技术为特征的第三代EDA技术。该技术是以计算机为工作平台,以EDA软件工具为开发环境,采用硬件描述语言为设计语言,以PLD为实验载体,以专用集成电路(application specific integrated circuit,ASIC)、单片系统(system on a chip,SOC)芯片为目标器件,以电子系统设计为应用方向的电子产品自动化设计技术。EDA技术是一种自顶向下的高效现代设计方法,可使设计者把精力集中在系统方案的设计上,系统利用硬件描述语言,可以自动进行逻辑编译、仿真、优化、综合、布线、测试等工作。

自顶向下的设计方法是当前EDA技术最常用的设计模式,是一种逐步求精设计程序的过程和方法。设计需要对整体任务进行分解,划分为顶层任务和底层各模块需要解决的任务。先对顶层任务进行定义、设计、编程和测试,将其中未解决的问题作为子任务放到下一层次中去解决。直到所有问题得到解决,就能设计出具有层次结构的程序。图6.1所示的是利用硬件描述语言自顶向下设计系统硬件的过程。

设计过程主要分三步,即行为级描述、RTL描述(寄存器传输级描述,也称数据流描述)和逻辑综合。

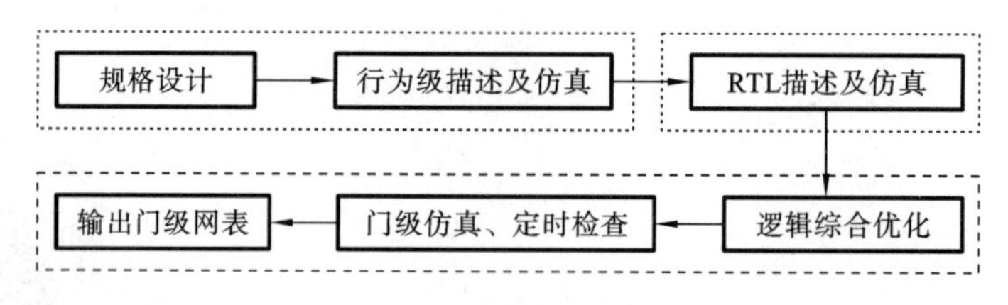

图 6.1 自顶向下设计系统硬件的过程

行为级描述是在系统设计初始阶段通过对系统行为描述的仿真发现系统设计中的问题。该阶段只考虑系统结构和工作过程是否能达到设计要求,不考虑实现的操作和算法。行为级描述是对系统的数学模型的描述,其设计与器件工艺无关。

将行为级描述的程序用 RTL 方式描述,导出逻辑表达式,再对该方式描述的程序进行仿真。若仿真通过,则可进行逻辑综合。

逻辑综合是利用逻辑综合工具,将 RTL 方式描述的程序转换成用基本逻辑元件表示的文件(门级网表),也可将综合结果以逻辑原理图的方式输出。然后进行门级仿真和定时检查。若正常,则可通过自动布局布线将门级网表转换成 ASIC 芯片制造工艺或者利用 PLD 完成硬件电路设计。

利用硬件描述语言,采用自顶向下的设计方法,编程设计、仿真方便,具有设计周期短,费用低,电路设计体积和功耗小,保存、修改方便,可继承性好等优点。

6.2 硬件描述语言概述

用硬件描述语言(HDL)进行电路与系统的设计是当前 EDA 技术的一个重要特征。使用硬件描述语言进行 FPGA 设计已经成为主流。硬件描述语言突出的优点是:语言公开可利用;设计与工艺无关;宽范围的描述能力;便于组织大规模系统的设计;便于设计的复用和继承等。与原理图输入设计方法相比较,硬件描述语言更适合大规模的电子系统设计。设计者可以在更抽象的层次上描述系统的结构和内部特征,硬件描述语言是进行逻辑综合优化的重要工具。常用的硬件描述语言有 AHDL、VHDL 和 Verilog HDL,而 VHDL 和 Verilog HDL 是当前广为流行并已成为 IEEE 标准的硬件描述语言。

6.2.1 VHDL

超高速集成电路硬件描述语言(very high speed integrated circuit hardware description language,VHDL)在美国国防部的支持下于 1985 年正式推出,是目前标准化程度最高的硬件描述语言。VHDL 经过 20 多年的发展、应用和完善,以其强大的系统描述能力、规范的程序设计结构、灵活的语言表达风格和多层次的仿真测试手段,在电子设计领域受到了普遍的认同和广泛的接受,成为现代 EDA 领域的首选硬件描述语言。目前,流行的 EDA 工具软件全部支持 VHDL,它在 EDA 领域的学术交流、电子设计存档、专用集成电路(ASIC)设计等方面,担当着不可缺少的角色。

VHDL 主要用于描述数字系统的结构、行为、功能和接口。除了含有许多具有硬件特征的语句外,VHDL 在语言形式、描述风格与句法方面十分类似于一般的计算机高级语言。VHDL 的程序结构特点是将一项工程设计(或称设计实体)分成外部端口定义和内部算法描述。在对一个设计实体定义了外部端口后，一旦其内部开发完成，其他的设计就可以直接调用这个实体。这种将设计实体分成内外部分的概念是 VHDL 系统设计的基本点。

VHDL 具有强大的语言结构，只需采用简单明确的 VHDL 程序就可以描述十分复杂的硬件电路。VHDL 能够同时支持同步电路、异步电路和随机电路的设计实现，这是其他硬件描述语言所不能比拟的。VHDL 设计方法灵活多样：既支持自顶向下的设计方式，也支持自底向上的设计方法；既支持模块化设计方法，也支持层次化设计方法。VHDL 既可描述系统级电路，也可以描述门级电路；描述方式既可以采用行为级描述、RTL 描述或者结构描述，也可以采用三者的混合描述方式。同时，VHDL 也支持惯性延时和传输延时，这样可以准确地建立硬件电路的模型。

VHDL 的强大描述能力还体现在它具有丰富的数据类型。VHDL 既支持标准定义的数据类型，也支持用户定义的数据类型，这样便会给硬件描述带来较大的自由度。另外，VHDL 还具有很强的移植能力，可以从一个平台移植到另一个平台。VHDL 的设计描述与器件无关，采用 VHDL 描述硬件电路时，设计人员并不需要首先考虑选择进行设计的器件。VHDL 程序还易于共享和复用，设计人员可以将以前的设计模块存入库中，则可以在以后的设计中进行复用。由于 VHDL 是一种可用于描述、模拟、综合、优化和布线的标准硬件描述语言，因此它可以使设计成果在设计人员之间方便地进行交流和共享，从而减小硬件电路设计的工作量，缩短开发周期。

6.2.2 Verilog HDL

Verilog HDL 最初是作为 Gateway Design Automation 公司（后来被 Cadence Design Systems 公司收购）模拟器产品开发的硬件建模语言。最开始，Verilog HDL 只是一种专用语言，随着 Gateway Design Automation 公司模拟、仿真器产品的广泛使用，Verilog HDL 因其实用、便于使用的特点而被设计者广泛接受。

Verilog HDL 也是目前应用最为广泛的硬件描述语言之一，被 IEEE 采纳为 IEEE 1364—1995 标准（Verilog 1995），并于 2001 年升级为 Verilog 2001。Verilog HDL 可以用来进行各种层次的逻辑设计，也可以进行数字系统的逻辑综合、仿真验证和时序分析。Verilog HDL 不仅定义了语法，而且对每个语法结构都定义了清晰的模拟、仿真语义。Verilog HDL 从 C 语言中继承了多种操作符和结构。Verilog HDL 提供了扩展的建模能力和扩展模块。其核心子集非常易于学习和使用。Verilog HDL 主要有如下特点：

Verilog HDL 语言中包含了基本逻辑门和开关级基本结构模型，可采用行为级描述方式、数据流方式、结构化方式等多种方式进行设计建模。Verilog HDL 中有线网类型和寄存器类型两种数据类型。线网类型表示元件间的物理连接，而寄存器类型则表示数据的寄存器存储。Verilog HDL 能利用实例化模块描述层次设计，设计的规模可以是任意的，且设计能够在开关级、门级、RTL 到算法级等多个层次上加以描述。

6.2.3 Verilog HDL 与 VHDL 的区别

VHDL 与 Verilog HDL 都能抽象地表示电路的行为和结构，具有电路仿真与验证机制，以保证设计的正确性，语言描述和实现工艺无关，便于文档管理，易于理解和设计

重用。它们的主要区别在于:

1. 设计描述能力

两种语言基本相当。VHDL 的高层建模和抽象能力比 Verilog HDL 稍强,VHDL 适用于特大型的系统级设计。Verilog HDL 对门级以下的物理建模能力稍强,适用于算法级、RTL、门级。

2. 对大型设计的管理能力

VHDL 可用库和程序包、配置语句、生成语句、类属语句管理大型设计结构。Verilog HDL 没有管理大型设计结构的语句。

3. 运算能力

两种语言的主要运算符相同。Verilog HDL 有一元归约运算符,使用更简便。

4. 参数化能力

VHDL 用类属(Generic)语句传递参数,Verilog HDL 实例化时使用参数重载,覆盖缺省值。

5. 生成重复结构的能力

VHDL 有生成语句(Generate),生成由大量相同单元构成的模块。Verilog HDL 没有对应的语句。

6. 数据类型

VHDL 含有大量的内置数据类型和用户自定义类型,有利于系统的抽象建模。Verilog HDL 的数据类型都是语言内置的,有多种线网类型,有利于描述系统的物理结构。

7. 设计的可重用性

VHDL 具有库和程序包的概念,可以方便地重用已有的模块。Verilog HDL 没有库和程序包的概念,使用 include 来包含已有的一些设计文件。

8. 编码效率

VHDL 数据类型要求严格,必须精确定义和匹配。Verilog HDL 通过自动扩展和截短,可以较灵活地赋值,因而程序更简洁,效率比较高。

9. 易学易用性及可读性

VHDL 语法规范,规则复杂,代码要求严格,可读性较好。Verilog HDL 设计灵活,与 C 语言类似,入门较容易,可读性更好。实际上,可读性与设计人员的编码风格密切相关。

6.3 可编程逻辑器件概述

6.3.1 可编程逻辑器件简介

可编程逻辑器件(programmable logic device, PLD)可以完全由用户通过软件进行配置和编程，以完成某种特定的逻辑功能。它是20世纪70年代在ASIC设计的基础上发展起来的一种新型逻辑器件，是目前数字系统设计的主要硬件基础。目前生产和使用的PLD产品主要有可编程逻辑阵列（PLA）、可编程阵列逻辑（PAL）、通用阵列逻辑（GAL）、复杂可编程逻辑器件（CPLD）、现场可编程门阵列（FPGA）等几种类型。其中PLA、PAL、GAL已被淘汰，目前主要应用的是CPLD和FPGA。

6.3.2 CPLD简介

随着微电子技术的发展和应用上的需求，简单PLD（PAL、GAL等）在集成度和性能方面难以满足要求，集成度更高、功能更强的CPLD便迅速发展起来。

与简单PLD相比，CPLD的集成度更高，具有的输入、乘积项和宏单元更多。图6.2所示的是一般CPLD器件的结构框图。其中一个逻辑块相当于一个GAL器件，CPLD中有多个逻辑块，这些逻辑块之间可以使用可编程内部连线实现相互连接。为了增强对输入、输出引脚的控制能力，提高引脚的适应性，CPLD中还增加了I/O块。每个I/O块中有若干个I/O单元。

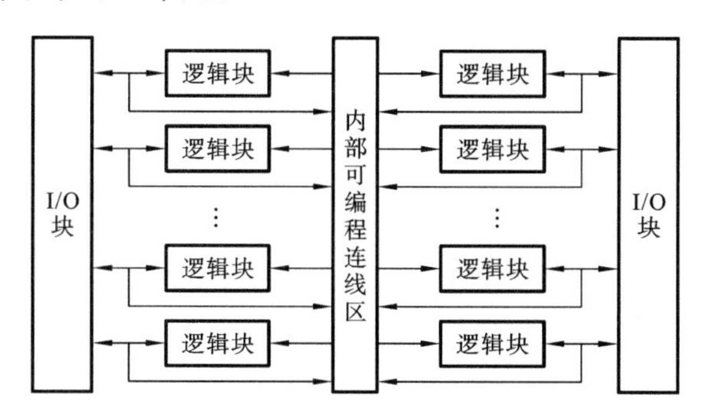

图6.2 CPLD的结构框图

1. 逻辑块

CPLD用**与或**阵列和触发器以实现任何组合或时序逻辑函数。逻辑块就是CPLD实现逻辑功能的核心模块。逻辑块的构成如图6.3所示。它主要由可编程乘积项阵列（即**与**阵列）、乘积项分配、宏单元三部分组成。

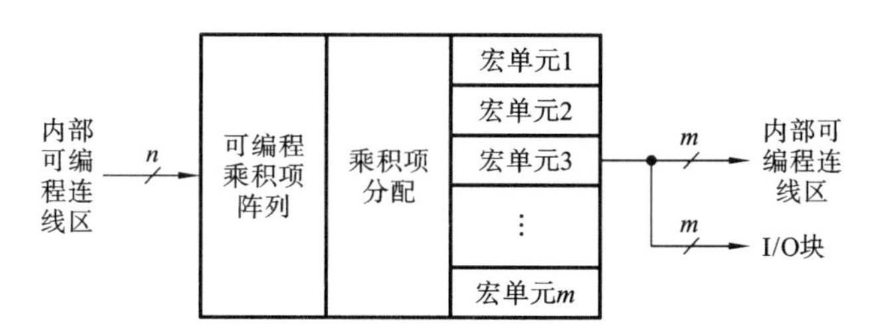

图6.3 逻辑块的构成

逻辑块中的可编程乘积项阵列与GAL中的相似，但规模更大。图6.3中，可编程乘积项阵列有n个输入，可以产生n个变量的乘积项。一般一个宏单元对应5个乘积项，则m个宏单元的逻辑块中共有$5\times m$个乘积项。

乘积项分配电路是由可编程数据选择器和数据分配器构成的。可编程乘积项阵列中的任何一个乘积项都可以通过可编程的乘积项分配电路，分配到任意一个宏单元中，从而增加了逻辑功能实现的灵活性。在 XC9500 系列 CPLD 中(内部有 90 个乘积项、18 个宏单元),理论上可以将 90 个乘积项组合到 1 个宏单元中,产生 90 个乘积项的**与或**式,但此时其余 17 个宏单元将不能使用乘积项了。在 Altera 公司生产的 CPLD 中,还有乘积项共享电路,使得同一个乘积项可以被多个宏单元同时使用。

宏单元中包含一个**或**门、一个触发器和一些可编程的数据选择器及控制门。**或**门用来实现**与或**阵列的**或**运算。通过对宏单元编程可实现组合逻辑输出、寄存器输出、清零、置位等工作方式。宏单元的输出不仅送至 I/O 块,还送到内部可编程连线区,以被其他逻辑块使用。

2. 内部可编程连线区

内部可编程连线纵横交错地分布在 CPLD 中,其作用是实现逻辑块与逻辑块之间、逻辑块与 I/O 块之间,以及全局信号到逻辑块和 I/O 块之间的连接。连线区的可编程连接也是基于 E^2CMOS 单元编程实现的。

制造商不同,对内部可编程连线区的称呼也不同,Xilinx 公司的内部可编程连线区称为开关矩阵(switch matrix),Altera 公司的称为 PIA(programmable interconnect array),Lattice 公司的称为 GRP(global routing pool)。虽然它们之间存在一定的差别,但所承担的任务相同。这些连线的编程工作由开发软件的布线程序自动完成。

3. I/O 单元

I/O 单元是 CPLD 外部封装引脚和内部逻辑间的接口。每个 I/O 单元对应一个封装引脚,通过对 I/O 单元中的可编程单元的编程,可将引脚定义为输入、输出和双向功能。

与后面将要介绍的 FPGA 相比,尽管 CPLD 在电路规模和灵活性方面不如FPGA,但它的可加密性和传输延时预知性,使得 CPLD 仍广泛应用于数字系统设计中。目前,各大生产厂商仍不断开发出集成度更高、速度更快、功耗更低的 CPLD 新产品,核心工作电源可以低至 1.8 V。而实际上,Altera 公司的 MAX Ⅱ系列 CPLD 中的逻辑块已不再基于**与或**阵列架构,而是基于与 FPGA 类似的查找表(LUT)架构。

6.3.3 FPGA 简介

FPGA 是另一种可以实现更大规模逻辑电路的可编程器件。它不像 CPLD 那样采用可编程的**与或**阵列来实现逻辑函数,而是采用查找表工作原理来实现逻辑函数。这种逻辑函数实现原理避开了**与或**阵列结构规模上的限制,使 FPGA 中可以包含数量众多的查找表和触发器,从而能够实现更大规模、更复杂的逻辑电路。FPGA 的编程机理也不同于 CPLD 的,它不是基于 E^2PROM 或快闪存储器编程技术,而是采用 SRAM 实现电路编程。

随着生产工艺的进步,FPGA 的功能愈来愈强大,性价比愈来愈高,目前已成为数字系统设计的首选器件之一。

1. FPGA 编程实现逻辑功能的基本原理

查找表是 FPGA 实现逻辑函数的基本逻辑单元,它由若干存储单元和数据选择器构成。2 输入查找表的结构如图 6.4 所示,其中 $M_0 \sim M_3$ 为 4 个 SRAM 存储单元,它们存储的数据作为数据选择器的输入数据；查找表的 2 个输入信号 S_1、S_0 作为数据选择器的选择信号。该查找表可以实现任意 2 个变量的组合逻辑函数。由此可见，只要改变 SRAM 单元中的数据，就可以实现不同的逻辑函数。这就是 FPGA 可编程特性的具体体现，其逻辑功能的编程就好像向 RAM 中写数据一样容易。

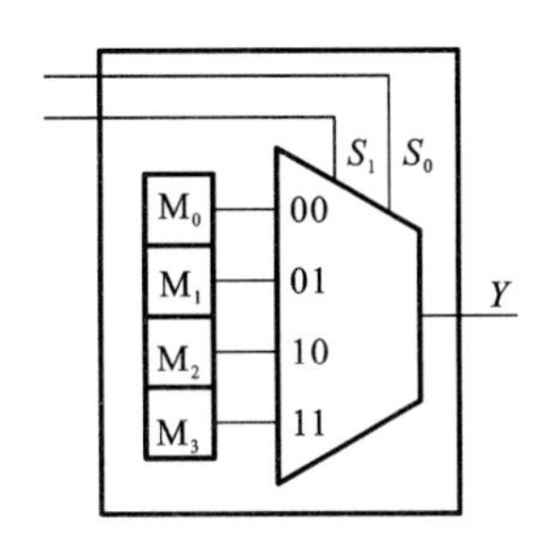

图 6.4　2 输入查找表结构图

在 FPGA 中，实现组合逻辑功能的基本电路是查找表，而触发器仍然是实现时序逻辑功能的基本电路。在查找表的基础上再增加触发器，便可构成既可实现组合逻辑又可实现时序逻辑的基本单元电路。FPGA 就是由很多类似这样的基本逻辑单元来实现各种复杂逻辑功能的。

当用户通过原理图或 HDL 描述了一个逻辑电路后，FPGA 开发软件会自动计算逻辑电路的所有可能的结果（真值表），并把结果写入 SRAM，这一结果就是所谓的编程。此后，SRAM 中的内容始终保持不变，查找表就具有了确定的逻辑功能。由于 SRAM 具有数据易失性，即一旦断电，其原有的逻辑功能将消失，因此，FPGA 一般需要一个外部的 PROM（或其他非易失性存储器）保存编程数据。上电后，FPGA 首先从 PROM 中读入编程数据进行初始化，然后才开始正常工作。由于 SRAM 中的数据理论上可以进行无限次写入，因此，基于 SRAM 技术的 FPGA 可以进行无限次的编程。

2. FPGA 的结构简介

FPGA 的一般结构如图 6.5 所示。它至少包含三种最基本的资源：可编程逻辑块、可编程连线资源和可编程 I/O 块。

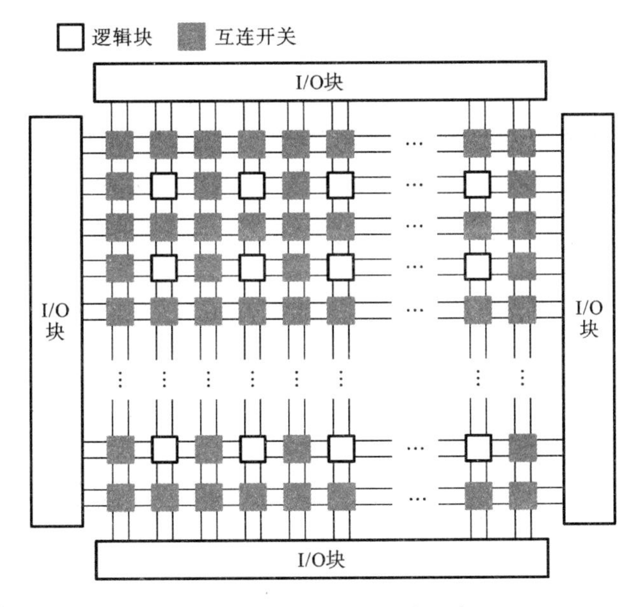

图 6.5　FPGA 的一般结构示意图

FPGA 中的逻辑块排列成二维阵列。规模不同，FPGA 所含逻辑块的数量也不同。连线资源在逻辑块行和列之间纵横分布，它包括纵向和横向连线及可编程开关（互连开关）。逻辑块用来实现所需要的逻辑功能；连线资源用来实现逻辑块与逻辑块之间、逻辑块与 I/O 块之间的连接;I/O 块是芯片的外部引脚数据与内部引脚数据进行交换的接口电路,通过编程可以将 I/O 引脚设置成输入、输出和双向等不同的功能。

1) 可编程逻辑块

可编程逻辑块是 FPGA 实现各种逻辑功能的基本单元。为了能实现时序逻辑功能,逻辑块中除了包含查找表外,还附加了触发器和一些可编程数据选择器和必要的逻辑门。这些附加电路的作用非常类似于 GAL 或 CPLD 中的宏单元。

2) I/O 块

I/O 块是 FPGA 外部封装引脚和内部逻辑间的接口。每个 I/O 单元对应一个封装引脚,通过对 I/O 单元编程,可将引脚分别定义为输入、输出和双向等功能。

I/O 单元中有输入和输出两条信号通路。当 I/O 引脚用作输出时,内部逻辑信号进入 I/O 单元,由可编程数据选择器确定是直接送输出缓冲器还是经过触发器寄存后再送输出缓冲器。当 I/O 引脚用作输入时,引脚上的输入信号经过输入缓冲器,可以直接进入内部逻辑电路,也可以经过触发器寄存后输入内部逻辑电路。没有用到的引脚被预置为高阻态。

3) 可编程连线资源

可编程连线资源是 FPGA 不可或缺的组成部分,它包括纵向和横向连线以及可编程开关。图 6.5 中灰色方块表示的可编程开关有三种位置:处在和逻辑块相邻位置上的灰色开关用来连接逻辑块和相邻逻辑块之间、逻辑块和连线之间的连接;而处在逻辑块间对角线位置上的开关则用于实现内部各连线之间的连接;与 I/O 块相邻的开关可以实现 I/O 块和逻辑块、I/O 块和内部连线之间的连接。

在实际的 FPGA 芯片中,除了称为通用连线资源的连线资源外,通常还有一些特殊用途的连线资源,如时钟信号线和全局控制信号线等。

信号的传输延时是限制器件工作速度的根本原因。在 FPGA 的设计过程中,由软件进行优化,确定电路布局的位置和线路选择,以减小传输延时,提高工作速度。

目前在很多高性能的 FPGA 产品中,已集成了乘法器、数字信号处理器,甚至 CPU 等非常复杂的模块,使 FPGA 在数字系统中几乎无所不能。

6.3.4 可编程逻辑器件的一般设计流程

可编程逻辑器件的设计过程是利用 EDA 开发软件和编程工具对器件进行开发的过程。其一般设计流程如图 6.6 所示,包括设计准备、设计输入、功能仿真、设计处理、时序仿真和器件编程及测试等。

1. 设计准备

有效的设计方案是可编程逻辑器件设计成功的关键,因此在设计输入之前,要进行方案论证、系统设计和器件选择等准备工作。设计人员需根据任务要求,如功能和复杂度,对资源、成本的要求等,选择合适的设计方案和合适的器件。系统方案的选择通常采用自顶向下的设计方法。首先在顶层进行功能框图的划分和结构设计,然后再逐级设计底层的结构。

2. 设计输入

设计输入是指将所设计的系统或电路以开发软件要求的某种形式表示出来,并送

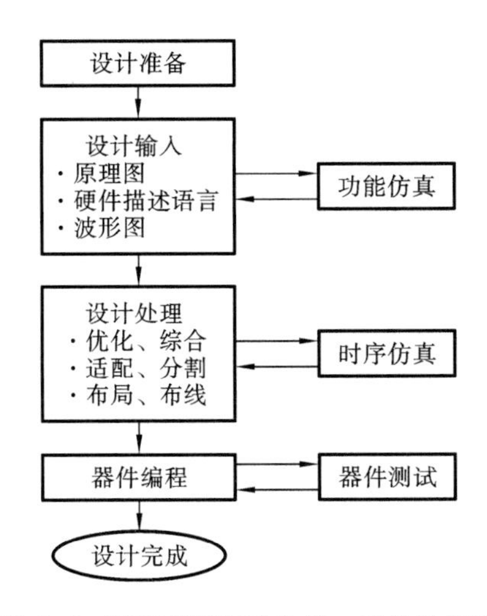

图 6.6 可编程逻辑器件的一般设计流程

入计算机的过程。设计输入主要有原理图输入、硬件描述语言输入和波形图输入等多种方式。

原理图输入比较直接，是直接根据设计要求，从开发软件系统库提供的元件中调出电路模块，绘制需要的原理图。这种方法直观、易于仿真及电路调整，但效率低，产品修改不方便。

硬件描述语言输入是用文本方式描述设计的，可采用门级描述、行为级描述等多种方式。其设计灵活，语言与工艺无关，便于大规模系统的设计，具有很强的逻辑描述和仿真功能，输入效率高，在不同设计输入库之间转换方便。

波形图输入方式主要用来建立和编辑波形设计文件，以及输入仿真向量和功能测试向量，验证程序设计功能的正确性。波形图输入适用于时序逻辑和有重复性的逻辑函数。

3. 设计处理

设计处理是器件设计中的核心环节。在设计处理过程中，编译软件将对设计输入文件自动进行逻辑化简、综合优化和适配，最后产生编程用的编程文件。

设计输入完成后，首先进行语法检查和设计规则检查，检查原理图中电路连接或命名等是否有错，或者检查硬件描述语言中是否有不符合规范的代码等。然后是逻辑优化和综合，优化是为了简化设计，使设计所占用的资源最少。综合的目的是将多个模块化设计合并为一个网表文件，并使层次设计平面化。接着是适配和分割，确立优化以后的逻辑能否与器件中的宏单元和I/O单元适配。然后将设计分割为多个便于识别的逻辑小块映射到器件相应的宏单元中。分割的目的是使器件数目最少、器件之间通信的引出端数目最少。最后是布局和布线，布局和布线工作是在上面的设计工作完成后由软件自动完成的，它以最优的方式对逻辑元件布局，并准确地实现元件间的互连。

4. 设计校验

设计校验过程包括功能仿真和时序仿真，这两项工作是在设计输入和设计处理过程中同时进行的。功能仿真是在设计输入完成以后的逻辑功能验证，又称前仿真，它没有延时信息，对于初步功能检测非常方便。时序仿真在选择好器件并完成布局和布线之后进行的,又称后仿真或定时仿真,它可以用来分析系统中各部分的时序关系以及仿真设计性能。实际上时序仿真是与实际器件工作情况基本相同的仿真,因为不同器件内部延时不一样,分析各部分的时序关系、检查和消除竞争冒险等是非常必要的。

5. 器件测试

器件测试需要编程。编程是指将编程数据放到具体的 PLD 中去。对 EPLD/CPLD 来说,产生熔丝图文件,即 JED 文件。对于 FPGA 来说,产生位流数据文件,然后将位流数据文件配置到可编程器件中去。

器件编程需要满足一定的条件,如编程电压、编程时序和编程算法等。普通的 PLD 和一次性编程的 FPGA 需要专用的编程器完成器件的编程工作;基于 SRAM 的 FPGA 可以由 EPROM 或微处理器进行配置;在系统 PLD 器件则不需要专门的编程器,只要一根下载编程电缆就可以了。

器件在编程完成后,可以用编译时产生的文件对器件进行校验、加密等工作。

6.4 SOPC 技术概述

20 世纪下半页以来,随着微电子技术迅猛发展,集成电路设计和工艺水平得到了很大提高,片上系统(SOC)应运而生。SOC 是将大规模的数字逻辑和嵌入式处理器整合在单个芯片上,集合模拟部件,形成模数混合、软硬件结合的完整的控制和处理片上系统。SOC 基于超大规模专用集成电路 ASIC,它是以不同模型的电路集成、不同工艺的集成作为支持基础的。要实现 SOC,需要重点研究器件的结构与设计技术、VLSI 设计技术、工艺兼容技术、信号处理技术、测试与封装技术等,这些需要规模较大的专业设计队伍、较长的开发周期和高昂的开发费用,还涉及大量集成电路后端设计和微电子技术的专门知识,使得设计者在转向 SOC 的过程中面临着巨大的困难。

2000 年美国 Altera 公司提出的可编程片上系统(system on programmable chip, SOPC) 技术提供了另一种有效的解决方案,即用大规模可编程器件的 FPGA 来实现 SOC 的功能。SOPC 与 SOC 的区别就是 FPGA 与 ASIC 的区别。

SOPC 技术把整个系统放到一块硅片上,它是一种特殊的嵌入式系统:首先它是片上系统(SOC),即由单个芯片完成整个系统的主要逻辑功能;其次,它是可编程系统,设计人员采用自顶向下的设计方法,对整个系统进行方案设计和功能划分,最后系统的核心电路在可编程器件上实现。它具有灵活的设计方式,可裁减、可扩充、可升级,并具备软硬件在系统可编程的功能。

6.4.1 SOPC 技术实现方式

SOPC 是基于 FPGA 解决方案的 SOC,与 ASIC 的 SOC 解决方案相比,SOPC 系统及其开发技术具有更多特色,构成 SOPC 的方案也有如下多种途径。

1. 基于 FPGA 嵌入 IP 硬核的 SOPC 系统

该方案是指在 FPGA 中预先植入处理器。最常用的嵌入式处理器大多是采用 ARM 的 32 位知识产权处理器核的器件。为了实现通用性,必须为常规的嵌入式处理器集成诸多通用和专用的接口,但会增加成本和功耗。如果将 ARM 或其他处理器核以硬核方式植入 FPGA 中，利用 FPGA 中的可编程逻辑资源，按照系统功能需求来添加接口功能模块，既能实现目标系统功能，又能降低系统的成本和功耗。这样就能使得 FPGA 灵活的硬件设计与处理器的强大软件功能有机地结合在一起，高效地实现 SOPC 系统。

2. 基于 FPGA 嵌入 IP 软核的 SOPC 系统

IP 硬核直接植入 FPGA 存在以下不足：IP 硬核多来自第三方公司，FPGA 厂商无法控制费用，从而导致 FPGA 器件价格相对偏高。IP 硬核预先植入，使用者无法根据实际需要改变处理器结构，也无法根据实际设计需要裁减处理器硬件资源以降低 FPGA成本，且只能在特定的 FPGA 中使用硬核嵌入式处理器。

IP 软核处理器能有效克服上述不足。目前最有代表性的软核处理器分别是 Altera公司的 Nios Ⅱ核，以及 Xilinx 公司的 MicroBlaze 核。特别是 Nios Ⅱ核，能很好地解决以上的问题。

Altera 的 Nios Ⅱ核是用户可随意配置和构建的具有 32 位/16 位总线指令集和数据通道的嵌入式处理器 IP 核，采用 Avalon 总线结构通信接口，带有增强的内存、调试和软件功能；含由 First Silicon Solution（FS2）开发的基于 JTAG 的片内设备（OCI）内核。

在把 Nios Ⅱ植入 FPGA 前，用户可以根据自己的设计，利用开发软件 Quartus Ⅱ和 SOPC Builder 对 Nios Ⅱ及其外围设备进行构建，使嵌入式系统在硬件、功能、资源占有等方面满足用户设计的要求。

在开发工具方面，Altera 不仅提供了强大的 HAL 系统库支持，还提供了嵌入式操作系统和 TCP/IP 协议栈的支持。使 Nios Ⅱ的使用具有很大优势。而且通过 Matlab 和 DSP Builder，用户可以为 Nios Ⅱ处理器设计各类硬件数字处理器，并以指令的形式加入 Nios Ⅱ的指令集。

在费用方面，由于 Nios Ⅱ是由 Altera 公司直接提供而非第三方厂商产品，故用户通常无须支付知识产权费用，Nios Ⅱ的使用费用仅仅是其占用的 FPGA 逻辑资源的费用。

3. 基于 HardCopy 技术的 SOPC 系统

HardCopy 就是利用原有的 FPGA 开发工具，将成功实现于 FPGA 器件上的 SOPC 系统通过特定的技术直接向 ASIC 转化，从而克服传统 ASIC 设计中普遍存在的问题。

与 HardCopy 技术相比，系统级大规模 ASIC（SOC）开发有不少难以克服的问题：开发周期长，产品上市慢，一次性成功率低，有最少投片量要求，设计软件工具繁多且昂贵，开发流程复杂等。

利用 HardCopy 技术设计 ASIC，开发软件费用少，SOC 级规模的设计周期不超过 20 周，转化的 ASIC 与用户设计习惯的掩膜层只有两层，且一次性投片的成功率近乎 100%，即所谓的 FPGA 向 ASIC 的无缝转化。而且用 ASIC 实现后的系统性能将比原来在 HardCopy FPGA 上验证模型的提高近 50%，而功耗则降低 40%。

HardCopy 技术是一种全新的 SOC 级 ASIC 设计解决方案，即将专用的硅片设计和 FPGA 至 HardCopy 自动迁移过程结合在一起的技术，首先利用 Quartus Ⅱ将系统模型成功实现于 HardCopy FPGA 上,然后帮助设计者把可编程解决方案无缝地迁移到低成本的 ASIC 上。这样,HardCopy 器件就把大容量 FPGA 的灵活性和 ASIC 的市场优势结合起来,实现于有较大批量要求并对成本敏感的电子产品上,从而避开了直接设计 ASIC 的困难。

6.4.2 SOPC 的特点

SOPC 结合了 SOC 和 PLD、FPGA 各自的优点,一般具备以下基本特征:

(1) 至少包含一个嵌入式处理器内核;

(2) 具有小容量片内高速 RAM 资源;

(3) 具有丰富的 IP 核资源可供选择;

(4) 有足够的片上可编程逻辑资源;

(5) 拥有处理器调试接口和 FPGA 编程接口;

(6) 可能包含部分可编程模拟电路;

(7) 单芯片、低功耗、微封装。

结合 SOPC 系统的特征,通用的 SOPC 结构如图 6.7 所示。

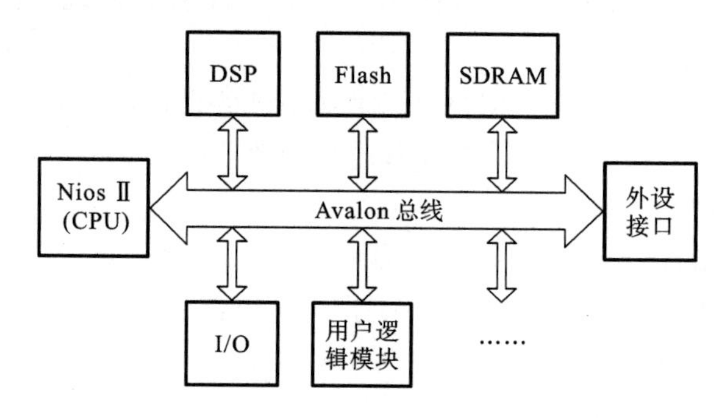

图 6.7 通用的 SOPC 结构图

6.4.3 SOPC 系统开发流程

SOPC 系统的开发流程一般分为硬件和软件设计两大部分,分别是基于 Quartus Ⅱ、SOPC Builder,以 Nios Ⅱ 处理器为核心的嵌入式系统的硬件配置、硬件设计和硬件仿真,基于 Nios Ⅱ IDE 环境的软件设计、软件调试等。SOPC 系统设计的基本软件工具包括:

(1) Quartus Ⅱ,用于完成 Nios Ⅱ 系统的分析综合、硬件优化、适配、配置文件编程下载及硬件系统测试等。

(2) SOPC Builder,它是 Nios Ⅱ 软核处理器的开发包,用于实现 Nios Ⅱ 系统配置、生成,以及与 Nios Ⅱ 系统相关的监控和软件调试平台的生成。

(3) ModelSim,用于对 SOPC Builder 生成的 Nios Ⅱ 的 HDL 进行系统功能仿真。

(4) Matlab/DSP Builder,用于生成 Nios Ⅱ 系统的硬件加速器,为 Nios Ⅱ 系统定制新的指令。

(5) Nios IDE,用于完成基于 Nios Ⅱ 系统的软件开发和调试,并可借助其自带的 Flash 编程器完成对 Flash 以及 EPCS 的编程操作。此外,Nios IDE 还包括一个指令集成模拟器、MicroC/OS-Ⅱ 实时操作系统、文件系统及小型 TCP/IP 协议栈。

硬件开发主要是创建 Nios Ⅱ系统，用 SOPC Builder 软件从 Nios Ⅱ处理器内核和 Nios Ⅱ开发套件提供的外设列表中选取合适的系统，其内部包含了一系列的模块，如处理器、存储器、总线、DSP 等 IP 核。使用 SOPC Builder，设计人员能够快速地调用和集成内建的 IP 核库，定义一个从硬件到软件的完整系统。使用 Quartus Ⅱ软件选取具体的 Altera FPGA 型号，为 Nios Ⅱ系统上的各 I/O 分配引脚，编译 Quartus Ⅱ工程，生成 FPGA 配置文件(.sof)。最后使用 Quartus Ⅱ编程器和 Altera 下载电缆，将配置文件下载到目标板上。

软件开发使用 Nios Ⅱ IDE。Nios Ⅱ IDE 提供了 GNU 开发工具、基于 GDB 的调试器、硬件抽象层 HAL 及嵌入式操作系统等。软件开发需要根据系统应用的需求，基于 Nios Ⅱ IDE，利用 C/C++语言和系统所带的 API 函数编写实现特定功能的程序。

7

VHDL语言基础

7.1 VHDL概述

硬件描述语言(HDL)是一种用形式化方法描述数字电路和设计数字逻辑系统的语言。数字逻辑电路设计者可以利用这种语言描述自己的设计思想,然后利用EDA工具进行仿真,自动综合到门级电路,再用ASIC或FPGA实现其功能。目前,这种被称为高层次设计(high lever design)的方法已被广泛应用。

硬件描述语言已有几十年的历史,并成功地应用于设计的各个阶段,如仿真、验证、综合等。在20世纪80年代后期,硬件描述语言向着标准化、集成化的方向发展,最终VHDL与Verilog HDL语言适应了这种趋势的要求,先后成为IEEE(the Institute of Electrical and Electronics Engineers)的标准。VHDL多用于教学,Verilog HDL则更多用于工业界,两者可以在一定程度上互相转换。

7.1.1 VHDL简介

VHDL的英文全名是very-high-speed integrated circuit hardware description language,诞生于1982年。1987年底,VHDL被IEEE和美国国防部确认为标准硬件描述语言。自IEEE公布了VHDL的标准版本(IEEE 1076)之后,各EDA公司相继推出了自己的VHDL设计环境,或宣布自己的设计工具可以和VHDL接口。此后,VHDL在电子设计领域得到了广泛的认同,并逐步取代了原有的非标准硬件描述语言。1993年,IEEE对VHDL进行了修订,从更高的抽象层次和系统描述能力上扩展VHDL的内容,公布了新版本的VHDL,即IEEE 1076—1993版本。现在,VHDL和Verilog HDL作为IEEE的工业标准硬件描述语言,又得到众多EDA公司的支持,在电子工程领域,已成为事实上的通用硬件描述语言。

VHDL主要用于描述数字系统的结构、行为、功能和接口。除了含有许多具有硬件特征的语句外,VHDL的语言形式和描述风格、句法十分类似于一般的计算机高级语言。

7.1.2 VHDL与Verilog HDL的比较

Verilog HDL最初只是一家普通的民营公司的产品,后被当今第一大EDA公司

Cadence 收购，并推出了现今广为流行的 Verilog HDL。Verilog HDL 是一种类似 C 语言风格的硬件描述语言，于 1995 年正式成为 IEEE 标准，在工业界使用很普遍。而 VHDL 是脱胎于 Ada 语言的硬件描述语言，在国内外教学上用得非常多。现在大部分仿真器都支持 Verilog HDL 和 VHDL 的混合仿真。同时使用两种语言也没有什么问题，它们也正在相互向对方的优势学习，相互靠拢。

VHDL 和 Verilog HDL 作为描述硬件电路设计的语言，不同之处在于 Verilog HDL 在行为级抽象建模的覆盖范围方面比 VHDL 稍差一些，而在门级描述方面比 VHDL 强一些。

7.2 VHDL 的基本结构

VHDL 语言通常包含实体(entity)、结构体(architecture)、库(library)、包(package)和配置(configuration)五部分。其中，实体用于描述所设计系统的外部接口信号；结构体用于描述系统内部的结构和行为，建立输入和输出之间的关系；库是专门存放预编译程序包的地方；包集合存放各个设计模块共享的数据类型、常数和子程序等；配置语句安装具体元件到实体和结构体对，可以看作设计的零件清单。

一个完整的 VHDL 设计必须包含一个实体和与之对应的结构体。一个实体可对应多个结构体，以说明采用不同方法来描述电路。VHDL 的基本结构如图 7.1 所示。

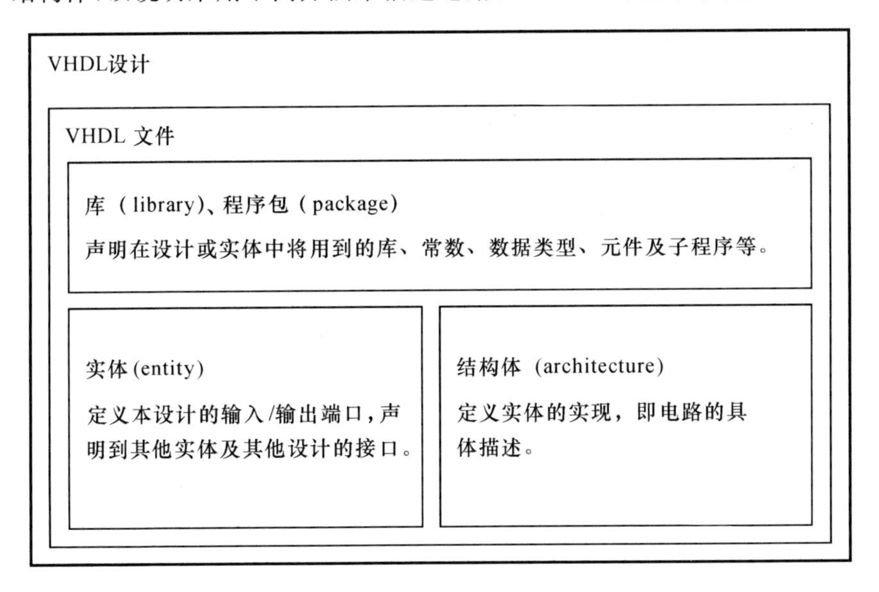

图 7.1　VHDL 基本结构示意图

7.2.1 实体

实体是设计中最基本的模块，VHDL 表达的所有设计均与实体有关。实体中定义了该设计所需的输入/输出信号，即端口模式；同时，实体中还定义了输入/输出信号的数据类型。如果设计分层次，设计的最顶层是顶层实体，在顶层实体中将包含较低级别的实体。

实体的格式如下：

```
entity<entity_name 实体名>is
  port
    (端口名:端口模式 数据类型名；  --列出设计的输入/输出信号端口
    端口名:方向 数据类型名)；
end<entity_name>；
```

1. 端口名

端口名是设计者为实体的每一个对外通道所取的名字，端口名在实体中必须是唯一的，通常为英文字母加数字。名字的定义有一定的惯例，如 CLK 表示时钟，D 开头的端口名表示数据，A 开头的端口名表示地址。

2. 端口模式

端口模式是指这些通道上的数据流动的方式，如输入或输出等。端口模式有如下几种类型，如图 7.2 所示。黑框代表一个设计或模块。

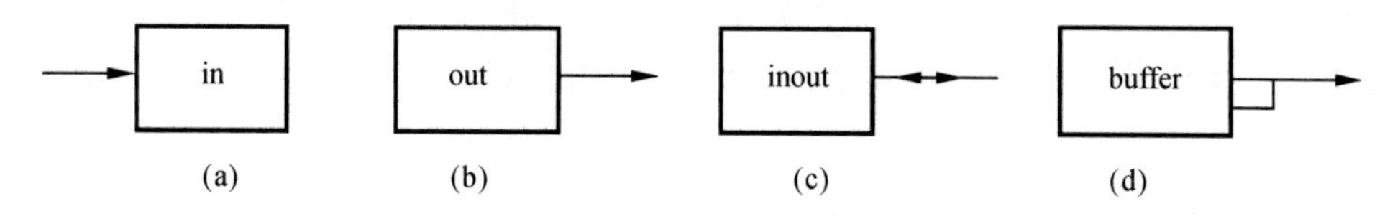

图 7.2 端口模式示意图

(1) in:信号进入实体但并不输出。

(2) out:信号离开实体但并不输入，并且不会在内部反馈使用。

(3) inout:信号是双向的(既可以进入实体，也可以离开实体)。

(4) buffer:buffer(缓冲)是 inout 的子集，但不是由外部驱动的；信号输出到实体外部，但同时也在实体内部反馈。

3. 数据类型名

数据类型名定义端口信号的数据类型，主要包括以下几种。

(1) integer:整型，可用作循环的指针或常数，通常不用于输入/输出信号。例如：

```
signal count :integer range 0 to 255
        count<=count+1
```

(2) bit:位逻辑，可取值'0'或'1'。

(3) bit _vector:bit 的组合，标准位逻辑矢量。

(4) std_logic:工业标准的逻辑类型，取值'0','1','X','Z'等，由 IEEE std_1164 标准定义。

(5) std_logic_vector:std_logic 的组合，工业标准的逻辑矢量。

VHDL 是与类型高度相关的语言，不允许将一种信号类型赋予另一种信号类型。本书主要采用 std_logic 和 std_logic_vector 两种类型。若对不同类型的信号进行赋值，则需使用类型转换函数。

例 7-1 六十进制计数器的实体部分如下：

```
entity m60 is  --实体
port
```

```
    (clk:in std_logic;
    clear:in std_logic;
    qh:buffer std_logic_vector(3 downto 0);
    ql:buffer std_logic_vector(3 downto 0)   --此处无“;”号
    );
end m60;
```

[说明]

实体中定义的信号有 CLK、CLEAR、QH 和 QL,定义的端口模式有 in 和 buffer,定义的数据类型有 std_logic 和 std_logic_vector。

由此看出,实体类似于原理图中的符号(symbol),它并不描述模块的具体功能。实体的通信点是端口(port),它与模块的输入/输出或器件的引脚相关联。

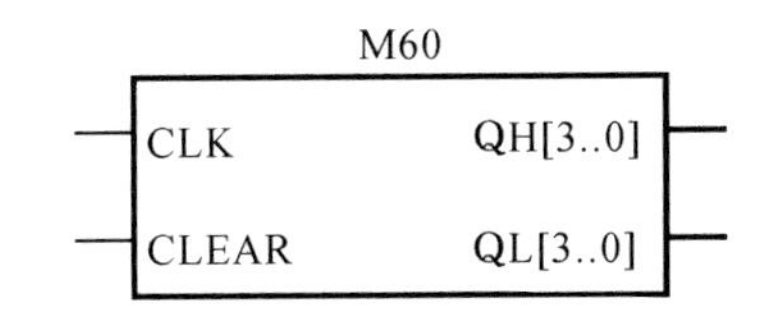

图 7.3 六十进制计数器模块图

上述六十进制计数器实体对应的模块图如图 7.3 所示。

7.2.2 结构体

结构体也称构造体,结构体描述了基本设计单元(实体)的结构、行为、元件及内部连接关系,也就是说,它定义了设计实体的功能,规定了设计实体的数据流程,确定了设计实体内部元件的连接关系。结构体对其基本设计单元的输入和输出关系可用以下三种方式进行描述,即行为级描述(基本设计单元的数学模型描述)、RTL 描述(数据流描述)和结构描述(逻辑元件连接描述)。结构体是对实体功能的具体描述,因此它一定要跟在实体的后面。

一个实体可以有多种结构体,一种结构体可能为行为级描述,而另一种结构体可能为设计的结构描述或数据通道的描述。结构体是 VHDL 设计中最主要的部分。结构体一般由两部分组成:

(1) 对数据类型、常数、信号、子程序和元件等因素进行说明的部分;

(2) 描述实体的逻辑行为、以各种不同的描述风格表达的功能描述语句,包括各种顺序语句和并行语句。结构体示意图如图 7.4 所示。

结构体的语法格式为

```
architecture 结构体名 of 实体名 is
    [定义声明语句]
begin
    [功能描述语句]
end 结构体名;
```

1. 结构体名

结构体名由设计者自行定义,of 后面的实体名指明了该结构体所对应的实体。有些设计实体有多个结构体,这些结构体的结构体名不可相同,通常用 dataflow(数据流)、behavior(行为)、structural(结构)命名。这三个名称体现了三种不同结构体的描

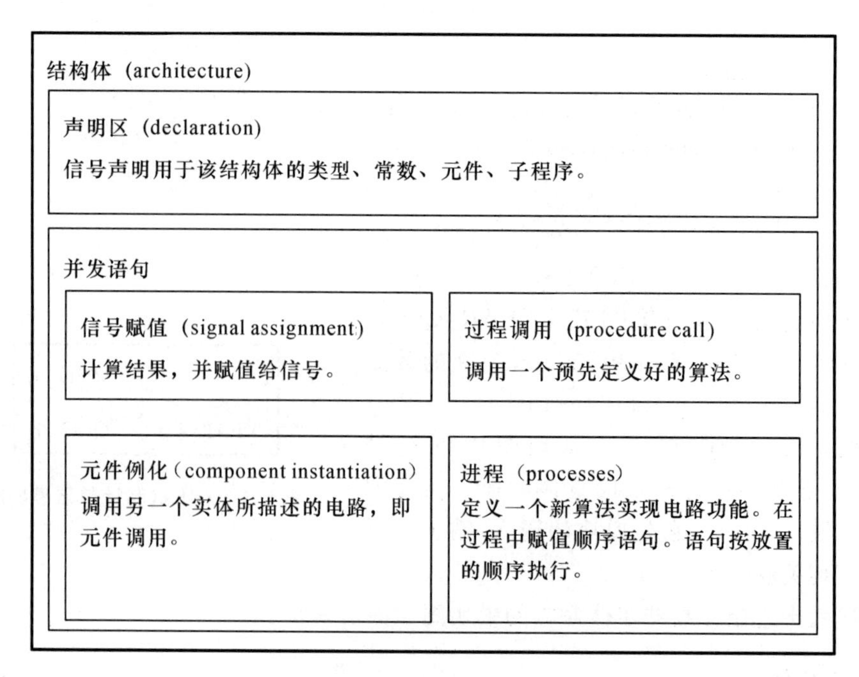

图 7.4 结构体示意图

述方式,阅读 VHDL 程序者能直接了解设计者采用的描述方式。is 用来结束结构体的命名。结构体名的命名规则与实体名的命名规则相同。

2. 定义声明语句

定义声明语句必须放在关键词 architecture 和 begin 之间,用于对结构体内部将要使用的信号、常数、数据类型、元件、函数和过程加以说明。需要注意的是,实体说明中定义的信号是外部信号,而结构体定义的信号为该结构体的内部信号,它只能用于这个结构体,只能通过赋值语句将内部信号赋值到外部端口信号。结构体中的信号定义和端口信号的定义一样,应有信号名称和数据类型定义。由于结构体中的信号是内部连接用的信号,因此不需要方向说明。

```
architecture behave of count8 is            --behave:结构体名,count8 实体名
signal t:std_logic_vector(7 downto 0);  --结构体信号定义语句,没有方向
begin
    process(clk)
        begin
        ⋮                                   --功能描述语句
        end process;
    end behave;
```

3. 功能描述语句

功能描述语句位于 begin 和 end 之间,用于具体地描述结构体的行为及其连接关系。结构体的功能描述语句可以含有多种不同类型的并行语句,每一语句结构内部可以使用并行语句,也可以使用顺序语句。顺序语句和并行语句详见 7.4 节和 7.5 节。

4. 结构体与实体对

一个实体说明可以对应多个不同的结构体。也就是说，对于对外端口相同而内部行为或结构不同的模块，其对应的设计实体可以具有相同的实体说明和不同的结构体。所以，一个给定的实体说明可以被多个设计实体共享，而这些设计实体的结构体不同。从这个意义上说，一个实体说明代表了一组端口相同的设计实体。

例 7-2 例 7-1 中六十进制减法计数器的结构体如下：

```
architecture behave of m60 is
begin
    process(clk,clear)
        begin
            if (clear='0') then
                qh<="0000";
                ql<="0000";
                elsif (clk 'event and clk='1') then
                    if (ql=0) then
                        ql<="1001";
                        if (qh=0) then
                            qh<="0101";
                        else
                            qh<=qh-1;
                        end if;
                    else
                        ql<=ql-1;
                    end if;
                end if;
                end process;
        end behave;
```

7.2.3 库

库是经编译后的数据的集合，它存放包定义、实体定义、构造定义和配置定义。在设计单元内的语句可以使用库中的结果，所以，使用库的好处就是设计者可以共享已经编译的设计结果。

1. 库的种类

在 VHDL 语言中存在的库大致可以归纳为五种：ieee 库、std 库、ASIC 库、用户定义库和 work 库。ieee 库中汇集着一些 IEEE 认可的标准包集合，如 std_logic_1164. all。std 库是 ieee 的标准集。ASIC 库存放着与逻辑门一一对应的实体。用户为自身设计需要所开发的共用包集和实体等可以汇集在一起，定义为用户定义库。work 库是现行工作库，设计者所描述的 VHDL 语句不加任何说明时，都将存放在 work 库中，例如，用户自定义的包在编译后都会自动加入 work 库。

2. 库的使用

除了 work 库,在使用其余四种库之前,一定要进行库说明和包说明,库和包的说明总是放在设计单元的前面。例如:

```
library ieee;
use ieee.std_logic_1164.all;
use ieee.std_logic_unsigned.all;
```

use 语句指明库中的程序包。一旦说明了库和程序包,整个设计实体都可以进入访问或调用,但其作用范围仅限于所说明的设计实体。use 语句的使用将使所说明的程序包对本设计实体全部开放。use 语句常用的格式有两种:"use 库名. 程序包名. 项目名"和"use 库名. 程序包名. all"。"use 库名. 程序包名. 项目名"语句格式的作用是向本设计实体开放指定库中的特定程序包内所选定的项目。"use 库名. 程序包名. all"语句格式的作用是向本设计实体开放指定库中特定程序包内的所有内容。

3. 库的作用范围

库说明语句的作用范围从一个实体说明开始到它所属的结构体、配置结束为止,当一个源程序中出现两个以上实体时,作为使用库的说明语句应在每个设计实体说明语句前重复书写。

7.2.4 包

在实体说明和结构体中说明的数据类型、常量和子程序等只对相应的结构体可用,而不能被其他设计实体使用。为了提供一组可被多个设计实体共享的类型、常量和子程序说明,VHDL 提供了包。包用来罗列要用到的信号定义、常数定义、数据类型、元件语句、函数定义和过程定义等。它是一个可编译的设计单元,也是库结构中的一个层次。程序包由程序包头和程序包体两部分组成。程序包头中列出所有项的名称,程序包体给出各项的具体细节。

程序包头格式为

```
package 包名 is
    [说明语句]
end 包名
```

包体格式为

```
package body 包名 is
    [说明语句]
end 包名;
```

例 7-3 定义 logic 包头:

```
package logic is
    type three_level_logic is ('0', '1', 'Z');                --数据类型项目
    constant unknown_value three_level_logic:='0';            --常数项目
    function invert (input: three_level_logic)                --函数项目
    return three_level_logic;
```

```
end logic;
```

定义 logic 包体：

```
package body logic is
    function invert (input: three_level_logic)        --函数项目描述
    begin
    case input is
        when '0'=>return '1';
        when '1'=>return '0';
        when 'Z'=>return 'Z';
    end case;
    end invert;
end logic
```

使用 logic 包：

```
use logic.all;  --使用数据类型和函数两个项目
entity inverter is
    port(x: in three_level_logic ;
        y: out three_level_logic
        );
end inverter;
architecture inverter_body of inverter is
begin
    kk: process
        begin
          y<=invert(x) after 10ns;
          wait on x;
        end process;
    end inverter_body;
```

此例的程序包由程序包头和程序包体两部分组成。程序包头定义了 three_level_logic 数据类型、unknown_value 常量和 invert 函数，程序包体中具体描述实现该函数功能的语句。这种分开描述的好处是，当函数的功能需要做某些调整或数据赋值需要变化时，只要改变程序包体的相关语句就可以了，而无须改变程序包头的说明，这样就可使需要重新编译的单元数目尽可能地少。

7.2.5 配置

在标准 VHDL 中，配置并不是必需的，因为系统总是将最后编译到工作库中的结构体作为实体的默认结构体。所以在仿真某个实体时，设计者可以利用配置语句选择不同行为和结构的结构体，以便进行性能对比，得到最佳性能的结构体。

最简单的配置方式为

```
configuration 配置名 of 实体名 is
    for 被选构造体名
```

```
    end for;
end 配置名;
```

例 7-4 用配置语句进行构造体设置。

```
configuration rscon of rs is //选择构造体 rsff1
    for rsff1
    end for;
end rscon;

entity rs is
port(set,reset:in bit;
    q,qb: buffer bit);
end rs;
architecture rsff1 of rs is
    component nand2
        port(a,b: in bit;
            c: out bit);
    end component;
begin
    U1:nand2 port map(a=>set, b=>qb, c=>q);
    U2:nand2 port map(a=>reset, b=>q, c=>qb);
end rsff1;

architecture rsff2 of rs is
begin
    q<=not(qb and set);
    qb<=not(q and reset);
end rsff2;
```

7.3 VHDL 的数据对象、数据类型和运算操作符

7.3.1 VHDL 数据对象

在 VHDL 中,数据对象(data object)类似于一种容器,它接受不同数据类型的赋值。数据对象有三类,即常量(constant)、变量(variable)和信号(signal)。前两种可以从传统的计算机高级语言中找到对应的数据类型,其语言行为与高级语言中的常量和变量十分相似。信号这一数据对象比较特殊,它具有更多的硬件特征,是 VHDL 中最具有特色的语言要素之一。从硬件电路系统来看,变量和信号相当于组合电路系统中门与门间的连线及其连线上的信号值;常量相当于电路中的恒定电平,如 GND 或 U_{CC}。

1. 常量

常量是一个在仿真/综合过程中固定不变的值,可通过标识符来引用,与 C 语言中的常量的意义完全相同。使用常量的主要目的是增加设计文件的可读性和可维护性。

例如，将位矢量的宽度定义为一个常量，只要修改这个常量就能很容易地改变宽度，从而改变硬件结构。在程序中，常量是一个恒定不变的值，一旦做了数据类型和赋值定义，在程序中常量的值不能再改变。常量是全局量，在结构体、程序包说明、实体说明、过程说明、函数调用说明和进程说明中使用。

常量的描述格式为

```
constant 常量名：数据类型：＝表达式；
```

例 7-5

```
constant Vcc: real:=5.0;
constant DALY: TIME:=100ns;
constant FBUS: bit_vector:="0101";
```

2. 变量

变量是一个局部量，只能在进程和子程序中定义和使用。其作用范围仅限于定义了变量的进程和子程序。变量不能将信息带出对它作出定义的当前设计单元。变量的赋值是一种理想化的数据传输，是立即发生、不存在任何延时的行为。

1）变量的定义格式

```
variable 变量名：数据类型［约束条件：＝表达式］［：＝初始值］
```

例 7-6

```
variable x, y: integer;
variable count: integer range 0 to 255:=10;
variable count: std_logic_vector (7 downto 0);
variable cou: std_logic_vector(15 downto 0):="0000000000001011";
```

2）变量的赋值格式

```
目标变量名：＝表达式；
```

变量赋值符号是"：＝"，变量数值的改变是通过变量赋值来实现的。赋值语句右方的表达式必须与目标变量具有相同的数据类型，这个表达式可以是一个运算表达式，也可以是一个数值。通过赋值操作，新的变量值的获得是立刻发生的。变量赋值语句左边的目标变量可以是单值变量，也可以是一个变量的集合，即数组型变量。

例 7-7

```
a:=b+c;
a:=(not b)and(not c);
a:='1';
a:="10101010";
```

3. 信号

信号是描述硬件系统的基本数据对象，它是全局量，在实体说明、结构体描述和程序包说明中使用。它类似于连接线，在元件之间起互连作用，代表电路内部各元件之间的连接线，可以赋值给外部信号。signal 用于声明内部信号，信号除了没有方向的概念以外几乎和端口信号概念一致。信号作为一种数值容器，不但可以容纳当前值，也可以保持历史值。这一属性与触发器的记忆功能有很好的对应关系。

1）信号的定义格式

```
signal 信号名：数据类型［：=初始值］；
```

例 7-8

```
signal sys_clk：bit：='0'；
signal ground：bit：='0' ；
signal aa：std_logic_vector(7 downto 0)；
signal bb：std_logic_vector(3 downto 0)：="1010"；
```

2）信号的赋值格式

```
目标信号名<=表达式；
```

赋值中的表达式可以是一个运算表达式，也可以是数据对象（变量、信号或常量）。符号"<="表示赋值操作，即将数据信息传入。数据信息的传入可以设置延时量，因此目标信号获得传入的数据并不是即时的。

例 7-9

```
q<=count；
irq<='0'；
aa<=dx1；
bb<=dx2；
s1<=s2 after 10ns
indata<=bb(7 downto 0)&aa(7 downto 0)；
```

信号的赋值可以出现在一个进程中，也可以直接出现在结构体的并行语句结构中，但它们运行的含义是不一样的。前者属顺序信号赋值，这时的信号赋值操作要视进程是否已被启动而定；后者属并行信号赋值，其赋值操作是各自独立并行地发生的。在进程中，可以允许同一信号有多个驱动源（赋值源），即在同一进程中存在多个同名的信号被赋值，其结果只有最后的赋值语句被启动，并进行赋值操作。

4．变量和信号的区别

信号和变量是 VHDL 语言中的数据对象，是存放数据的容器。两者的主要区别如下。

1）声明的形式和位置不同

信号声明为 signal ，常在结构体中声明；变量声明为 variable ，常在进程中声明。

2）赋值符号不同

信号赋值符号为"<= "；变量赋值符号为" := "。

3）赋值生效的时间不同

信号赋值是进程结束时生效；变量赋值是立即生效。

4）使用范围不同

信号是一个全局量，使用范围是实体、结构体和程序包；变量是一个局部量，常在进程语句、函数语句和过程结构中使用。

下面以一个**异或**程序为例，说明信号和变量的区别及其对系统设计的影响。

例 7-10

```
library ieee;
use ieee.std_logic_1164.all;
entity xor_sig is
port(a, b,c:in std_logic;
     x,y:out std_logic);
end xor_sig;
architecture behav of xor_sig is
signal d:std_logic; ❶
begin
     process(a,b,c)
     (*)
     begin
          d<=a;         ❷
          x<=c xor d;
          d<=b;         ❸
          y<=c xor d;
     end process;
end behav;
```

(1) 例 7-10 中，d 定义为信号，使用编译软件对程序进行编译和仿真，编译可以通过，没有语法错误，但出现两个警告："Found multiple assignments to the same signal-only the last assignment will take effect""Ignored unnecessary input signal pin 'a'"。警告内容是程序对信号 d 多次赋值，但只有最近的一次会生效，忽略输入信号 a 的赋值。仿真结果如图7.5所示，图中输入信号是 b 和 c，输出信号是 x 和 y。b 和 c **异或**的结果给 x 和 y，即 $x=y=\bar{b}c+\bar{c}b=b\oplus c$，程序中❷没有起作用，信号 d 的值是 b。

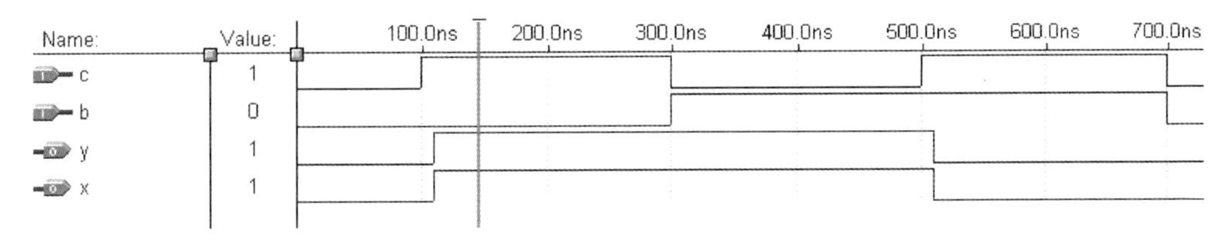

图 7.5 使用信号的仿真结果图

(2) 例 7-10 中，用黑体表示的部分表示程序里使用信号的地方，如果这部分用变量来代替，可替换为以下语句：

❶ 改为"variable d:std_logic;"，并且其位置在程序中的 * 处；

❷ 改为"d:=a;"；

❸ 改为"d:=b;"。

对修改过的例 7-10 程序使用软件编译和仿真，编译没有错误和警告，仿真结果如图 7.6 所示。

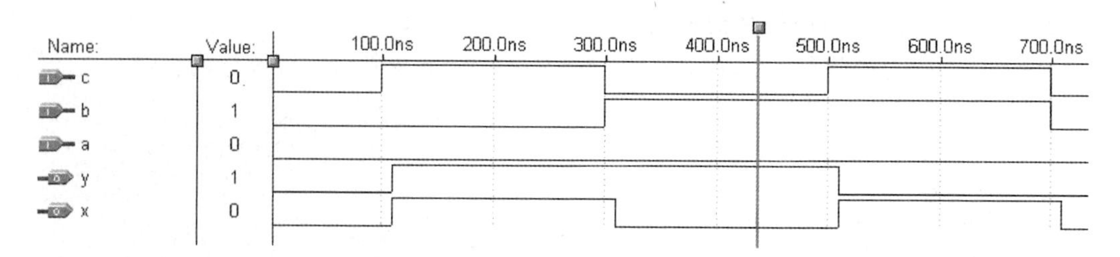

图 7.6 使用变量的仿真波形图

图 7.6 中输入信号是 c、b 和 a，输出信号是 x 和 y，$x=\bar{a}c+\bar{c}a=a\oplus c$，$y=\bar{b}c+\bar{c}b=b\oplus c$，即 a 和 c **异或**的结果给 x，b 和 c **异或**的结果给 y。

通过在程序中把信号修改为变量，可以直观地看出信号与变量声明位置和赋值符号的不同；对比两个程序 x 和 y 的运行结果，可以理解信号和变量的赋值生效时间不同。

7.3.2 VHDL 数据类型

在数据对象的定义中，数据对象的数据类型是必不可少的一项，这与 C 语言等高级语言类似，定义一个数据对象，就要说明该对象的数据类型。VHDL 是一种强数据类型语言，要求设计实体中的每一个常量、信号、变量、函数及设定的各种参数都必须具有确定的数据类型，并且只有具有相同数据类型的量才可以互相传递和作用。

VHDL 数据类型可以分为预定义的标准数据类型、IEEE 预定义的数据类型和用户自定义数据类型。下面分别介绍各种数据类型及其相互转换。

1. VHDL 预定义的标准数据类型

VHDL 的预定义数据类型都是在 VHDL 标准程序包 standard 中定义的，在实际使用中，已自动包含进 VHDL 的源文件中，因而不必通过 use 语句以显式方式调用。VHDL 的预定义数据类型有布尔(boolean)数据类型、位(bit)数据类型、位矢量(bit_vector)数据类型、字符(character)数据类型、整数(integer)数据类型、实数(real)数据类型、字符串(string)数据类型和时间(time)数据类型。

1) 布尔数据类型

布尔数据类型具有 false 和 true 两种状态，常用于逻辑函数，如通过相等(=)、比较(<)等作逻辑比较。

2) 位数据类型

bit 表示 1 位的信号值。放在单引号中，如 '0' 或'1'。

3) 位矢量数据类型

使用位矢量数据类型必须注明位宽，即数组中的元素个数和排列，位矢量数据是用双引号括起来的一组位数据。例如：

```
signal a : bit_vector(7 to 0)
```

信号 a 被定义为一个具有 8 位位宽的矢量，它的最高位是 a(7)，最低位是 a(0)。

4) 字符数据类型

使用字符数据类型时必须用单引号将字符括起来，例如：

```
variable character_var : character;
character_var := 'A';
```

5）整数数据类型

整数数据类型包括所有正的和负的整数。硬件实现时，利用 32 位的位矢量来表示。可实现的整数范围为－2 147 483 647～2 147 483 646。VHDL 综合器要求对具体的整数作出范围限定，否则无法综合成硬件电路，例如：

```
signal s : integer range 0 to 15;
```

信号 s 的取值范围是 0～15，可用 4 位二进制数表示，因此，s 将被综合成由 4 条信号线构成的信号。

6）实数数据类型

VHDL 的实数也类似于数学的实数，或称为浮点数。实数的取值范围为－1.0E38～＋1.0E38。通常情况下，实数数据类型仅能在 VHDL 仿真器中使用，VHDL 综合器则不支持实数数据类型，因为直接的实数数据类型的表达和实现相当复杂，在目前的电路规模上难以承受。

7）字符串数据类型

字符串数据类型是字符数据类型的一个非约束型数组，或称为字符串数组。字符串必须用双引号标明，如：

```
variable string_var : string(1 to 7);
string_var := "Rosebud";
```

8）时间数据类型

时间数据类型是 VHDL 中唯一预定义的物理量数据。完整的时间数据类型应包括整数和单位两个部分，如 10 ns、20 ns、33 min。VHDL 中规定的最小时间单位是飞秒(fs)，单位依次增大的顺序是飞秒(fs)、皮秒(ps)、纳秒(ns)、微秒(μs)和毫秒(ms)等，这些单位均为千进制关系。

2. IEEE 预定义的数据类型

在 ieee 库的程序包 std_logic_1164 中，定义了两个非常重要的数据类型，即标准逻辑位 std_logic 和标准逻辑矢量 std_logic_vector。

1）std_logic 类型

std_logic 由 ieee 库中的 std_logic_1164 程序包定义，为九值逻辑系统，各值的含义如下：

(1) 'U'表示未初始化的；
(2) 'X'表示强未知的；
(3) '0'表示强 0；
(4) '1'表示强 1；
(5) 'Z'表示高阻态；
(6) 'W'表示弱未知的；
(7) 'L'表示弱 0；

(8) 'H'表示弱 1；

(9) '—'表示忽略。

用 std_logic 类型代替位类型可以完成电子系统的精确模拟，并可实现常见的三态总线电路。在程序中使用此数据类型前，需加入如下语句：

```
library ieee;
use ieee. std_logic_1164. all;
```

2) std_logic_vector 类型

std_logic_vector 类型定义如下：

```
type std_logic_vector is array (natural range< >) of std_logic ;
```

显然，std_logic_vector 是定义在 std_logic_1164 程序包中的标准一维数组，数组中的每一个元素的数据类型都是以上定义的 std_logic。在使用中，向 std_logic_vector 的数据对象赋值的方式与普通的一维数组 array 的是一样的，必须严格考虑位矢量的宽度。相同位宽、相同数据类型的矢量之间才能进行赋值。

3. 用户自定义数据类型

用户自定义类型是 VHDL 的一大特色。VHDL 还允许用户自行定义新的数据类型，由用户定义的数据类型有多种，如枚举类型(enumeration type)、整数类型(integer type)、实数类型(real type)、数组类型(array type)、记录类型(record type)等。用户自定义数据类型是用类型定义语句 type 和子类型定义语句 subtype 实现的。

1) 枚举类型

枚举类型列举该类型的所有可能的值，格式为

```
type 数据类型名 is(元素,元素,…);
```

例 7-11

```
type std_logic is ('U','X','0','1','Z','W','L','H','—');
type week is (Sun,Mon,Tue,Wed,Thu,Fri,Sat);
type color is (red,green,yellow,blue);
    variable A:color;
    signal B:color;
    A:=red;
    B<=yellow;
type lever is ('0','1','z');
    signal V:lever;
    V<='1';
```

2) 整数类型

用户定义的整数类型是标准包中整数类型的子范围，格式为

```
type 数据类型名 is 数据类型定义 约束范围
```

例如：

```
type my_integer is integer range 0 to 9;
```

3）实数类型

用户定义的实数类型是标准包中实数类型的子范围，格式为

```
type 数据类型名 is 数据类型定义 约束范围
```

例如：

```
type current is real range  -1E4 to 1E4
    variable A:current;
    A:=1E3;
```

4）数组类型

数组是同类型元素的集合，与 C 语言的数组类似。VHDL 支持多维数组。数组常在总线、ROM 和 RAM 中使用，格式为

```
type 数据类型名 is array 范围 of 原数据类型名;
```

例 7-12

```
type word is array (1 to 8) of std_logic;
type word is array (integer 1 to 8) of std_logic;
```

5）记录类型

将不同的数据类型放在一起，就是记录类型，格式为

```
type 记录类型名 is record
    元素名:数据类型名;
    元素名:数据类型名;
    ⋮
end record[记录类型名];
```

例 7-13

```
type aa is record
    addr0: std_logic_vector(3 downto 0);
    addr1: std_logic_vector(7 downto 0);
    clk: std_logic;
    count:integer;
end record;
```

例 7-14

```
constant len:integer:=100;
type array logic is array(99 downto 0)of std_logic_vector(7 downto 0);
type table is record
    a: array logic;
    b: std_logic_vector(7 downto 0);
    c: integer range 0 to len ;
end record;
```

4. 数据类型的相互转换

VHDL是一种强类型语言,不同类型的数据对象必须经过类型转换才能相互操作。转换函数的作用就是将一种属于某种数据类型的数据对象转换成属于另一种数据类型的数据对象。利用类型转换函数来进行类型的转换需定义一个函数,使其参数类型被变换为被转换的类型,返回值为转换后的类型。这样就可以自由地进行类型转换。在实际应用中,类型转换函数是很常用的。VHDL的标准程序包中提供了一些常用的转换函数,如表7.1所示。注意:使用某一个转换函数时,一定要在程序中声明该函数所在的程序包。

表7.1 标准程序包中常用的转换函数

程 序 包	转 换 函 数	转 换 功 能
std_logic_1164	to_stdlogic_vector(A)	由 bit_vector 转换成 std_logic_vector
	to_bitvector(A)	由 std_logic_vector 转换成 bit_vector
	to_logic(A)	由 bit 转换成 std_logic
	to_bit(A)	由 std_logic 转换成 bit
std_logic_arith	conv_std_logic_vector(A,位长)	由 integer、unsigned 和 signed 转换成 std_logic_vector
	conv_integer(A)	由 unsigned 和 signed 转换成 integer
std_logic_unsigned	conv_integer(A)	std_logic_vector 转换成 integer

例 7-15 由 std_logic_vector 转换成 integer。

```
    library ieee;
use ieee.std_logic_1164.all;
use ieee.std_logic_unsigned.all;  --包的声明
entity count is
    port(cou_num: in std_logic_vector(3 downto 0);
        ⋮
    );
    end count;
architecture rtl of count is
    signal in_num: integer range 0 to 20;
        ⋮
    begin
        in_num<=conv_integer(cou_num);
    end rtl;
```

7.3.3 VHDL 运算操作符

与传统的程序设计语言一样,VHDL各种表达式中的基本元素也是由不同类型的运算符相连而成的。这里所说的基本元素称为操作数(operand),运算符称为操作符

(operator)。操作数和操作符相结合就成了描述 VHDL 算术或逻辑运算的表达式，其中操作数是各种运算的对象，而操作符规定运算的方式。VHDL 操作符可分为四种类型：算术运算符、关系运算符、逻辑运算符和连接运算符，分别叙述如下。

1. 算术运算符

算术运算符左右的数据类型必须相同。常用的算术运算符如表 7.2 所示。

表 7.2 算术运算符

运 算 符	含 义	运 算 符	含 义
+	加	-	减
*	乘	/	除
**	乘方	mod	求模
rem	求余	abs	求绝对值

例如：

```
t<=t+1;
```

2. 关系运算符

常用的关系运算符如表 7.3 所示。

表 7.3 关系运算符

运 算 符	含 义	运 算 符	含 义
=	等于	/=	不等于
<	小于	<=	小于或等于
>	大于	>=	大于或等于

关系操作常用于判断中，应该注意，“<=”操作符也用于表示信号的赋值操作，要从上下文进行区分。例如，“if a<=b then”中“<=”是关系运算；“t<=t+1;”中“<=”是赋值操作。

3. 逻辑运算符

常用的逻辑运算符如表 7.4 所示。

表 7.4 逻辑运算符

运 算 符	含 义	运 算 符	含 义
and	与	or	或
nand	与非	nor	或非
xor	异或	xnor	同或
not	非	—	—

例如：

```
x<=(a and b) or (not c and d);
```

4. 连接运算符

“&”是连接运算符，用于将两个对象或矢量连接成维数更大的矢量，例如：

```
O1<='0'&a(7 downto 1);          --右移
O2<=O1(6 downto 0)& '0';        --左移
O3<=a&b;                        --合并 a、b
```

7.4 VHDL 的顺序语句

顺序语句和并行语句是 VHDL 程序设计中两大基本描述语句系列。VHDL 中的顺序语句与传统的软件编程语言中的语句的执行方式十分相似。所谓顺序，主要是指语句的执行顺序，或者说，在行为仿真中语句的执行次序。但应注意的是，这里的顺序是从仿真软件的运行或顺应 VHDL 语法的编程逻辑思路而言的，其相应的硬件逻辑工作方式未必如此。顺序语句只能用在进程和子程序中。VHDL 有如下五种基本顺序语句：赋值语句、流程控制语句、等待语句、返回语句和空操作语句。

7.4.1 赋值语句

赋值语句有两种，即信号赋值语句和变量赋值语句；每一种赋值语句都由赋值目标对象、赋值符号和赋值源三个基本部分组成。赋值目标对象是所赋值的受体，它的基本元素只能是信号或变量。赋值符号只有两种：信号赋值符号是“<=”；变量赋值符号是“:=”。赋值源是赋值的主体，它可以是一个数值，也可以是一个逻辑或运算表达式。VHDL 规定，赋值目标与赋值源的数据类型必须严格一致。

信号赋值语句格式为

```
目的信号量<=信号量表达式;
```

例如：

```
a<=b;
```

变量赋值语句格式为

```
目的变量:=表达式;
```

例如：

```
c:=a+d;
```

注意变量赋值与信号赋值的区别，详见本书 7.3.1 节中变量和信号的区别。

7.4.2 流程控制语句

流程控制语句通过条件控制开关决定是否执行一条或几条语句，或重复执行一条或几条语句，或跳过一条或几条语句。流程控制语句共有五种：if 语句、case 语句、loop 语句、next 语句和 exit 语句。

1. if 语句

1) if 语句的门闩控制

格式为

```
if 条件 then
顺序语句
end if;
```

例如：

```
if (a='1') then
      c<=b;
end if;
```

2) if 语句的选择控制

(1) 格式一：

```
if 条件 then
     顺序语句
else
     顺序语句
end if;
```

(2) 格式二：

```
if 条件 then
     顺序语句
elsif 条件 then
     顺序语句
     ⋮
elsif 条件 then
     顺序语句
elsif 条件 then
     顺序语句
end if;
```

2. case 语句

case 语句根据满足的条件直接选择多项顺序语句中的一项执行，常用来描述总线、编码和译码的行为。case 语句的结构如下：

```
case 表达式 is
when 条件表达式=>顺序语句;
end case;
```

其中 when 的条件表达式可以有如下四种形式。

(1) when 值=>顺序语句，值为单个普通数值，如 10。

(2) when 值|值|值|…|值=>顺序语句，值为并列数值，如 2|6 表示取值为 2 或者 6。

(3) when 值 to 值=>顺序语句，值为数值选择范围，如(2 to 4)表示取值为 2、3 或 4。

(4) when others=>顺序语句。

使用 case 语句需注意以下几点。

(1) 条件句中的选择值必须在表达式的取值范围内。

(2) 除非所有条件句中的选择值能完整覆盖 case 语句中表达式的取值,否则最末一个条件句中的选择必须用"others"表示,它代表已给的所有条件句中未能列出的其他可能的取值。

例 7-16

```
library ieee;
use ieee.std_logic_1164.all;
entity decoder38 is
port(a,b,c,g1,g2a,g2b: in std_logic;
        y: out std_logic_vector(7 downto 0));
end decoder38;
architecture behave38 of decoder38 is
signal indata: std_logic_vector(2 downto 0);
begin
    indata<=c&b&a;
    process(indata,g1,g2a,g2b)
        begin
            if(g1='1' and g2a='0' and g2b='0') then
            case indata is
                when "000"=>y<="11111110";
                when "001"=>y<="11111101";
                when "010"=>y<="11111011";
                when "011"=>y<="11110111";
                when "100"=>y<="11101111";
                when "101"=>y<="11011111";
                when "110"=>y<="10111111";
                when "111"=>y<="01111111";
                when others=>y<="ZZZZZZZZ";
            end case;
        else
        y<="11111111";
    end if;
    end process;
end behave38;
```

3. loop 语句

loop 语句就是循环语句,它可以使所包含的一组顺序语句被循环执行,其执行次数可由设定的循环参数决定。loop 语句的格式有如下两种。

1) **格式一**

```
[标号]: for 循环变量 in 离散范围 loop
        顺序处理语句
```

```
end loop [标号];
```

例 7-17 8 位奇偶校验电路。

```
library ieee;
use ieee. std_logic_1164. all;
entity p_check is
port(a : in std_logic_vector(7 downto 0);
     y : out std_logic);
end p_check;
architecture behave of p_check is
begin
aa: process(a)
     variable tmp: std_logic;
     begin
          tmp:='0'
     for i in 0 to 7 loop
          tmp:=tmp xor a(i);
     end loop;
          y<=tmp;
     end process aa;
end behave;
```

2) 格式二

```
[标号]: while 条件 loop
          顺序处理语句
end loop [标号];
```

在该语句中,如果条件为真,进行循环;否则,结束循环。

例如:

```
sum:=0;
aa: while (I<20) loop
          sum:=I+sum;
          I:=I+1;
end loop aa;
```

4. next 语句

next 语句的主要作用是在 loop 语句执行中,对程序进行有条件的或无条件的转向控制。它的语句格式有如下三种。

1) 格式一

```
next;
```

2) 格式二

```
next loop 标号;
```

3）格式三

```
next loop 标号 when 条件表达式;
```

对于格式一，当 loop 内的顺序语句执行到 next 语句时，即刻无条件终止当前的循环，跳回到本次循环 loop 语句处，开始下一次循环。对于格式二，与格式一的功能基本相同，只是当有多重 loop 语句嵌套时，前者可以转跳到指定标号的 loop 语句处，重新开始执行循环操作。对于格式三，分句“when 条件表达式”是执行 next 语句的条件，如果条件表达式的值为真，则执行 next 语句，进入转跳操作；否则，继续向下执行。只有单层 loop 循环语句时，关键词 next 与 when 之间的“loop 标号”可以省去。

5. exit 语句

exit 语句用于结束 loop 循环状态，格式为

```
exit [标号] [when 条件]
```

例 7-18

```
process(a)
variable int_a :integer;
begin
    int_a:=a
    for I=0 in 0 to 100 loop
        if (int_a<=0) then
            exit;
        else
            int_a:=int_a-1;
            q<=q+I;
            end if
        end loop;
    y<=q;
end process;
```

7.4.3 等待语句

在进程中，当执行到等待语句时，运行程序将被挂起，直到满足此语句设置的结束挂起条件后，将重新开始执行进程或过程中的程序。对于不同的结束挂起条件的设置，语句有如下四种不同的语句格式。

1）格式一

这种语句格式中，未设置停止挂起条件的表达式，表示运行程序永远挂起，其格式为

```
wait;
```

2）格式二

这种语句格式称为敏感信号等待语句，形式为“wait on 敏感信号表”。在敏感信号表中列出的信号是等待语句的敏感信号，当处于等待状态时，敏感信号的任何变化将结

束挂起，再次启动进程。

格式为

```
wait on 信号[,信号]
```

例如：

```
process
begin
    y<=a and b;
    wait on a,b;
end process;
```

3）格式三

这种语句格式称为条件等待语句，形式为“wait until 条件表达式”。相对于格式二，条件等待语句格式中又多了一种重新启动进程的条件，即被此语句挂起的进程需满足条件，进程才能脱离挂起状态。

格式为

```
wait until 布尔表达式
```

当进程执行到该语句时，被挂起；若布尔表达式为真，进程将被启动。

例如：

```
wait until ((x * 10)<100)
```

4）格式四

这种等待语句称为超时等待语句，在此语句中定义了一个时间段，从执行到当前的 wait 语句开始，在此时间段内，进程处于挂起状态，当超过这一时间段后，进程自动恢复执行。

格式为

```
wait for 时间表达式
```

例如：

```
wait for 20 ns
```

注意：此语句不可被综合。

7.4.4 返回语句和空操作语句

1. 返回语句

返回语句只能用于子程序体中。执行返回语句将结束子程序的执行，无条件地转跳至子程序的结束处。返回语句有如下两种语句格式。

1）格式一

这种语句格式只能用于过程，它只是结束过程，并不返回任何值，其格式为

```
return;
```

2）格式二

这种语句格式只能用于函数，并且必须返回一个值，其格式为

```
return 表达式；
```

用于函数的语句中的表达式提供函数返回值。每一函数必须至少包含一个返回语句，并可以拥有多个返回语句，但是在函数调用时，只有其中一个返回语句可以将值带出。

2. 空操作语句

空操作语句 null 不完成任何操作，它唯一的功能就是使程序执行下一个语句。空操作语句常用于 case 语句中，利用空操作语句来表示所剩余的不用条件下的操作行为，以满足 case 语句对条件全部列举的要求。

例 7-19

```
case indata is
    when "000"=>y<="11111110";
    when "001"=>y<="11111101";
    when "010"=>y<="11111011";
    when "011"=>y<="11110111";
    when "100"=>y<="11101111";
    when others=>y<=null;
end case;
```

7.5 VHDL 的并行语句

相对于传统的软件描述语言，并行语句结构是最具有硬件描述语言特色的描述语言。在 VHDL 中，并行语句有多种语句格式，各种并行语句在结构体中的执行是同步进行的，或者说是并行运行的，其执行方式与书写的顺序无关。在执行中，并行语句之间可以有信息往来，也可以互为独立、互不相关、异步运行（如多时钟情况）。并行语句主要包括并行信号赋值语句、进程语句、元件例化语句、生成语句和并行过程调用语句。

7.5.1 并行信号赋值语句

并行信号赋值语句作为一种最普遍的信号赋值，描述了给信号赋值的过程，并指出不同信号间的逻辑关系。描述中赋值出现的顺序并不重要。并行信号赋值语句共有三种形式：简单信号赋值语句、条件信号赋值语句和选择信号赋值语句。

1. 简单信号赋值语句

简单信号赋值语句在进程中使用是顺序语句，但是在进程外即在结构体中使用就是并发语句，相当于一个进程。其格式为

```
目的信号量<=信号量表达式；
```

例如：

```
architecture behave of a_var is
begin
    c<=a+b;
end behave;
```

可以等效于：

```
architecture behave of a_var is
begin
    aa:process(a,b)
        begin
            c<=a+b;
    end process aa;
    end behave;
```

简单信号赋值语句的右边可以是算术表达式，也可以是逻辑表达式，还可以是关系表达式，故可仿真加法器、乘法器、除法器、比较器和各种逻辑电路。

2. 条件信号赋值语句

条件信号赋值语句也是并发语句，它可以将符合条件的表达式赋值给信号量。其格式为

```
目的信号量<=表达式 1 when 条件 1
    else 表达式 2 when 条件 2
    else 表达式 3 when 条件 3
    ⋮
    else 表达式 n;
```

例 7-20 四选一电路。

```
library ieee;
use ieee.std_logic_1164.all;
entity mux4_1 is
port(i0,i1,i2,i3,a,b:in std_logic;
    q: out std_logic);
end mux4_1;
architecture behave of mux4_1 is
signal sel: std_logic_vector(1 downto 0);
begin
    sel<=b & a;
    q<= i0 when sel="00" else
        i1 when sel="01" else
        i2 when sel="10" else
        i3 when sel="11" ;
end behave;
```

3. 选择信号赋值语句

选择信号赋值语句很像 case 语句，其格式为

```
with 表达式 select
目的信号量<=表达式 1 when 条件 1,
            表达式 2 when 条件 2,
                ⋮
            表达式 n when 条件 n;
```

例 7-21 3-8 译码器。

```
library ieee;
use ieee.std_logic_1164.all;
entity decode3_8 is
    port (
        d:in std_logic_vector(2 downto 0);
        y:out std_logic_vector(7 downto 0)
        );
end decode3_8;
architecture behav of decode3_8 is
    begin
        with d select
        y<="00000001" when "000",
            "00000010" when "001",
            "00000100" when "010",
            "00001000" when "011",
            "00010000" when "100",
            "00100000" when "101",
            "01000000" when "110",
            "10000000" when others;
end behav;
```

7.5.2 进程语句

在逻辑电路中,任一逻辑变量的变化都会使它的逻辑状态产生相应的变化。在VHDL中,利用敏感信号触发进程。进程的定义格式为

```
[进程名:]process(信号 1,信号 2,…)
[声明区];  --局部变量、数据类型
begin
    顺序语句;
end process[进程名]
```

1. 进程模式

进程语句有一般组合电路和一般时序电路两种进程模式。

1) 一般组合电路进程模式

进程标记:

```
process (信号名,信号名,信号名)
```

```
    variable 变量名 : std_logic;
    variable 变量名 : std_logic;
begin
    指定信号
    指定变量
    过程调用
    if 语句
    case 语句
    循环语句
end process _进程标记;
```

例 7-22

```
entity mux2_1 is
    port (d0,d1,sel: in bit;
        q : out bit);
    end mux2_1;
architecture behave of mux2_1 is
begin
cale:
     process(d0,d1,sel)
    variable tmp1,tmp2,tmp3: bit;      --在进程中定义的变量
        begin
            tmp1:=d0 and sel;          --输入端口向变量赋值
            tmp2:=d1 and (not sel);
            tmp3:=tmp1 or tmp2;
            q<=tmp3;
        end process cale;
end behave;
```

2）一般时序电路进程模式

进程标记:

```
process (信号名,信号名,信号名)
    variable 变量名 : std_logic;
    variable 变量名 : std_logic;
begin
    wait until 时钟信号='1';
        或 clk 'event and clk='1'
        指定信号
        指定变量
        过程调用
        if 语句
        case 语句
        循环语句
end process 进程标记;
```

例 7-23

```
library ieee;
use ieee.std_logic_1164.all;
use ieee.std_logic_unsigned.all;
entity fana is
    port
        (
            clk:in std_logic;
            a:in integer range 0 to 10204;
            q:out std_logic
        );
end fana;
architecture behav of fana is
begin
    process(clk)
        variable b,d:std_logic;
        variable c:integer range 0 to 10204;
        begin
            if clk'event and clk='1' then
                if b='0' then
                  c:=a;
                  b:='1';
                else
                if c=0 then
                  b:='0';
                  d:=not d;
                else
                    c:=c-1;
                end if;
            end if;
        end if;
    q<=d;
end process;
end behav;
```

2. 进程语句的特点

一个结构体中的多个进程语句可以同时并行执行,该语句有如下特点。

(1) 该语句可以和其他进程语句同时执行,并可以存取结构体和实体中所定义的信号。

(2) 进程内部的所有语句都按照顺序执行。

(3) 为启动进程,在进程中必须包含一个敏感信号表或 wait 语句。

(4) 各进程之间的通信是通过信号量来实现的。

(5) 进程对信号敏感,对变量不敏感。

7.5.3 元件例化语句

已设计好的实体称为元件，元件是 VHDL 中最基本的设计层次，可以被其他高层调用。元件声明是对 VHDL 模块（即底层设计，也是完整的 VHDL 设计）的说明，使之可在其他层被调用。元件声明可放在程序包中，也可在某个设计的结构体中声明。

元件例化是指元件的调用。元件例化语句由两部分组成，即将一个已经存在的设计实体定义为一个元件和描述此元件与当前设计实体的连接关系。

元件声明语法如下：

```
component〈元件实体名〉
    port(〈元件端口信息，同该元件实现时的实体的 port 部分〉);
end component;
```

元件例化的语法如下：

```
〈例化名〉:〈实体名，即元件名〉port map(〈端口列表〉);
```

例 7-24 在一个设计中调用一个模为 10 的计数器 cntm10 和一个七段译码器 decode47 构成计数显示电路，采用元件例化语句，VHDL 描述如下：

```
library ieee;
use ieee.std_logic_1164.all;
entity cntvh10 is
    port
        (rd,ci,clk:in std_logic;
            co : out std_logic;
            qout: out std_logic_vector(6 downto 0));
end cntvh10;
architecture arch of cntvh10 is
--元件声明
    component decode47 is
        port
            (adr:in std_logic_vector(3 downto 0);
            decodeout:out std_logic_vector(6 downto 0));
end component;
component cntm10 is
    port
        (ci: in std_logic;
        nreset: in std_logic;
        clk: instd_logic;
        co : out std_logic;
        qcnt: buffer std_logic_vector(3 downto 0));
end component;
signal qa: std_logic_vector(3 downto 0);
begin
```

```
--元件例化
u1: cntm10 port map(ci,rd,clk,co,qa);
u2: decode47 port map(decodeout=>qout, adr=>qa);
end arch;
```

元件例化时的端口列表可按位置关联方法,如u1,这种方法要求的实参(该设计中连接到端口的实际信号,如ci、rd等)所映射的形参(元件的对外接口信号)的位置同元件声明中的一样;元件例化时的端口列表也可按名称关联方法映射实参与形参,如u2。格式为(形参1=>实参1,形参2=>实参2,…)。这种方法与位置无关,其描述电路如图7.7所示。

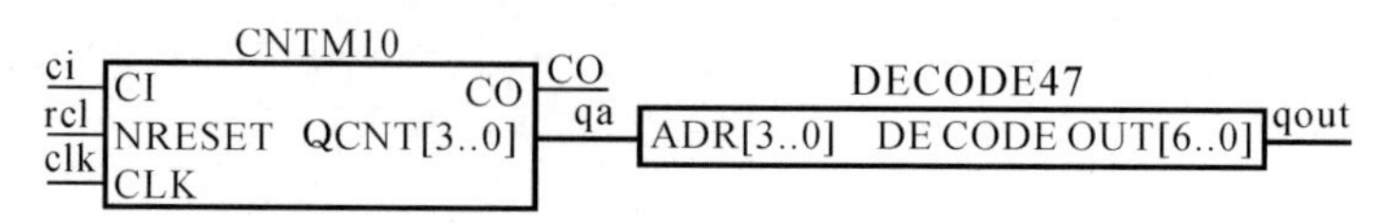

图7.7 计数器与七段译码器连接图

7.5.4 生成语句

在设计中,生成语句有复制作用,它可以生成与某个元件或设计单元电路完全相同的一组并行元件或设计单元电路结构。生成语句可以简化为有规则设计结构的逻辑描述,其语法格式如下:

```
标号:for 循环变量 in 取值范围 generate
说明语句;
    begin
        并行语句;
    end generate[标号];
```

生成语句的语法格式由生成方式、说明部分、并行语句和标号四部分组成的。

取值范围的语法格式有两种形式:

```
表达式 to 表达式 ;          --递增方式,如 1 to 10
表达式 downto 表达式;       --递减方式,如 10 downto 1
```

例7-25 用VHDL描述1位异步清零同步置1的D触发器。

```
library ieee;
use ieee.std_logic_1164.all;
use ieee.std_logic_unsigned.all;
entity trigger_d is
  port(clk,d,sreset,sset:in std_logic;
  q,qf:out std_logic);
end entity;
architecture art of trigger_d is
  begin
  process(clk,d,sreset)
    begin
```

```
      if sreset='1'
      then q<='0';qf<='1';                          --异步清零,高电平有效
        elsif clk'event and clk='1' then
              if sset='1'
              then q<='1';qf<='0';                  --同步置 1,高电平有效
              else q<=d;qf<=not(d);
              end if;
        end if;
    end process;
  end art;
```

例 7-26 利用例 7-25 描述的 D 触发器,使用生成语句描述 8 位数据锁存器。

```
library ieee;
use ieee.std_logic_1164.all;
use ieee.std_logic_unsigned.all;
entity trigger_d7 is
  port(clk,sreset,sset:in std_logic;
  d:in std_logic_vector(7 downto 0);
  q,qf:out std_logic_vector(7 downto 0));
end entity;
architecture art of trigger_d7 is
component trigger_d
  port(clk,sreset,sset,d:in std_logic;
       q,qf:out std_logic);
end component;
begin
trigger_d7: for i in 7 downto 0 generate
     begin
     u:trigger_d port map(clk,sreset,sset,d(i),q(i),qf(i));
  end generate;
end art;
```

7.5.5 并行过程调用语句

1. 子程序

子程序是一个 VHDL 程序模块,这个模块利用顺序语句来定义和完成算法,因此只能使用顺序语句。VHDL 子程序的概念和其他高级程序中子程序的概念相同,能更有效地完成重复性的工作。在 VHDL 中,子程序有两种类型,即过程(procedure)和函数(function)。

在进程中允许对子程序进行调用。从硬件的角度讲,一个子程序的调用类似于一个元件模块的例化,也就是说,VHDL 综合器为子程序的每一次调用都生成一个电路逻辑块;所不同的是,元件的例化将产生一个新的设计层次,而子程序调用只对应于当前层次的一部分。

2. 函数与过程

函数的返回值只有一个,过程可以有多个返回值;函数的输入参数只能是输入类型,过程的输入参数可以是输入、输出或双向的。

1) 函数的定义格式

```
function 函数名(参数 1;参数 2) return 数据类型名 is
[定义变量语句]
begin
    [顺序语句]
return [返回变量名];
end 函数名;
```

在 VHDL 语言中函数的参数都是输入信号。

2) 过程的定义格式

```
procedure 过程名(参数 1;参数 2;) is
[定义变量语句]
begin
    [顺序语句]
end 过程名;
```

在过程中,语句是顺序执行的。

3. 并行过程调用

并行过程的调用是并行执行的,过程调用就是执行一个给定名字和参数的过程。调用过程的语法格式如下:

```
过程名[([形参名=>]实参表达式{,[形参名=>]实参表达式}) ];
```

一个过程的调用由三个部分组成:

(1) 将 in 和 inout 模式的实参值赋给欲调用的过程中与它们对应的形参;

(2) 执行这个过程;

(3) 将过程中 in 和 inout 模式的形参值返回给对应的实参。

例 7-27 并行过程调用。

```
library ieee;
use ieee.std_logic_1164.all;
package pkg is
    procedure nand_4 (
        signal s1, s2, s3, s4: in std_logic;
        signal y: out std_logic);
end pkg;
package body pkg is
    procedure nand_4 (
        signal s1, s2, s3, s4: in std_logic;
        signal y : out std_logic);
```

```
    begin
        y <= not(s1 and s2 and s3 and s4);
        return;
    end nand_4;
end pkg;

library ieee;
use ieee.std_logic_1164.all;
use work.pkg.all;
entity nand_8 is
    port(a1, a2, a3, a4: in std_logic;
        a5, a6, a7, a8: in std_logic;
        f : out std_logic);
end;
architecture data_flow of nand_8 is
signal middle1, middle2: std_logic;
begin
  nand_4(a1, a2, a3, a4, middle1);  --并行过程调用
  nand_4(a5, a6, a7, a8, middle2);  --并行过程调用
  f<= middle1 or middle2;
end data_flow;
```

8

Verilog HDL 语言基础

Verilog HDL 是一种用于数字逻辑电路设计的硬件描述语言，是一种以文本形式来描述数字系统硬件的结构和行为的语言，用它可以表示逻辑电路图、逻辑表达式，可以用来进行数字电路的仿真验证、时序分析、逻辑综合。Verilog HDL 和 VHDL 是目前世界上最流行的两种硬件描述语言，都是在 20 世纪 80 年代中期开发出来的。前者由 Gateway Design Automation 公司（该公司于 1989 年被 Cadence 公司收购）开发。两种硬件描述语言均为 IEEE 标准。

8.1 Verilog HDL 基本结构

8.1.1 简单的 Verilog HDL 例子

Verilog HDL 的基本设计单元是模块。模块的结构由在 module 和 endmodule 关键词之间的端口定义、I/O 声明、信号类型声明和功能描述等四个部分组成。以下几个实例用于说明其具体的结构。

例 8-1 8 位全加器。

```
module  adder8 (cout, sum, a, b, cin);         // 端口定义
    input [7:0]  a, b;                         // 输入端口声明
    input        cin;
    output       cout;                         // 输出端口声明
    wire         cin                           //信号类型声明
    output [7:0] sum;
    assign { cout, sum}=a+b+cin;               // 功能说明
endmodule
```

整个 Verilog HDL 程序嵌套在 module 和 endmodule 声明语句中。“// ”是单行注释符，“//”后面被注释的内容不参加编译。

例 8-2 2 位比较器。

```
module  compare2 (equal, a, b);
    output equal;
    input [1:0] a, b;
```

```
    assign equal=(a==b) ? 1 : 0;          //与 C 语言的?:运算符相似
        /* 如果 a 等于 b,则 equal 为 1,否则为 0 */
endmodule
```

/* …… */内表示注释部分,一般可占据多行。注释的内容不被编译。

例 8-3 三态驱动器(一)。

```
module  trist2(out, in, enable);
    output  out;
    input   in, enable;
    bufif1 mybuf (out, in, enable);
endmodule
```

这是一个门元件例化实例。所谓门元件例化就是程序通过调用一个在 Verilog 语言库中现存的实例门元件来实现某逻辑门功能。bufif1 是门元件关键字,表 8.1 所示的为其真值表,mybuf 是例化元件名。

表 8.1 bufif1 真值表

输入		输出
in	enable	out
x	0	z
1	1	1
0	1	0

例 8-4 三态驱动器(二)。

```
module  trist1(out, in, enable);
        input   in, enable;
        output  out;
        mytri tri_inst (out, in, enable);          //元件例化
endmodule

module mytri(out, in, enable);                     // tri_inst 的原型
        output  out;
        input   in, enable;
        assign out=enable ? in : 1'bz;
        /* 如果 enable 为 1,则 out=in,否则为高阻态 */
endmodule
```

这是一个模块元件例化实例。所谓模块元件例化就是顶层模块调用由某子模块定义的实例元件来实现某功能。本例中 trist1 为顶层模块,mytri 为子模块,tri_inst 为子模块实例元件名。

以上实例说明,一个完整 Verilog HDL 程序的基本结构如下:

(1) Verilog HDL 程序是由模块构成的。每个模块嵌套在 module 和 endmodule 声明语句中。模块是可以进行层次嵌套的。

(2) 每个 Verilog HDL 源文件中只准有一个顶层模块,其他为子模块。

(3) 每个模块要进行端口定义,并说明 I/O 端口,然后对模块的功能进行行为逻辑描述。

8.1.2 Verilog HDL 模板

以下是一个通用的 Verilog HDL 模块的模板,由端口定义、I/O 声明、信号类型声

明和功能描述等四个部分组成：

```
module<顶层模块名>(<I/O端口列表>)；        // 端口定义
    input 输入端口列表；                   // I/O 声明
    output 输出端口列表；
    wire 端口名或信号名；                  // 信号类型声明
    reg 端口名或信号名；
  // 功能描述
  //(1)使用 assign 语句定义逻辑功能
    assign<结果信号名>=表达式；
  //(2)使用 always 块定义逻辑功能
    always @(<敏感信号表达式>)
        begin
          过程赋值语句
          if 语句
          case 语句
          while， repeat， for 循环语句
          task，function 调用
        end
  //(3)元件例化
            <module_name><instance_name>(<port_list>)；
            //模块元件例化
            <gate_type_keyword><instance_name>(<port_list>)；
            //门元件例化
endmodule
```

8.1.3 逻辑功能定义

以上模板仅从逻辑综合方面考虑，就其逻辑功能描述部分可以有如下三种方法来描述：

1. 用 assign 语句

assign 语句多用在输出信号和输入信号间建立的逻辑或算术关系上。但 assign 只能用于描述组合逻辑电路，而不能用于描述时序逻辑电路。其用法参考例 8-1、例 8-2、例 8-4，更多内容将在赋值语句部分做详细介绍。

2. 用元件例化

元件例化(instantiate)包括自定义的模块元件例化和 Verilog 库定义的门元件例化两部分，模块元件例化的语法如下：

```
<module_name><instance_name>(<port_list>)；
```

module_name 为定义的模块名，instance_name 为例化模块名，port_list 为端口说明，参见例 8-4。需要注意的是，每个例化元件的名字必须唯一，以避免与其他调用元件的实例相混淆；例中端口的次序与模块定义的次序相同；模块实例化与调用程序的区别在于每个实例都是模块的一个完全拷贝，相互独立、并行。

门元件例化如例 8-3 所示，它与模块元件例化的区别在于，它是由 Verilog 库定义且例化时元件名也可以省略。

3. 用 always 语句

用 always 语句既可以描述比较复杂的组合逻辑电路，也可以描述时序逻辑电路。always 模块内的语句是顺序执行的。在 always 模块内，若随意颠倒赋值语句的书写顺序，则可能导致不同的结果。

always 在使用时必须加入事件即敏感量的控制，当事件发生时，就执行 always 指定的内容；如果没有指定敏感量，则 always 模块内的语句将依次循环执行。最常用的事件是电平触发和边沿触发。电平触发是指某个信号的电平发生变化时，执行 always 指定的内容；边沿触发指的是当某个信号的上升沿或下降沿到来时，执行 always 指定的内容。具体语法参见 8.5.5 小节“结构说明语句”。

例 8-5 always 的使用。

```
module my_always(clk,  a,  b,  out1,  out2)
    input clk,  a,  b;
    output out1,  out2;
    wire clk,  a,  b;
    reg out1,  out2;

    always @(posedge clk)      //posedge 是代表信号上升沿的关键字
      out1=a | b;

    always @(negedge clk)      //negedge 是代表信号下降沿的关键字
      out2=a & b;

endmodule
```

Verilog HDL 在描述逻辑功能时，使用的方法种类和次数都是不加限制的，因为每个 assign、always 和模块实例都是同时(及并行)发生的。因此 assign、always 和模块实例在程序中的顺序是任意的，不影响最后的结果。

8.2 Verilog HDL 词法约束

熟悉 Verilog HDL 的词法约束是学习用其进行数字设计的基础和前提。其主要包括关键字、标识符、注释和代码编写标准等。

8.2.1 关键字

关键字是 Verilog HDL 预留的定义语言结构的特殊标识，全部由小写字母定义。Verilog HDL 是区分大小写的语言，因此书写代码时应注意区分大小写，避免出错。表 8.2 所示的为 Verilog HDL 的所有关键字。

表 8.2 Verilog HDL 关键字

and	for	output	strong1
always	force	parameter	supply0
assign	forever	pmos	supply1
begin	fork	posedge	table
buf	function	primitive	tasktran
bufif0	highz0	pulldown	tranif0
bufif1	highz1	pullup	tranif1
case	if	pull0	time
casex	ifnone	pull1	tri
casez	initial	rcmos	triand
cmos	inout	real	trior
deassign	input	realtime	trireg
default	integer	reg	tri0
defparam	join	release	tri1
disable	large	repeat	vectored
edge	macromodule	rnmos	wait
else	medium	rpmos	wand
end	module	rtran	weak0
endcase	nand	rtranif0	weak1
endfunction	negedge	rtranif1	while
endprimitive	nor	scalared	wire
endmodule	not	small	wor
endspecify	notif0	specify	xnor
endtable	notif1	specparam	xor
endtask	nmos	strength	
event	or	strong0	

其中的部分关键字将在后面陆续介绍,其余不常用关键字的用法可参考 Verilog HDL 语法手册。

8.2.2 标识符

标识符是编程时所定义的模块、变量、端口、实例、块结构等对象的名称。Verilog HDL 中的标识符由字母、数字、$ 和下划线按以下规则组合而成,且字母区分大小写。

(1) 标识符的长度不超过 1 024 个字符;

(2) 第一个字符只能是字母或下划线;

(3) 标识符不能与关键字同名。

正确的标识符:a_11$、A123_n、_set_5、Module。

不正确的标识符:3_ret、¥22a、module、47q.v。

8.2.3 注释

注释也是 Verilog HDL 的重要组成部分,在代码中插入有效的注释可以增加程序的可读性和可维护性。在前面的例子中讲到了有两种注释方式:单行注释和多行注释。

(1) 以“//”开始,后面的注释内容为单行注释,例如:

```
// reset 是复位信号
```

(2) 以“/ * ”开始和“ * /”结束的多行注释,例如:

```
/ * 模块名称:adder8
功能:实现两个 8 位输入的加法运算
端口:a、b 为 8 位加数,sum 为 9 位的和 * /
```

8.2.4 代码编写标准

良好的代码编写风格可以满足信、达、雅的要求。代码的编写标准规定了文本布局、命名和注释的约定,在满足功能和性能目标的前提下,增强代码的可读性、可移植性。

(1) 每个 Verilog HDL 源文件中只准编写一个顶层模块,也不能把一个顶层模块分成几部分写在几个源文件中。

(2) 源文件名字应与文件内容有关,最好与顶层模块同名。源文件名字的第一个字符必须是字母或下划线,不能是数字或 $ 符号。

(3) 每行只写一个声明语句或说明。

(4) 源代码采用层层缩进的格式书写。

(5) 变量名的大小写应自始至终保持一致(如变量名第一个字母均大写)。

(6) 变量名应该有意义,而且含有一定的有关信息。局部变量名(如循环变量)应简单扼要。

(7) 通过注释对源代码做必要的说明,尤其对接口(如模块参数、端口、任务、函数变量)做必要的注释很重要。

(8) 常量尽可能多地使用参数定义和宏定义,而不要在语句中直接使用字母、数字和字符串。

8.3 数据类型

数据类型用来表示数字电路中的数据存储和传输单元,主要有三大类:线网类型(net)、寄存器类型和常数类型。

8.3.1 线网类型

线网类型(net)表示 Verilog 中结构化元件间的物理连线,可以理解为实际电路中的导线,输出始终随输入的变化而变化的变量类型。此类型不可以存储任何值,并且一定要受到驱动器的驱动才有效。

连线类型(wire)是最常用的线网类型,常用来表示以 assign 语句赋值的组合逻辑信号,模块中的输入/输出信号类型缺省为 wire 类型,可用作任何表达式的输入,或 assign 语句和实例元件的输出。

其语法格式如下:

```
wire 数据名 1, 数据名 2, …, 数据名 n;
wire[n-1:0]数据名 1, 数据名 2, …, 数据名 m;
```

或

```
wire[n:1] 数据名 1, 数据名 2, …, 数据名 m;
```

下面是两个 wire 类型变量定义的例子:

```
wire   a,b,c;         //定义了 3 个位宽为 1 的 wire 类型变量 a,b 和 c
wire   [3:0]  d;      //定义了 1 个位宽为 4 的 wire 类型变量 d
```

在定义 d 时,同时定义了它的位宽,第 3 位为高位,第 0 位为低位,共 4 位;而定义 a、b 和 c 时没有定义其位宽,则默认位宽为 1。位宽为 1 的变量也称标量,位宽大于 1 的变量也称向量或矢量。在没有驱动源对 wire 类型变量进行驱动时,其默认取值为高阻态(Z)。

线网类型还包括三态线(tri)、线或(wor)、三态线或(trior)、线与(wand)、三态线与(triand)及线网存储(trireg)等子类型,具体使用说明可参考相关文献。

8.3.2 寄存器类型

寄存器类型可以理解为实际电路中的寄存器,具有记忆功能,是一种存储元件,在输入信号消失后它可以保持原有的数据类型,常用来表示过程块语句(如 initial、always、task、function)内的指定信号。

寄存器类型最常用的是 reg 类型,其语法格式如下:

```
reg 数据名 1, 数据名 2, …, 数据名 n;
reg[n-1:0] 数据名 1, 数据名 2, …, 数据名 m;
```

或

```
reg[n:1] 数据名 1, 数据名 2, …, 数据名 m;
```

下面是两个 reg 类型变量定义的例子:

```
reg   a,b,c;          //定义了 3 个位宽为 1 的 reg 类型变量 a,b 和 c
reg   [3:0]  d;       //定义了 1 个位宽为 4 的 reg 类型变量 d
```

寄存器类型变量还可以通过 integer、real 和 time 关键字定义。只是它们的位宽是固定的:integer 是 32 位带符号整数类型变量,real 是 64 位带符号实数类型变量,time 是 64 位的无符号时间类型变量。因此在用它们定义变量时,不能加入位宽。正确的定义如下:

```
integer    a,b;     //定义 a,b 为 32 位宽的整数类型变量
real       a,b;     //定义 a,b 为 64 位宽的实数类型变量
time       a,b;     //定义 a,b 为 64 位宽的时间类型变量
```

常见的错误的定义如下:

```
integer  [7:0]  a,b;//错误定义,整型变量的位宽是固定的 32 位
```

只有 reg 和 integer 能够被综合,而 real 和 time 这两种寄存器类型是不能被综

合的。

由于 Verilog HDL 默认的变量类型是 wire,因此某个变量的类型需要成为寄存器类型,则必须在程序中定义其为寄存器类型。寄存器类型的变量需要被明确地赋值,并且在被重新赋值前一直保持原值;寄存器类型的变量必须通过过程赋值语句赋值,不能通过 assign 语句赋值;在过程块内被赋值的每个信号必须定义成寄存器类型。

例 8-6 如图 8.1 所示,用 reg 类型的变量生成组合逻辑。

```
module  rw1(a, b, out1, out2);
    input a, b;
    output out1, out2;
    reg out1;
    wire out2;
    assign out2=a;           //连续赋值语句
    always @(b)              //电平触发
        out1<=~b&&a;         //过程赋值语句
endmodule
```

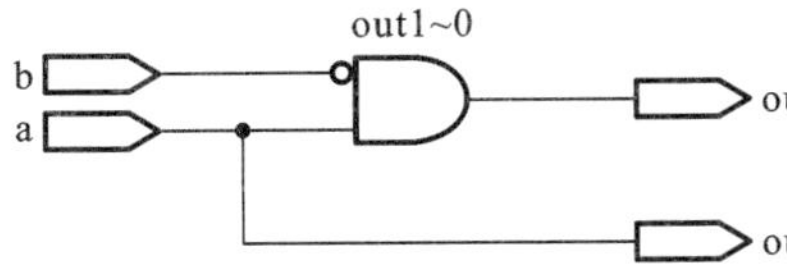

图 8.1 rw1 的 RTL 模型

reg 类型变量既可生成触发器,也可生成组合逻辑; wire 类型变量只能生成组合逻辑。

例 8-7 如图 8.2 所示,用 reg 类型的变量生成触发器。

```
module  rw2(clk, d, out1, out2);
    input clk, d;
    output out1, out2;
    reg out1;
    wire out2;
    assign out2=d&~out1;
    always @(posedge clk)
      begin
        out1<=d;
      end
endmodule
```

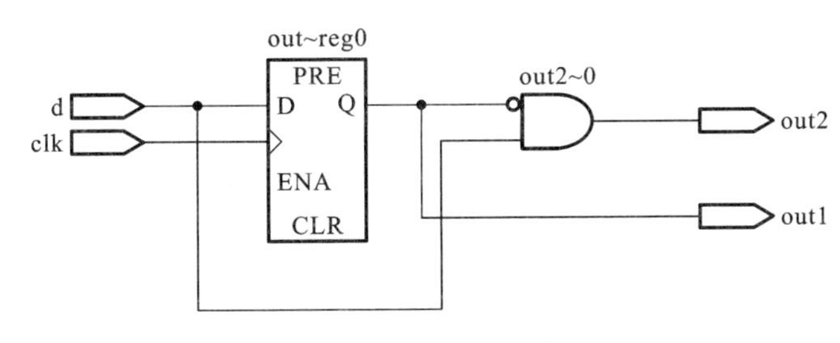

图 8.2 rw2 的 RTL 模型

8.3.3 常数类型

在程序运行过程中,其值不能被改变的量,称为常量,包括数字(包括整数、x 和 z

值、负数)和参数常量(或称符号常量)。

1. 整数

整数的四种进制表示形式如下：

(1) 二进制整数(b 或 B)；

(2) 十进制整数(d 或 D)；

(3) 十六进制整数(h 或 H)；

(4) 八进制整数(o 或 O)。

其三种表达方式如表 8.3 所示。

表 8.3　整数的三种表达方式

表达方式	说　　明	举　　例
位宽　'进制　数字	完整的表达方式	8'b11000101 或 8'hc5
进制　数字	若缺省位宽，则位宽由机器系统决定，至少 32 位	hc5
数字	缺省进制为十进制，位宽默认为 32 位	197

注　这里位宽是指对应二进制数的位数。

2. x 和 z 值

x 表示不定值，z 表示高阻值。

每个字符代表的二进制数的宽度取决于所用的进制：当用二进制表示时，已标明位宽的数若用 x 或 z 表示某些位，则只有最左边的 x 或 z 具有扩展性。为清晰可见，最好直接写出每一位的值，例如：

```
8'bzx=8'bzzzz_zzzx
8'b1x=8'b0000_001x
```

"?"是 z 的另一种表示符号，建议在 case 语句中使用？表示高阻态 z，例如：

```
casez (select)
    4'b??? 1 : out=a;
    4'b?? 1? : out=b;
    4'b? 1?? : out=c;
    4'b1??? : out=d;
endcase
```

3. 负数

在位宽前加一个减号，即表示负数，例如：

```
-8'd5     //表示-5 的补数，=8'b11111011
```

减号不能放在位宽与进制之间，也不能放在进制与数字之间，例如：

```
8'd-5     //非法格式
```

为提高可读性，较长的数字之间可用下划线"_"隔开，但不可以用在进制和数字之间，例如：

```
16'b1010_1011_1100_1111          //合法
8'b_0011_1010                    //非法
```

当常量未指明位宽时，默认为 32 位，例如：

```
10=32'd10=32'b1010
-1=-32'd1=32'b1111……1111=32'hFFFFFFFF
```

4. 参数常量

用关键字 parameter 来定义一个标识符，代表一个常量。该常量称为参数常数，也称符号常量。参数常量定义的格式如下：

```
parameter 参数名 1=表达式，参数名 2=表达式，…；
```

每个赋值语句的右边必须为常数表达式，即只能包含数字或先前定义过的符号常量，例如：

```
parameter addrwidth=16;                //合法格式
parameter addrwidth=datawidth * 2;     //非法格式
```

常用参数来定义延时和变量宽度，可用字符串表示的任何地方，都可以用定义的参数来代替。参数是本地的，其定义只在本模块内有效。在模块或实例引用时，可通过参数传递改变在被引用模块或实例中已定义的参数。具体使用实例如下：

例 8-8 参数传递。

```
module adder8(cin,  a,  b,  sum,  cout);
     parameter    size8=8;
     input        cin;
     input [size8-1:0]     a, b;
     output              cout;
     outptu [size8-1:0]     sum;
     adder   # (size8) adder1(cin, a, b, sum, cout);
     //adder 模块的例化，并将参数 size8 传递给 adder 的参数 size
endmodule

module adder(cin, a, b, sum, cout);
     parameter    size=1;
     input        cin;
     input [size-1:0]     a, b;
     output              cout;
     outptu [size-1:0]     sum;
     assign {cout, sum}=a+b+cin;
endmodule
```

8.4 运算符及其表达式

运算符按功能分为八类：算术运算符、逻辑运算符、位运算符、关系运算符、归约运算符、移位运算符、条件运算符和位拼接运算符。

运算符按操作数的个数分为三类:单目运算符只有一个操作数,主要有逻辑非!、按位取反~、归约运算符、移位运算符;双目运算符有两个操作数,有算术运算符、关系运算符,以及逻辑运算符、位运算符的大部分;三目运算符有三个操作数,只有条件运算符。

8.4.1 算术运算符

算术运算符主要有+(加)、-(减)、*(乘)、/(除)和%(取模)。

进行算术运算时,若某操作数为不定值 x,则整个结果也为 x。进行整数除法运算时,结果值略去小数部分,只取整数部分;%也称求余运算符,要求%两侧均为整数类型数据;求模运算结果值的符号位取第一个操作数的符号位,如-11%3,其结果为-2。

在实际应用中要注意/和%的区别,下面举例说明。

例 8-9 除法和求模运算的区别。

```
module arith(clk, a, b, c, d);
    input       clk;
    input    [3:0] a, b;
    output   [3:0] c, d;
    reg      [3:0] c, d;
  always @(posedge clk)
      begin
          c=a / b;          //整数除法,结果为略去小数部分的整数
          d=a % b;          //求余数
      end
endmodule
```

仿真结果如图 8.3 所示。

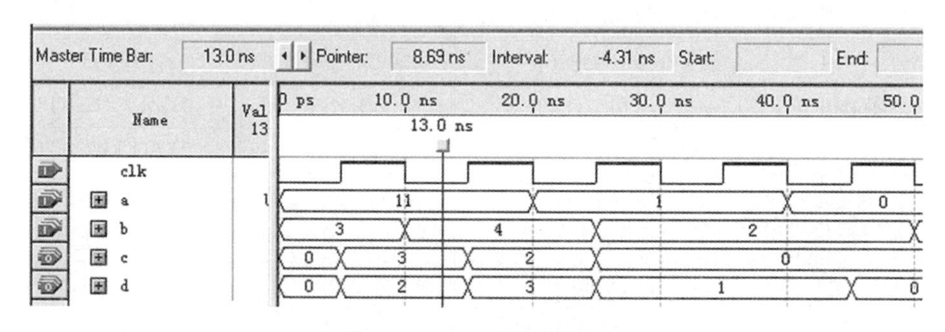

图 8.3 arith 的仿真结果

8.4.2 逻辑运算符

逻辑运算符主要有!(逻辑非)、&&(逻辑与)和||(逻辑或)。逻辑运算符把它的操作数当作布尔类型的变量:

(1) 非零的操作数被认为是真(1'b1)。

(2) 零被认为是假(1'b0)。

(3) 不确定的操作数,如 4'bxx00,被认为是不确定的(可能为零,也可能为非零)(记为 1'bx);但 4'bxx11 被认为是真(记为 1'b1,因为它肯定是非零的)。

进行逻辑运算后的结果为布尔类型的值(为 1 或 0 或 x)。

8.4.3 位运算符

位运算符主要有~(按位取反)、&(按位与)、|(按位或)、^(按位异或)、^~或~^(按位同或)。

位运算结果与操作数位数相同。位运算符中的双目运算符要求对两个操作数的相应位逐位进行运算。两个不同长度的操作数进行位运算时,将自动按右端对齐,位数少的操作数会在高位用 0 补齐。

若 A=5'b11001,B=3'b101,则 A & B=(5'b11001)&(5'b00101)=5'b00001。

要注意逻辑与 && 与按位与 & 操作的区别,下面举例说明。

例 8-10 逻辑与 && 与按位与 & 操作的区别。

```
module diff(a, b, c, d);
    input  [3:0] a, b;
    output       c;        //&& 运算的结果为布尔类型的值
    output [3:0] d;
    assign    c=a && b;
    assign    d=a & b;
endmodule
```

仿真结果如图 8.4 所示。

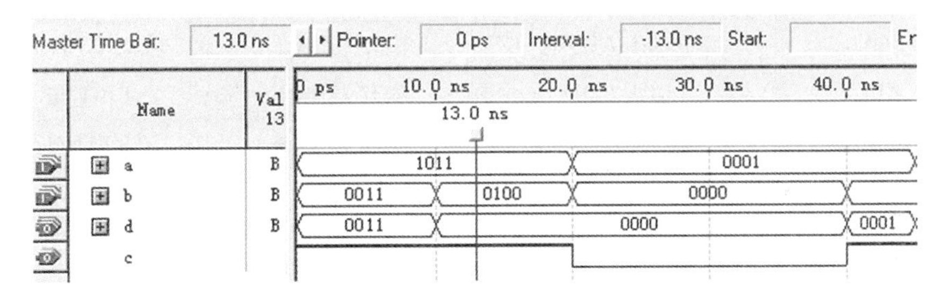

图 8.4 逻辑与 && 与按位与 & 操作的区别

8.4.4 关系运算符

关系运算符主要有<(小于)、<=(小于或等于)、>(大于)、>=(大于或等于)、==(相等)、!=(不等)、!==(不全等)和===(全等)。

运算结果为 1 位的逻辑值 1、0 或 x。进行关系运算时,若声明的关系为真,则返回值为 1;若声明的关系为假,则返回值为 0;若某操作数为不定值 x 或高阻值 z,则返回值为 x。当表达式中的操作数长度不等时,位数少的操作数会在高位用 0 补齐。

相等运算符(==)和全等运算符(===)的区别:使用相等运算符时,两个操作数必须逐位相等,结果才为 1;若某些位为 x 或 z,则结果为 x;使用全等运算符时,若两个操作数的相应位完全一致(如同是 1,或同是 0,或同是 x,或同是 z),则结果为 1,否则为 0。

===和!==运算符常用于case表达式的判别,又称“case等式运算符”。

8.4.5 归约运算符

归约运算符主要有&(与)、~&(与非)、|(或)、~|(或非)、^(异或)、^~或~^(同或)。

其运算法则与位运算符类似,但运算过程不同。归约运算符是对单个操作数进行递推运算,即先将操作数的最低位与第二位进行与、或、非运算,再将运算结果与第三位进行相同的运算,依次类推,直至最高位。运算结果归约为1位二进制数。例如:

```
reg [3:0] a;
a=4'b1011;
b=| a=1'b1;      //等效于 b=((a[0] | a[1]) | a(2)) | a[3]
b=& a=1'b0;
```

8.4.6 移位运算符

移位运算符主要有<<(左移)和>>(右移)。其语法如下:

```
A>>n
A<<n
```

将操作数A右移或左移n位,同时用n个0填补移出的空位;若操作数中有x或z,移位后的结果为x;移位操作符可以完成2的幂指数运算。例如:

```
4'b1001>>3=4'b0001;
                                   //右移3位,相当于除8取整,其位数不变但数据丢失
4'b1001>>4=4'b0000;
4'b1001<<1=5'b10010;  //左移1位,其位数扩展1位,表示其2^1倍
4'b1001<<2=6'b100100;
1<<6=32'b1000000
```

8.4.7 条件运算符

?:(条件运算符为)的语法格式如下:

```
信号=条件表达式? 表达式1:表达式2;
```

当条件表达式为1(即为真)时,信号取表达式1的值;为**0**(即为假),则取表达式2的值。若条件表达式为x或z,则信号的值将是表达式1与表达式2按逻辑规则位操作后的结果:0与0得1,1与1得1,其余为x。其实例可参考例8-2和例8-4。

8.4.8 位拼接运算符

位拼接运算符为“{ }”,用于将两个或多个信号的某些位拼接起来,表示另一个整体信号。其语法格式如下:

```
{signal,signal2,…,signaln}
```

在进行加法运算时,可将进位输出与和拼接在一起使用,例如:

```
output [7:0] sum;                        //和
output cout;                             //进位输出
input[7:0] ina, inb;
input cin;
assign {cout, sum}=ina+inb+cin;          //进位与和拼接在一起
```

{a, b[3:1], cin, 3′b101}等价于{a, b[3], b[2], b[1], cin, 1′b1, 1′b0, 1′b1}。可用重复法简化表达式，例如，{4{a}}等价于{a, a, a, a}；还可用嵌套方式简化书写，例如，{b, {3{a, b}}}等价于{b, {a, b}, {a, b}, {a, b}}，也等价于{b, a, b, a, b, a, b}。

在位拼接表达式中，不允许存在没有指明位数的信号，必须指明信号的位数；若未指明，则默认为 32 位的二进制数。例如：

```
{1, 0}=64′h00000001_00000000
```

注意，{1, 0}不等于 2′b10，{1′b1, 1′b0}才等价于 2′b10。

8.4.9 运算符的优先级

运算符的优先级如表 8.4 所示。

表 8.4 运算符的优先级

<table>
<tr><th>类别</th><th>运算符举例</th><th>优先级</th></tr>
<tr><td>逻辑、位运算符</td><td>!、~</td><td rowspan="7">高
↓
低</td></tr>
<tr><td>算术运算符</td><td>+、-、*、/、%</td></tr>
<tr><td>移位运算符</td><td><<、>></td></tr>
<tr><td>关系运算符</td><td><、<=、>、>=、==、!=、===、!==</td></tr>
<tr><td>归约运算符、位运算符</td><td>&、~&、^、^~、|、~|</td></tr>
<tr><td>逻辑运算符</td><td>&&、||</td></tr>
<tr><td>条件运算符</td><td>?:</td></tr>
</table>

为提高程序的可读性，最好是使用括号来控制运算的优先级。例如：

```
(a>b) && (b>c)
(a==b) || (x==y)
(! a) || (a>b)
```

8.5 语句及结构

Verilog HDL 主要定义了表 8.5 所示的语句结构：

表 8.5 语句结构

<table>
<tr><td rowspan="2">赋值语句</td><td>连续赋值语句</td></tr>
<tr><td>过程赋值语句</td></tr>
<tr><td rowspan="2">块语句</td><td>begin…end 语句</td></tr>
<tr><td>fork…join 语句</td></tr>
</table>

续表

条件语句	if…else 语句
	case 语句
循环语句	forever 语句
	repeat 语句
	while 语句
	for 语句
结构说明语句	initial 语句
	always 语句
	task 语句
	function 语句
编译预处理语句	`define 语句
	`include 语句
	`timescale 语句
	`ifdef、`else、`endif 语句

8.5.1 赋值语句

赋值语句是使用频率最高、最重要的语句。Verilog HDL 定义了两种赋值的方法：连续赋值(continuous assignment)和过程赋值(procedural assignment)。过程赋值又分为阻塞赋值(blocking assignment)和非阻塞赋值(nonblocking assignment)。以下内容即来讨论这几种赋值方式。

1. 连续赋值语句

连续赋值是为线网类型变量提供驱动的方法，它只能为线网类型变量赋值，并且线网类型变量也必须用连续赋值的方法赋值。在前面介绍线网类型时提到，线网类型变量可以理解为实际电路中的导线，那么连续赋值就是把导线连到驱动源上。

连续赋值的表达方式以关键字 assign 开头，用于对 wire 类型变量赋值，它是描述组合逻辑最常用的方法之一。下面看几个例子：

```
wire    a,b;
wire    out1,out2;
assign    out1=  a & b;       // out1 输出 a 和 b 的与值
assign    out2=a | b;         // out2 输出 a 和 b 的或值
```

值得注意的是，一旦对变量进行了连续赋值，被赋值的变量将一直随着驱动源的变化而变化，即驱动源的任何毛刺都会直接地赋给变量。

2. 过程赋值语句

过程赋值提供了为寄存器类型变量赋值的方法，出现在各种块结构中，例如always块、initial 块等。过程赋值又分为：阻塞赋值，赋值符号为=，如 b=a；非阻塞赋值，赋值符号为<=，如 b<=a。

1）阻塞赋值方式

在一个块语句中，如果有多条阻塞赋值语句，在前面的赋值语句没有完成之前，后面的语句就不能被执行，就像被阻塞了一样，因此称为阻塞赋值方式，如图 8.5 所示。例如：

```
always @(posedge clk)
        begin
                b=a;
                c=b;
        end
```

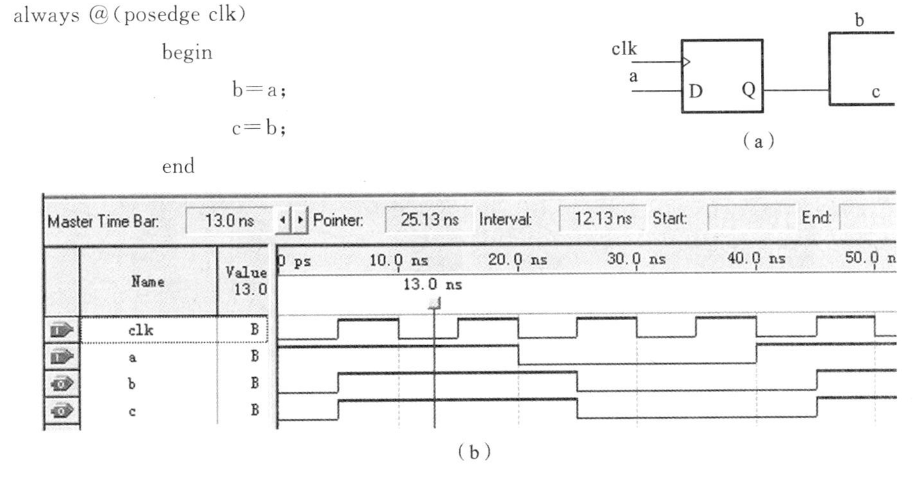

图 8.5 阻塞赋值方式

因此，b 和 c 的值相等。

2）非阻塞赋值方式

在执行非阻塞赋值语句时，仅仅是对<=右侧表达式的值进行评估，但并不马上赋值，然后继续执行后面的操作。这个过程就好像没有阻断程序的运行，因此称为非阻塞赋值方式，如图 8.6 所示。连续的非阻塞赋值操作是同时完成的。在块结束时才完成赋值操作。例如：

```
always @(posedge clk)
        begin
                b<=a;
                c<=b;
        end
```

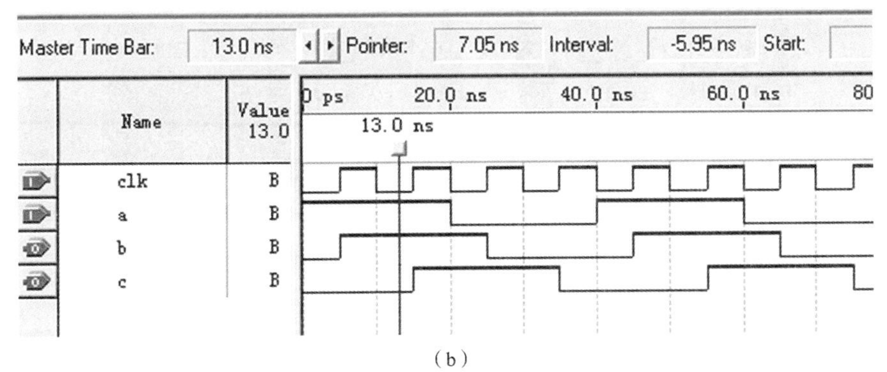

图 8.6 非阻塞赋值方式

从仿真结果可以看出c的值比b的值落后一个时钟周期。

3）非阻塞赋值与阻塞赋值方式的主要区别

非阻塞赋值方式下，(b<=a)：b的值被赋成新值a的操作，并不是立刻完成的，而是在块结束时才完成；块内的多条赋值语句在块结束时同时赋值，即是并行执行的；硬件有对应的电路。

阻塞赋值方式下，(b=a)：b的值立刻被赋成新值a；完成该赋值语句后才能执行下一句的操作，即是顺序执行的；硬件没有对应的电路，因而综合结果未知。

因此，建议两种赋值方式不要混用，在可综合的模块中使用非阻塞赋值方式。

8.5.2 块语句

块语句用来将两条或多条语句组合在一起，使其在格式上更像一条语句，以增加程序的可读性。块语句有两种：

(1) begin…end 语句，标示顺序执行的语句；

(2) fork…join 语句，标示并行执行的语句，不能被综合。

1. begin…end 顺序块

begin…end 块内的语句是顺序执行的；每条语句的延时是相对于前一条语句的仿真时间而言的；直到最后一条语句执行完，程序流程控制才跳出该顺序块。其格式如下：

1）格式一

```
begin
    语句1;
    语句2;
      ⋮
    语句n;
end
```

2）格式二

```
begin:块名
    块内声明语句;
    语句1;
    语句2;
    ⋮
    语句n;
end
```

块内声明语句可以是参数声明、reg类型变量声明、integer类型变量声明、real类型变量声明语句。

例 8-11 用顺序块和延时控制组合产生一个时序波形。

```
parameter  d=20;
  reg[7:0]     wave;
  begin                        //由一系列延时产生的波形
    #d  wave='h10;
```

```
    #d   wave='hA0;
    #d   wave='h00;
    #d   wave='hFF;
    #d   ->end_wave;       //触发事件 end_wave
  end
```

每条语句的延时 d 是相对于前一条语句的仿真时间而言的。

2. fork…join **并行块**

fork…join 块是不能被综合的，通常用在仿真测试程序里。其格式如下：

1）格式一

```
fork
    语句 1;
    语句 2;
      ⋮
    语句 n;
join
```

2）格式二

```
fork:块名
    块内声明语句;
    语句 1;
    语句 2;
      ⋮
    语句 n;
join
```

块内声明语句可以是参数声明、reg 类型变量声明、integer 类型变量声明、real 类型变量声明、time 类型变量声明和事件(event)说明语句。

例 8-12 用并行块和延时控制组合产生与例 8.11 相同的时序波形。

```
reg[7:0]   wave;
fork                              //由一系列延时产生的波形
      # 20   wave='h10 ;
      # 40   wave='hA0 ;
      # 60   wave='h00 ;
      # 80   wave='hFF ;
      # 100  ->end_wave;      //触发事件 end_wave
join
```

在 fork…join 块内，各条语句不必按顺序给出，但为增加可读性，最好按时间顺序书写。

fork…join 块内的语句是同时执行的；块内每条语句的延时是相对于程序流程控制进入块内的仿真时间而言的；延时用于给赋值语句提供时序；当按时间排序执行完最后一条语句或执行到 disable 语句时，程序流程控制跳出该并行块。

8.5.3 条件语句

Verilog HDL 有三种条件语句，一种是在第 8.4.7 小节“条件运算符”中讲到的使用?:的语句，不再赘述，一种是 if…else 语句，还有一种就是 case 语句。它们都是顺序语句，应放在 always 块内。以下介绍后两种语句的使用方法。

1. if…else 语句

判定所给条件是否满足，根据判定的结果(真或假)来决定执行给出的两种操作之一。if…else 语句有三种形式：

1）形式 1

```
if(表达式) 语句 1;
```

2）形式 2

```
if(表达式 1) 语句 1;
else         语句 2;
```

3）形式 3

```
if(表达式 1) 语句 1;
else if(表达式 2) 语句 2;
  ⋮
else if(表达式 n)  语句 n;
```

其中：“表达式”为逻辑表达式或关系表达式，或 1 位的变量。若表达式的值为 0 或 z，则判定的结果为“假”；为非 0 确定值，则结果为“真”。表达式允许一定形式的表达式简写方式，例如：if(expression)等同于 if(expression==1)，if(! expression) 等同于 if(expression !=1)

语句可为单句，也可为多句；为多句时一定要用 begin…end 语句括起来，形成一个复合块语句。

if 语句可以嵌套。若 if 与 else 的数目不一样，注意用 begin…end 语句来确定 if 与 else 的配对关系。格式如下：

```
if(表达式 1)
      if(表达式 2)      语句 1;
      else             语句 2;
else
      if(表达式 3)      语句 3;
      else             语句 4;
```

当 if 与 else 的数目不一样时，最好用 begin…end 语句将单独的 if 语句括起来：

```
if(表达式 1)
    begin
        if(表达式 2)语句 1;
    end
else
```

```
    语句 2;
```

下面用一个加法计数器的例子来说明 if…else 语句的使用。

例 8-13 设计模为 24 的 BCD 码加法计数器 counter24。

```
module counter24(clk, reset, load, cin, data, dout);
    input      clk, reset, load, cin;
    input      [7:0]  data;
    output     [7:0]  dout;
    reg        [7:0]  dout;
    always @(posedge clk)
      begin
        if(reset)                          //同步复位
            dout=0;
        else if(load)                      //同步置数
            dout=data;
        else if (cin)                      //当 cin 为 1 时,dout 加 1,否则 dout 不变
            begin
              if(dout==8'h23)  dout=0;     //当输出为 23 时,复位为 0
              else if(dout[3:0]==9)        //当输出低位为 9 时,复位为 0
                  begin
                    dout[3:0]=0;
                    if(dout[7:4]=2)        //当输出高位为 2 时,复位为 0
                        dout[7:4]=0;
                    else
                        dout[7:4]=dout[7:4]+1;     //高位不为 2,则加 1
                  end
                else
                  dout[3:0]=dout[3:0]+1;           //低位不为 9,则加 1


            end
        end
endmodule
```

其仿真波形如图 8.7 所示。

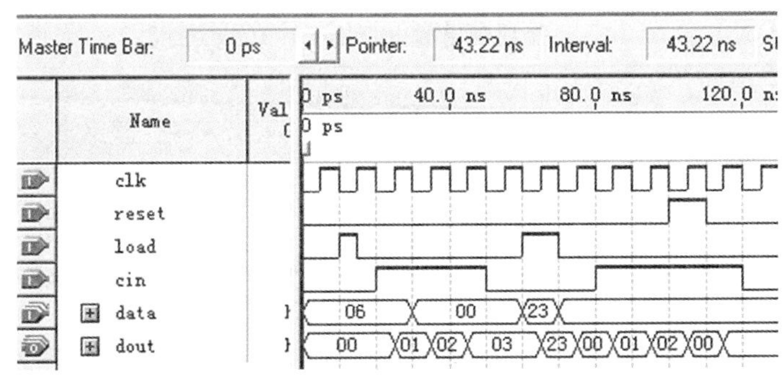

图 8.7 模 24 计数器仿真波形

注意：

```
if (reset)
else if (load)
else if (cin)
```

不要写成3个并列的if语句：

```
if (reset)
if (load)
if (cin)
```

因为上面的三个信号中reset的优先级最高，cin优先级最低，而并列的if语句优先级是一样的，这样写则是同时对三个信号reset、load和cin进行判断，现实中很可能出现三者同时为1的情况，即三个条件同时满足，则应该同时执行它们对应的执行语句，但三条执行语句是对同一个信号dout赋不同的值，显然相互矛盾，故编译时会报错。

2. case 语句

case语句是一个多分支语句结构，适于对同一个敏感信号取不同的值时，执行不同的语句，输出不同的结果，常用于多条件译码电路(如译码器、数据选择器、状态机、微处理器的指令译码)。其格式如下：

```
case(敏感表达式)
    分支表达式 1:语句 1;
    分支表达式 2:
        begin
            语句 2;
            ⋮
        end
    ⋮
    分支表达式 n:语句 n;
    default:语句 n+1;
endcase
```

其中："敏感表达式"又称"控制表达式"，通常表示为控制信号的某些位；分支表达式用控制信号的具体状态值表示，因此又称常量表达式；default项可有可无，一个case语句里只能有一个default项。

分支表达式必须互不相同，否则将产生矛盾。分支表达式的位宽必须相等，且与敏感表达式的位宽相同。

case语句有三种形式：case、casez、casex。在case语句中，分支表达式每一位的值都是确定的(或者为0，或者为1)；在casez语句中，若分支表达式某些位的值为高阻值z，则不考虑对这些位的比较；在casex语句中，若分支表达式某些位的值为z或不定值x，则不考虑对这些位的比较。在分支表达式中，可用"?"来标示x或z。

下面是一个3-8线译码电路的例子。

例 8-14 3-8线译码器。

```
module code38(in, out);
```

```
    input  [2:0] in;
    output [7:0] out;
    reg    [7:0] out;
    always @(in)
      begin
        case (in)
          3'b000: out=8'b00000001;
          3'b001: out=8'b00000010;
          3'b010: out=8'b00000100;
          3'b011: out=8'b00001000;
          3'b100: out=8'b00010000;
          3'b101: out=8'b00100000;
          3'b110: out=8'b01000000;
          3'b111: out=8'b10000000;
          default: out=8'b00000000;
        endcase
      end
endmodule
```

其仿真波形如图 8.8 所示。

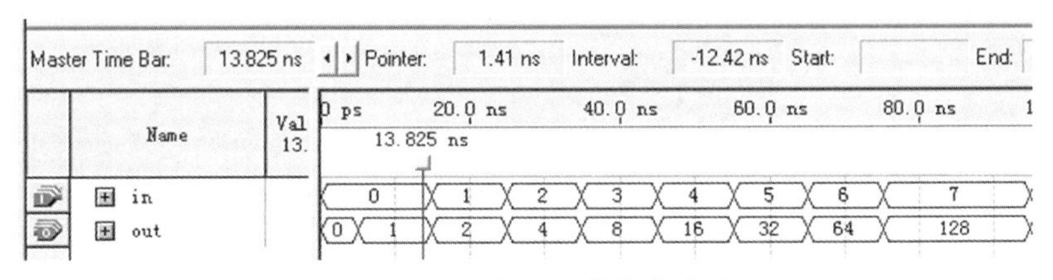

图 8.8　3-8 线译码器仿真波形

3. 使用条件语句的注意事项

应注意列出所有条件分支，否则当条件不满足时，编译器会生成一个锁存器保持原值。这一点可用于设计时序电路，如计数器：条件满足时加 1，否则保持原值不变。而在组合电路设计中，应避免生成隐含锁存器。有效的方法是在 if 语句最后写上 else 项，在 case 语句最后写上 default 项。

case 语句与 if…else 语句的区别在于：if…else 语句适于对不同的条件，执行不同的语句，且是带有优先级的多分支选择，每个判定只有两个分支可以选择。case 语句是平行结构，所有的 case 的条件和执行都没有优先级，适用于对同一个控制信号取不同的值时，输出取不同的值。建立优先级结构（优先级树）会消耗大量的组合逻辑，所以如果能够使用 case 语句，则尽量用 case 替换 if…else 结构。

8.5.4　循环语句

同条件语句一样，循环语句也是一种非常重要的结构。Verilog HDL 定义了四种循环结构的语句：while、for、repeat 和 forever 语句。下面逐一介绍。

1. while 循环

while 循环语句是一种条件循环，只有当条件表达式成立时才执行循环语句，其语

法格式如下:

while (循环执行条件表达式) 语句

循环执行条件表达式通常是一个逻辑表达式,在每次执行循环体之前都要对这个条件表达式是否成立进行判断,成立才运行后面的执行语句。下面举例说明 while 循环语句的应用。

例 8-15 统计一个 8 位二进制数中值为 1 的位数。

```
module   whiledemo (clk, a, count);
    input          clk;
      input [7:0]     a;
      output[3:0]   count;
      reg[3:0]        count;
      always @(posedge clk)
          begin: counter
             reg [7:0] temp;
             integer i;                          //用作循环执行条件表达式
             count=0;                            // count 初值为 0
             i=0;
             temp=a;                             // temp 初值为 a
             while   (i<=7)                      //若 temp 非 0,则执行以下语句
                 begin
                     if(temp[0])
                     count=count+1;              //只要 temp 最低位为 1,则 count 加 1
                     temp=temp>>1;               //右移 1 位
                     i=i+1;
                 end
      end
endmodule
```

其仿真波形如图 8.9 所示。

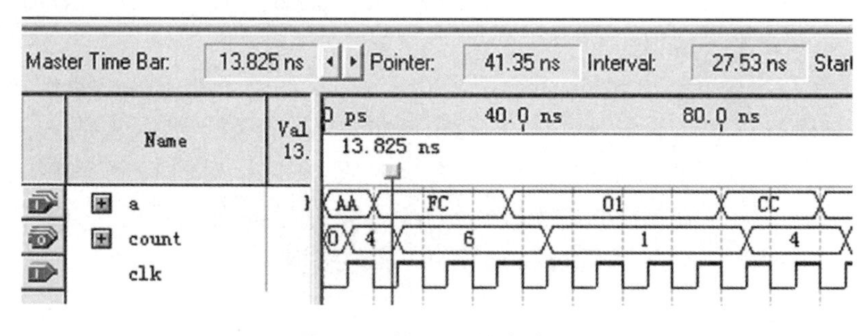

图 8.9 例 8-15 仿真波形

2. for 循环

for 循环语句是常用的循环结构。for 循环是一种条件循环,只有当条件表达式成立时才进行循环,其语法格式如下:

```
for(表达式 1;表达式 2;表达式 3) 循环体执行语句
```

表达式 1 和表达式 3 分别用来对循环计数变量执行赋初值和增值操作。表达式 2 是循环重复进行时必须满足的条件，通常是一个逻辑表达式。在每次执行循环体之前都要对这个表达式是否成立进行判断，成立才运行后面的循环体执行语句。具体执行过程如下：

(1) 执行表达式 1，给控制循环次数的变量赋初值。

(2) 判定循环执行条件即判断表达式 2 的真假：若为假，则跳出循环；若为真，则执行循环体执行语句后，转到第(3)步。

(3) 执行表达式 3，修改循环变量的值后，返回第(2)步。

for 循环语句实际上等价于 while 循环语句构建的如下循环格式：

```
begin
    表达式 1;
    while(表达式 2)
      begin
        <循环体执行语句>
        表达式 3;
      end
end
```

下面举例说明 for 循环语句的应用。

例 8-16 其功能与例 8-15 的相同。

```
module  fordemo  (a, count);
  input [7:0]    a;
  output[3:0]    count;
  reg[3:0]       count;
  always @(a)
      begin : counter
        integer    i;          //用作循环执行条件表达式
        count=0;               // count 初值为 0
        for(i=0; i<=7;i=i+1)
          if (a[i]==1)
            count=count+1;
  end
endmodule
```

其仿真波形如图 8.10 所示。

3. repeat 循环语句

repeat 循环语句实现的是一种循环次数预先指定的循环，其语法格式如下：

```
repeat (循环次数表达式)执行语句
```

循环次数表达式用于指定循环次数，可以是整数类型、寄存器类型变量或一个数值表达式。如果是变量或数值表达式时，其取值只在第一次进入循环时得到计算。执行

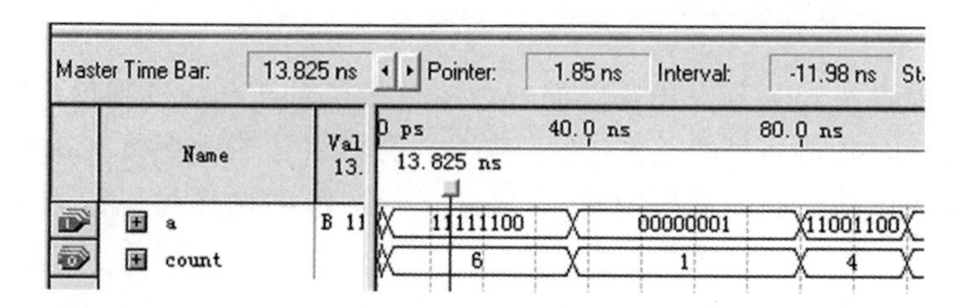

图 8.10 例 8-16 仿真波形

语句是被重复执行的循环体,当执行语句多于 1 条时,用 begin…end 将其限定起来。下面举例说明 repeat 循环语句的应用。

例 8-17 循环左移 3 位。

```
module repeatdemo(flag, in, out);
    input           flag;
    input   [15:0]  in;
    output  [15:0]  out;
    reg     [15:0]  out;
    reg             temp;
    always @(flag)
        begin
          out=in;
          if(flag==1)            //移位标志位
            repeat(3)            //循环 3 次
              begin
                temp=out[15];    //将 out 的高位暂存到 temp 里
                out=out<<1;      //左移 1 位
                out[0]=temp;     //将高位值放到最低位,完成一次循环左移
              end
        end
endmodule
```

其仿真波形如图 8.11 所示。

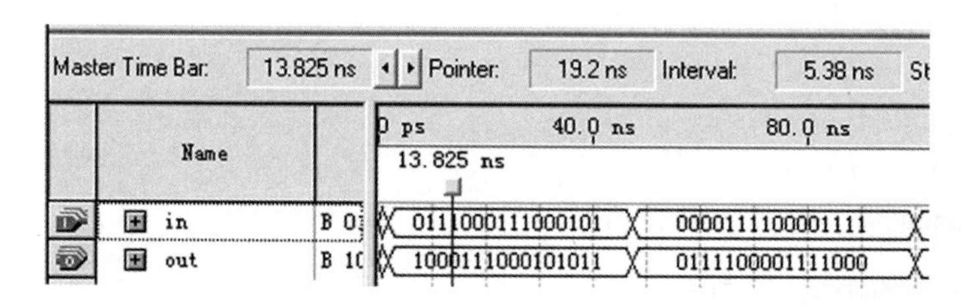

图 8.11 例 8-17 仿真波形

4. forever 循环

forever 循环语句实现的是一种无限循环,该循环语句内指定的循环体部分将不断重复执行。其语法格式如下:

```
forever 语句
```

forever 语句不能被综合，不能独立写在程序中，一般用在 initial 语句块中，常用在测试模块中产生周期性的波形，作为仿真激励信号。

例 8-18 产生时钟。

```
module foreverdemo(clk);
    output clk;
    reg    clk;
    initial
       begin
         clk=0;
         forever   #10 clk=~clk;
       end
end module
```

8.5.5 结构说明语句

Verilog HDL 中的任何过程都可以归于以下四种结构：always、initial、task 和 function。

1. always 结构

always 结构包含一个或一个以上的声明语句(如过程赋值语句、任务调用、条件语句和循环语句等)，在仿真运行的全过程中，在定时控制下被反复执行。其语法格式如下：

```
always @ (<敏感信号表达式>)
  begin
    过程赋值语句
    if 语句
    case 语句
    while,repeat,for 循环
    task,function 调用
  end
```

敏感信号表达式又称事件表达式或敏感表。当其值改变时，执行一遍块内语句。在敏感信号表达式中应列出影响块内取值的所有信号。敏感信号可以为单个信号，也可为多个信号，中间需用关键字 or 连接。敏感信号不要为 x 或 z，否则会阻挡进程。

在 always 结构中被赋值的只能是寄存器类型变量(如 reg、integer、real、time)。每个 always 结构在仿真一开始便开始执行，执行完块中最后一个语句，继续从 always 结构的开头执行，且一个变量不能在多个 always 结构中被赋值。

always 结构的时间控制为边沿触发时，产生时序逻辑；为电平触发时，产生组合逻辑。always 结构语句是用于综合过程的最有用的语句之一，但又常常是不可综合的。为得到好的综合结果，always 结构程序应严格按以下模板来编写。

1）模板 1

```
always @ (inputs)              //必须列出所有输入信号，用 or 隔开

  begin
```

```
        ⋮                //组合逻辑关系
    end
```

2）模板 2

```
always @ (inputs)

    if (Enable)
    begin
        ⋮                //锁存动作
    end
```

3）模板 3

```
always @ (posedge Clock)    //敏感信号只有时钟上升沿

    begin
        ⋮                //同步动作
    end
```

4）模板 4

```
always @ (posedge Clock or negedge Reset)

                            //既有时钟,又有复位信号,产生异步电路
    begin
      if (! Reset)          //测试异步复位电平是否有效
            ⋮               //异步动作
      else
            ⋮               //同步动作
    end                     //可产生触发器和组合逻辑
```

下面举例说明。

例 8-19 寄存器传送级 always。

```
always @(posedge Clock or negedge Reset)
      begin
        if (! Reset)           //异步复位
            Count<=0;
        else
            if (! Load)        //同步载入
                Count<=Data;
            else
                Count<=Count+1;
      end
```

例 8-20 组合逻辑的 always。

```
always @(A or B or C or D)
    begin
      R={A, B, C, D}
      F=0;
```

```
    begin: Loop
        integer I;
        for (I=0; I<4; I=I+1)
          if (R[I])
            begin
                F=I;
                disable Loop;
            end
    end //循环
end
```

在使用过程中，还要注意避免引起仿真死锁状态的发生。例如，生成一个零延时的无限循环跳变过程中，形成仿真死锁：

```
always   clk=~clk;
```

这里的 always 结构语句不带敏感信号列表，所以是无条件地重复执行后面的语句。由于该语句没有时间控制部分，故每次执行都不需要延时，仿真时就停留在always 开始的时刻，仿真不能往下一时刻继续，即出现死锁。要避免死锁状态的出现，需要为其加入延时控制，例如：

```
always   #10   clk=~clk;
```

2. initial 结构

initial 结构不能综合，主要用在仿真的初始状态对各变量进行初始化，以及在测试文件中生成激励波形以作为电路的仿真信号。initial 结构块由 initial 语句和语句块组成。其语法格式如下：

```
initial
    begin
      语句 1;
      语句 2;
         ⋮
      语句 n;
    end
```

下面是两个关于 initial 结构的例子。

例 8-21 对各变量进行初始化。

```
Parameter   size=16;
reg[3:0]    addr;
reg         temp;
reg [7:0]   memory[0:15];
initial
    begin
        temp=0;                    //对 temp 变量赋初值 0
        for(addr=0;addr<size;addr=addr+1);
```

```
        memory[addr]=0;        //对 memory 数组赋初值 0
    end
```

例 8-22 生成仿真激励波形。

```
module initialdemo(out);
    output out;
    //reg    out;
    initial
        begin
            out=1'b0;
            #10 out   =1'b1;      //延迟 10 个周期 out 信号发生反转
            #10 out   =1'b0;
            #10 out   =1'b1;
            #10 out   =1'b0;
        end
endmodule
```

3. task 结构

当希望能够对一些信号进行一些运算并输出多个结果(即有多个输出变量)时,宜采用 task 结构。还可以利用 task 结构来帮助实现结构化的模块设计,将批量的操作以任务的形式独立出来,使设计简单明了。其语法格式如下:

```
task<任务名>;
    端口及数据类型声明语句;
    其他语句;
endtask
```

任务调用格式如下:

```
<任务名>(端口 1, 端口 2, …);
```

在使用时要注意以下几点:

(1) 任务的定义与调用必须在一个 module 模块内;

(2) 任务被调用时,需列出端口名列表,且必须与任务定义中的 I/O 变量一一对应;

(3) 一个任务可以调用其他任务和函数。

下面用一个实例具体说明。

例 8-23 二进制输入数据的排序。

```
module  taskdemo(ina, inb, inc, ind, outa, outb, outc, outd);
    input [3:0]   ina, inb, inc, ind;
    output [3:0]   outa, outb, outc, outd;
    reg    [3:0]   outa, outb, outc, outd;
    reg    [3:0]   ta, tb, tc, td;      //作为中间变量,暂存比较后得值
    always @(ina, inb, inc, ind)
        begin
            { ta, tb, tc, td }={ ina, inb, inc, ind };
```

```
        //任务调用
        compare2(ta, tc);       //比较 ta 和 tc,较大的存入 ta
        compare2(tb, td);       //比较 td 和 tb,较大的存入 tb
        compare2(ta, tb);       //比较 ta 和 tb,较大的存入 ta
        compare2(tc, td);       //比较 td 和 tc,较大的存入 tc
        compare2(tb, tc);       //比较 tb 和 tc,较大的存入 tb
        { outa, outb, outc, outd }={ ta, tb, tc, td };
      end
    task compare2;              //任务定义
      inout [3:0] x, y;
      reg   [3:0] temp;
      if(x<y)                   //满足条件,则 x,y 内容互换
        begin
          temp=x;
          x=y;
          y=temp;
        end
    endtask
  endmodule
```

其仿真波形如图 8.12 所示。

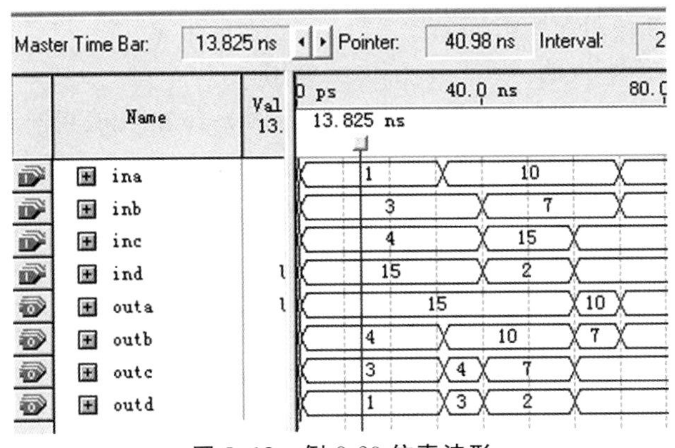

图 8.12　例 8-23 仿真波形

4. function 结构

使用 function 结构的目的是通过返回一个用于某表达式的值来响应输入信号，适用于对不同变量采取同一运算的操作。函数在模块内部定义，通常在本模块中调用，也能根据按模块层次分级命名的函数名从其他模块调用。而任务只能在同一模块内定义与调用。其语法结构如下：

```
function<返回值位宽或类型说明>函数名;
    端口声明;
    局部变量定义;
    其他语句;
endfunction
```

其调用格式如下：

<函数名>(<表达式><表达式>)

函数的调用是通过将函数作为调用函数的表达式中的操作数来实现的。例如：

```
    function[7:0] gefun;                //函数的定义
        input [7:0] x;
          ⋮
        <语句>                          //进行运算
        gefun=count;                    //赋值语句
    endfunction
assign number=gefun(rega);              //对函数的调用
```

函数在综合时被理解成具有独立运算功能的电路，每调用一次函数，相当于改变此电路的输入，以得到相应的计算结果。

在应用 function 时要遵循以下原则：

(1) 函数的定义不能包含任何时间控制语句——用延迟＃、事件控制@或等待 wait 标识的语句；

(2) 函数不能调用任务；

(3) 定义函数时至少要有一个输入参数，且不能有任何输出或输入/输出双向变量；

(4) 在函数的定义中必须有一条赋值语句，给函数中的一个内部寄存器赋以函数的结果值，该内部寄存器与函数同名。

下面用具体实例来说明 function 结构的应用。

例 8-24 统计 8 位二进制数中 0 的位数，与例 8-15 的功能相同。

```
module  functiondemo(in, out);
    input [7:0]   in;
    output [7:0]  out;

    function [7:0] zeronum;
        input [7:0]    x;
        reg   [7:0]    count;
        integer        i;
          begin
            count=0;
            for(i=0;i<=7;i=i+1)
              if(x[i]==1'b0)
                count=count+1;
            zeronum=count;          //函数名被赋予的值即为函数的返回值
          end;
    endfunction

     assign out=zeronum(in);        //调用函数 zeronum
endmodule
```

其仿真波形如图 8.13 所示。

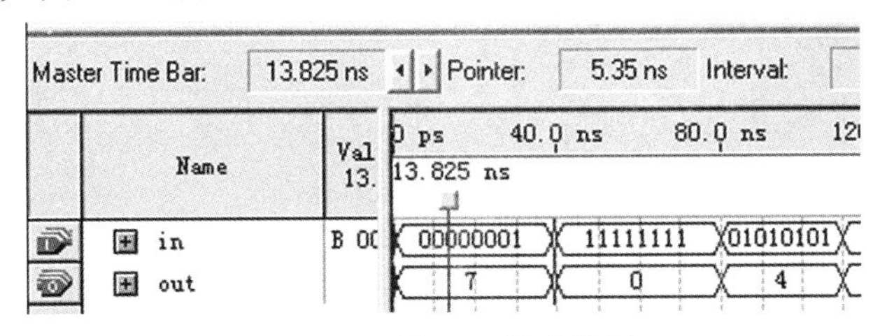

图 8.13 例 8-24 仿真波形

总结一下 task 与 function 之间的区别，如表 8.6 所示：

表 8.6 task 与 function 之间的区别

	任务(task)	函数(function)
目的或用途	可计算多个结果值	通过返回一个值来响应输入信号
输入与输出	可为各种类型(包括 inout 类型)	至少有一个输入变量，但不能有任何 output 或 inout 类型变量
调用其他任务和函数	可调用其他任务和函数	可调用其他函数，但不可调用其他任务
被调用	只可在过程赋值语句中调用，不能在连续赋值语句中调用	可作为表达式中的一个操作数来调用，在过程赋值语句和连续赋值语句中均可调用
返回值	不向表达式返回值	向调用它的表达式返回一个值
中断	可以由 disable 进行中断	不允许被中断

8.6 预编译处理命令

Verilog HDL 的预编译处理命令与 C 语言的编译预处理命令类似。预编译处理的意思就是在程序被编译之前，将标识需要做处理的地方先进行处理，然后将处理结果和源程序一起进行编译。

使用预编译处理命令时应注意以下几点：

(1) 编译预处理语句以西文重音符号“`”开头(通常位于键盘的左上角，其右边为数字键 1)，而不是单引号“'”；

(2) 预编译处理命令的末尾不需要加分号(;)；

(3) 预编译处理命令对所有被编译的文件都有效，直到有另外的编译命令取代它，或者直到整个编译结束。

Verilog HDL 定义了多条预编译处理命令，本节只介绍常用的宏定义预编译处理命令、文件包含预编译处理命令、时间尺度预编译处理命令和条件预编译处理命令。其他预编译处理命令的使用请参考 Verilog DHL 手册。

8.6.1 宏定义预编译处理命令

宏定义预编译处理命令(`define)用一个指定的标识符(即宏名)来表示一个频繁出

现或经常修改的字符串(即宏内容)。

宏定义的语法格式如下:

```
`define 标识符(宏名)    字符串(宏内容)
```

例如:

```
`define    NENGTH    16
```

其作用在于:以一个简短的名字代替一个长的字符串或复杂表达式;以一个有含义的名字代替没有含义的数字或符号。

宏定义时应注意以下几点:

(1) 宏名和宏内容必须在同一行中进行声明。

(2) 宏名是大小写敏感的,建议用大写字母,以与变量名相区别。

(3) 宏名的有效范围为定义命令之后到源文件结束。

(4) 同一宏名可以重复定义,但编译时以最后一次定义的宏内容为准。

(5) 在引用已定义的宏名时,必须在其前面加上符号"`"。

(6) 使用宏名代替一个字符串,可简化书写,便于记忆,易于修改。

(7) 预处理时只是将程序中的宏名替换为字符串,不管含义是否正确。只在编译宏展开后的源程序时才报错。

例 8-25 带宏定义的加法器。

```
`define    WIDTH   8
module definedemo(a, b, sum);
     input [`WIDTH-1:0]    a,b;
     output [`WIDTH:0]      sum;
     reg    [`WIDTH:0]      sum;
     always(a or b)
          sum=a+b;
endmodule
```

8.6.2 文件包含预编译处理命令

Verilog HDL 的文件包含预编译处理命令`include 与 C 语言的#include 类似,在编译时,将其他文件中的源程序完整地插入当前的源文件。这相当于将被包含文件的内容完整地复制到当前文件出现命令`include 的地方。其语法格式如下:

```
`include "文件名"
```

下面举例说明。

例 8-26 include 的使用。

(1) 文件 file1. v。

```
module file1 (a,b,out);
     input a,b;
     output out;
     assign  out=a^b;
```

```
endmodule
```

（2）文件 file2.v。

```
`include " file1.v"
module  file2(c,d,e,out);
    input  c,d,e;
    output  out;
    file1  file1 (.a (c), .b (d), .out (out_a));  // file1 的例化
    assign  out=e & out_a;
endmodule
```

在上面的例子中，文件 file2.v 用到了文件 file1.v 中的模块 file1 的实例器件，通过文件包含预编译处理来调用。模块 file1 实际上是作为模块 file2 的子模块来被调用的。在经过预编译处理后，文件 file2 实际相当于下面的程序文件：

```
module file1 (a,b,out);
    input a,b;
    output out;
    assign  out=a ^ b;
endmodule
module  file2(c,d,e,out);
    input  c,d,e;
    output  out;
    file1  file1 (.a (c), .b (d), .out (out_a));  // file1 的例化
    assign  out=e & out_a;
endmodule
```

关于文件包含预编译处理的四点说明：

（1）一个`include 命令只能指定一个被包含的文件，如果要包含 n 个文件，要用 n 个`include 命令。注意，下面的写法是非法的：

```
`include"aaa.v"
"bbb.v"
```

（2）`include 命令可以出现在 Verilog HDL 源程序的任何地方，被包含文件名可以是相对路径名，也可以是绝对路径名。例如：

```
`include"parts/count.v"
```

（3）可以将多个`include 命令写在一行，在`include 命令行，只可以出现空格和注释行。例如，下面的写法是合法的：

```
`include "fileB" `include "fileC" //including fileB and fileC
```

（4）如果文件 1 包含文件 2，而文件 2 要用到文件 3 的内容，则可以在文件 1 用两个`include 命令分别包含文件 2 和文件 3，而且文件 3 应出现在文件 2 之前。

8.6.3 时间尺度预编译处理命令

时间尺度预编译处理命令`timescale 用来说明跟在该命令后的模块的时间单位和

时间精度。使用`timescale 命令可以在同一个设计里包含采用了不同的时间单位的模块。例如,一个设计中包含了两个模块,其中一个模块的延时单位为 ns,另一个模块的延时单位为 ps。EDA 工具仍然可以对这个设计进行仿真测试。`timescale 命令的语法格式如下:

```
`timescale<单位时间>/<时间精度>
```

在这条命令中,时间单位参数是用来定义模块中仿真时间和延时的基准单位的。时间精度参数是用来声明该模块的仿真时间的精确程度的,该参数被用来对延时值进行取整操作(仿真前),因此该参数又称取整精度。如果在同一个程序设计里,存在多个`timescale 命令,则用最小的时间精度值来决定仿真的时间单位。另外,时间精度至少要和时间单位一样精确,时间精度值不能大于时间单位值。

在`timescale 命令中,用于说明时间单位和时间精度参数值的数字必须是整数,其有效数字为 1、10、100,单位为秒(s)、毫秒(ms)、微秒(μs)[①]、纳秒(ns)、皮秒(ps)、毫皮秒(fs)。下面举例说明`timescale 命令的用法。

```
`timescale  1ns/1ps        //单位时间为 1ns,时间精度为 1ps
```

在这个命令之后,模块中所有的时间值都表示是 1 ns 的整数倍。这是因为在`timescale命令中,定义了时间单位是 1 ns。模块中的延时可表达为带 3 位小数的实型数,因为`timescale 命令定义的时间精度为 1 ps。

8.6.4 条件预编译处理命令

一般情况下,Verilog HDL 源程序中所有的行都将参加编译。但是有时希望对其中的一部分内容只有在满足条件的情况下才进行编译,也就是对一部分内容指定编译的条件,这就是“条件预编译”。有时,希望当满足条件时对一组语句进行编译,而当条件不满足时则编译另一部分。条件预编译处理命令有以下几种形式:

(1) 形式 1:

```
`ifdef 宏名 (标识符)
  程序段 1
`else
  程序段 2
`endif
```

它的作用是当宏名已经被定义过(用`define 命令定义)时,对程序段 1 进行编译,程序段 2 将被忽略;否则编译程序段 2,程序段 1 被忽略。

(2) 形式 2:形式 1 中的`else 部分可以没有,即

```
`ifdef 宏名 (标识符)
  程序段 1
`endif
```

这里的“宏名”是一个 Verilog HDL 的标识符,“程序段”可以是 Verilog HDL 语

---

① 程序中微秒用 us 表示。

句组，也可以是命令行。这些命令可以出现在源程序的任何地方。注意：被忽略掉不进行编译的程序段部分也要符合 Verilog HDL 程序的语法规则。通常在 Verilog HDL 程序中用到`ifdef、`else、`endif 编译命令的情况有以下几种：

（1）选择一个模块的不同代表部分。

（2）选择不同的时序或结构信息。

（3）对不同的 EDA 工具，选择不同的激励。

8.7 Testbench

在 FPGA 及 ASIC 设计中，在整个项目中验证所占的比例越来越大，日益成为项目的关键路径。而其中功能验证又占了验证中的绝大部分工作。功能验证的目的是验证设计是否实现了需求分析所规定的功能。它通过对被测对象施加激励、将实际响应与期望响应做比较的方式来验证被测对象是否符合需求分析的要求。

Testbench 是一种重要的功能验证方法。顾名思义，Testbench 的意思就是验证平台（或测试平台），即它对输入产生预定的激励，然后有选择地观察响应，并检查其是否为我们所期望的响应。功能验证的核心不仅是这个平台，更在于对被测对象施加了什么样的激励，以及在此激励下被测对象的输出是什么。

除了 Testbench 设计外，还可以用更直观的画波形图来进行功能仿真。与之相比，Testbench 有如下优点：

（1）Testbench 的功能覆盖率远远高于画波形图的。Testbench 以语言的方式描述激励源，容易进行高层次的抽象，产生多种激励源，实现远高于画波形图所提供的功能覆盖率。

（2）可以实现功能验证的自动化。Testbench 以语言的方式进行描述，能够实现对仿真结果的自动比较并以文字的方式报告仿真结果，而画波形图则不能。

（3）可以准确地定位错误。Testbench 可以通过内部设置观测点，或通过断言技术快速定位错误。

（4）可重用性和平台移植性好。

（5）仿真速度快。

通常，Testbench 也是一个模块，其中包括：module 名，一般是测试设计名加_tb；进行待测设计的例化；对初始端口的初始化；时钟的设计；测试结果的输出。

下面的例子说明经常使用的测试设计的结构（见表 8.7）。

表 8.7 Testbench 结构

Verilog HDL
模块声明
信号声明
顶层设计例化
设置仿真激励信号（输入信号的各种变化）

1. 时钟信号

在时序逻辑设计中使用系统时钟信号来产生不同周期的时钟信号。重复的时钟信号可以很容易地在 Verilog HDL 源代码中实现。以下是 Verilog HDL 的时钟发生示例,clk 大体有三种写法:

(1)

```
`timescale 1ns/1ps
initial
   clk=0;
always
   #10 clk=~clk;
```

(2)

```
`timescale 1ns/1ps
initial
begin
clk=0;
    forever
         #10 clk=~clk;
end
```

(3)

```
`timescale 1ns/1ps
always
begin
      #10 clk=0;
      #10 clk=1;
end
```

上述三种代码的目的就是产生系统时钟,给 clk 一个初值后,不断重复执行:每 10 ns 翻转一次 clk,从而生成一个周期为 20 ns、频率为 50 MHz 的方波信号。第(1)种和第(2)种基本类似,第(3)种比较简单,少了一个 initial,在 always 里实现了初始化。

2. 激励信号

为了获得测试设计的验证结果,激励必须在测试设计中提供。在测试设计中使用的并行激励块提供必要的激励。两种方法被予以考虑:绝对时间激励和相对时间激励。在绝对时间激励这种方法里,仿真变量被详细描述为相对于仿真时间零点。通过比较,相对时间激励提供初始值,然后在重触发激励前等待一个事件。根据设计者的需要,两种方法可以在测试设计中组合使用。

以下分别是 Verilog 提供的绝对时间激励和相对时间激励的源代码。

1) 绝对时间激励

```
Initial begin
Reset=1;
Load=0;
Count_UpDn=0;
#100   Reset=0;
```

```
  #20   Road=1;
  #20   Count_UpDn=1;
  end
```

2）相对时间激励

```
  always@(posedge clock)
  TB_Count<=TB_Count+1;
  Initial begin
  if(TB_Count<=5)
  begin
      Reset=1;
      Load=0;
      Count_UpDn=0;
    end
  else
    begin
      Reset=0;
      Load=1;
      Count_UpDn=1;
  end
```

Verilog HDL 初始块与设计文件中的其他进程块或初始块同时执行。然而，在每一个进程块或初始块中，事件是按照书写的顺序有序地规划的。多模块应该被用来将复杂的激励顺序分解为具有更好可读性和方便维护的代码。

3. 显示结果

Verilog HDL 中推荐使用关键字 $display 和 $monitor 显示结果。下面是 Verilog HDL 示例，它将在终端屏幕上显示一些值。

例 8-27 使用关键字 $display 和 $monitor 显示结果。

```
initial begin
      $timeformat(-9, 1, "ns", 12);
      $display(" Time Clk Rst Ld SftRg Data Sel");
      $monitor("%t %b %b %b %b %b %b", $realtime,
                 clock, reset, load, shiftreg, data, sel);
end
```

关键字 $display 用于在终端屏幕上输出引用的附加说明文字，关键字 $monitor 的操作不同，因为它的输出是事件驱动的。例中的变量 $realtime（由用户赋值到当前的仿真时间）用于触发信号列表中值的显示。信号列表由变量 $realtime 开始，之后跟随其他将要显示的信号名（clock、reset、load 等）。以%开始的关键字包含一个格式描述的表，用来控制如何格式化显示信号列表中的每个信号的值。格式列表是位置确定的。每个格式说明有序地与信号列表中的信号顺序相关。比如，%t 说明规定了 $realtime的值是时间格式。并且第一个%b 说明符格式化 clock 的值为二进制形式。Verilog HDL 提供附加的格式说明，比如，%h 用于说明显示为十六进制，%d 用于说明显示为十进制,%c 用于说明显示为八进制(参见 Verilog HDL 准则了解完整的关键字及格式描述符)。

其仿真结果如图 8.14 所示。

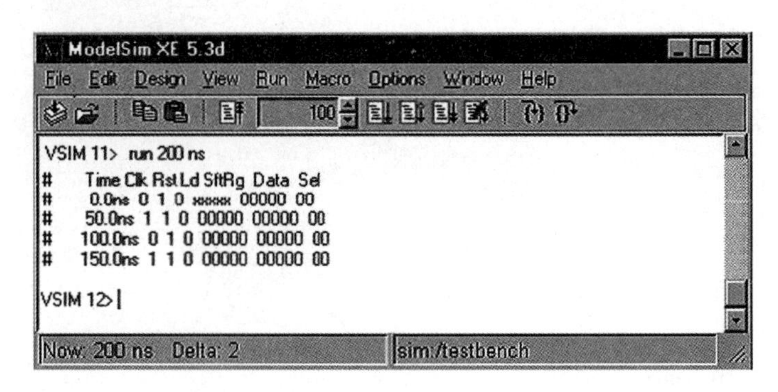

图 8.14 例 8-27ModelSim 仿真结果

4. 简单的测试设计

简单的测试设计是实例化用户设计,并提供相应的输入激励。测试输出被图形化显示在仿真器的波形窗口里或者作为文本发送到用户的终端或者是管道输出文本。下面通过一个加减运算的例子来说明 Testbench 的具体实现:

例 8-28 add_sub 的 Testbench 验证。

```
module add_sub(a, b, enable, result);// 功能模块
    input  [3:0]   a, b;
    input          enable;
    output  [4:0]  result;
    reg  [4:0]     result;
    always@(a, b, enable)
      begin
        if(enable==1)
            result=a+b;
        else
            result=a-b;
      end
endmodule
/* 下面是验证模块。需要注意的是:验证程序的输入端口要与功能模块的输出端口匹配,
输出端口与功能模块的输入口匹配。*/
module add_sub_tb (result, a, a, enable);
    input  [4:0]   result;
    output  [3:0]   a, b;
    output          enable;
    reg  [3:0]     a, b;
    reg             enable;
    initial  //为功能模块提供激励
      begin
```

```
            a=0;
            b=0;
            enable=1;
            #10  a=4'h15;
                 b=4'h4;
            #10  enable=0;
                 a=4'h14;
                 b=4'h3;
            #10  enable=1;
        end
    endmodule
    //验证平台与功能模块的连接
    module top_add_sub();
            wire  [3:0]  tb_a, tb_b;
            wire         tb_enable;
            wire  [4:0]  tb_result;
      add_sub  my_add_sub(.a(tb_a), .b(tb_b), .enable(tb_enable) , .result(tb_result));
      add_sub_tb my_tb_add_sub (.a(tb_a), .b(tb_b), .enable(tb_enable), .result(tb_re-
sult));
    endmodule
    /* 实例引用 add_sub 模块,并加入验证信号流,以观察输出 result。"."表示端口,后面紧
跟端口名且必须与 add_sub 模块定义的端口名一致;"()"内的信号名为与该端口连接的在本模
块定义的信号线名。*/
```

add_sub 在 ModelSim 6.0 下的仿真波形如图 8.15 所示。

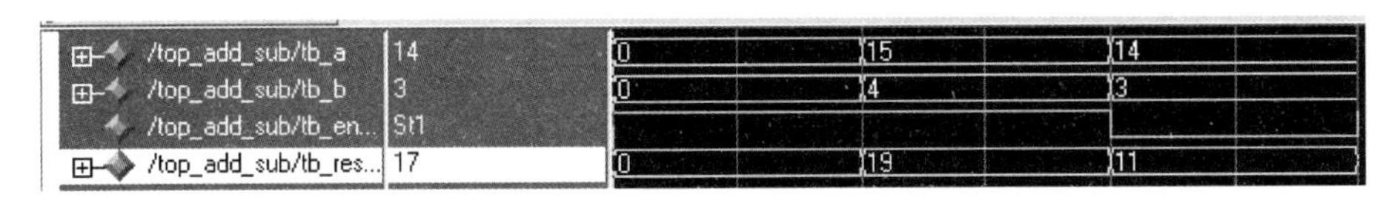

图 8.15 add_sub 在 ModelSim 6.0 下的仿真波形

验证程序除了包括产生向功能模块提供验证激励的信号外,还包括验证功能模块输出的信号,并与预期的输出值进行比较,如果一致,则表明功能模块正确。例 8-28 是一个非常简单的例子,用 initial 模块直接给输入激励。如果测试激励很长,则这种方法就不合适。这就需要利用 always 或 forever 产生周期性激励,或将激励写到文件,通过读文件来产生激励。同样,当需要比较的数据较多时,也可将输出结果保存到文件中。

例 8-29 pow4 的 Testbench 验证。

```
module pow4(clk, reset, in, out);  //功能模块
    input       clk, r eset;
    input [3:0]    in;
    output [7:0]    out;
    reg [7:0] out;
    always@(posedge clk or negedge reset)
        begin
```

```
            if(! reset)
              out<=0;
            else
              out<=in * in;          //输入信号的平方运算
        end
endmodule
//验证平台(Testbench)模块
`timescale 10ns/10ns
module tb_pow4(tb_out, tb_in, tb_clk, tb_reset);
    input [7:0] tb_out;
    output      tb_clk, tb_reset;
    output [3:0]  tb_in;
    reg [3:0] tb_in;
    reg   tb_clk, tb_reset;
    integer file;
    initial
      begin
        file= $fopen("result.txt");     //打开文件,存入仿真结果
        tb_clk=0;
        tb_reset=1;
        #2   tb_reset=0;                //复位信号
        #2   tb_reset=1;
        #1000    $fclose(file);         //10ms 后关闭文件
        $stop;                          //停止仿真
      end
always   #1 tb_clk=~tb_clk;             //产生周期为 20ns 时钟信号

always@(posedge tb_clk)                 //激励信号 tb_in
    begin
      if(! tb_reset)
        tb_in=0;
      else
        tb_in=tb_in+1;
    end

always@(negedge tb_clk)                 //输出 tb_out 信号与期望值比较
    begin
       if(tb_out==(tb_in) * (tb_in))
         $fdisplay(file, "correct! %d=%d * %d", tb_out, (tb_in), (tb_in));
       else
         $fdisplay(file, "error! %d/=%d * %d", tb_out, (tb_in), (tb_in));
    end
endmodule
```

```
//顶层模块
module top_pow4();
    wire   t_clk, t_reset;
    wire  [3:0] t_in;
    wire  [7:0] t_out;
    pow4 mypow4(.clk(t_clk), .reset(t_reset), .in(t_in), .out(t_out));
    tb_pow4 mytb_pow4 (.tb_clk(t_clk), .tb_reset(t_reset), .tb_in(t_in), .tb_out(t_
out));
endmodule
```

pow4 在 ModelSim 6.0 下的仿真波形如图 8.16 所示。

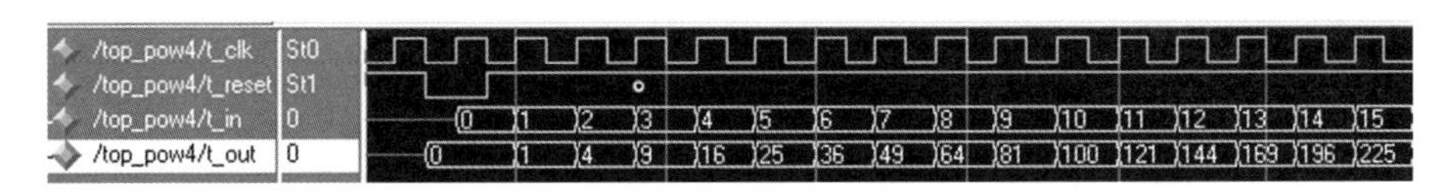

图 8.16 pow4 在 ModelSim 6.0 下的仿真波形

编写 Testbench 的主要目的是对使用硬件描述语言设计的电路进行仿真验证，测试设计电路的功能、部分性能是否与预期的目标相符。

编写 Testbench 进行测试的过程如下：

(1) 产生模拟激励(波形)；

(2) 将产生的激励加入被测试模块并观察其输出响应；

(3) 将输出响应与期望进行比较，从而判断设计的正确性。

初学者往往把写 RTL 代码当成重点，不愿写 Testbench。但对于 FPGA，仿真验证才是核心，验证占到整个设计工作的 70%，包括前仿真、后仿真、功能仿真、时序仿真、行为级仿真、RTL 仿真、综合后仿真、门级仿真、布局布线后仿真……

当然，本章主要是对 Verilog HDL 的语法加以介绍，学习重点还是对语法、基本结构的不断熟悉与应用，代码的编写，软件的熟练使用，然后才是 Testbench 仿真练习。

本章只是介绍了 Verilog HDL 的基本语法部分，而“10%的语法就能完成 90%的工作”。因此学习 Verilog HDL 最重要的不是语法，更不用去死记硬背，而是要多读、多看、多练，实际应用得多了，自然就熟练了，遇到问题自然就会去找到问题的答案。用 Verilog HDL 描述电路的时候，一定要清楚它实现的电路，不熟悉它所实现的电路，是设计不出好的电路来的。

9

数字电路的CPLD/FPGA实现

9.1 Quartus Ⅱ使用指南

逻辑器件从功能上可以划分成通用型器件和专用型器件两种，如74系列等逻辑器件就属于通用型数字集成电路。可编程逻辑器件（programmable logic device，简称PLD）也是一种通用器件，它与74系列逻辑芯片的最大差别在于它没有固定的逻辑功能。可编程逻辑器件的不同逻辑功能是由使用者通过对器件进行编程来实现的。

由于可编程逻辑器件具有可自定义的逻辑功能、芯片集成度高、保密性好等特点，在一些复杂及高速逻辑控制的电路上得到了广泛的应用。可以预计，今后的数字电路设计将大量采用可编程逻辑器件，而传统的通用逻辑器件将只起黏合逻辑（glue logic）的作用，用于接口及电平的转换。

目前，有十几家生产可编程逻辑器件CPLD/FPGA的公司，最大的三家是Altera、Xilinx和Lattice，根据iSuppli的数据，2005年Altera和Xilinx合起来在PLD市场占83.4%的份额。

Altera在20世纪90年代以后发展很快，是最大的可编程逻辑器件供应商之一。主要产品有MAX、MAXⅡ、Cyclone、CycloneⅡ、Stratix和StratixⅡ等。开发软件为QuartusⅡ。

Xilinx是FPGA的发明者，老牌的FPGA公司，是最大的可编程逻辑器件供应商之一。产品种类齐全，主要有XC9500、Coolrunner、Spartan和Virtex等。开发软件为ISE。通常来说，在欧洲和美国，Xilinx的用户较多，在日本和亚太地区，Altera的用户较多。全球PLD/FPGA产品80%以上是由Altera和Xilinx提供的。可以说，Altera和Xilinx共同决定了PLD技术的发展方向。

Lattice是ISP技术的发明者，ISP技术极大地促进了PLD产品的发展，与Altera和Xilinx相比，其开发工具略逊一筹。中小规模PLD比较有特色，主要产品有ispMACH4000、EC/ECP、XO、XP及可编程模拟器件等。

下面分别以组合逻辑电路“1位二进制全加器”和时序逻辑电路“4位二进制可逆计数器”为例，采用Altera公司的开发软件QuartusⅡ，介绍它们的设计过程。

1. 1位二进制全加器的设计

1）新建工程

在QuartusⅡ开发软件中，选择菜单“File”→“New Project Wizard”，打开新建工程

对话框，建立工程，如图9.1所示。

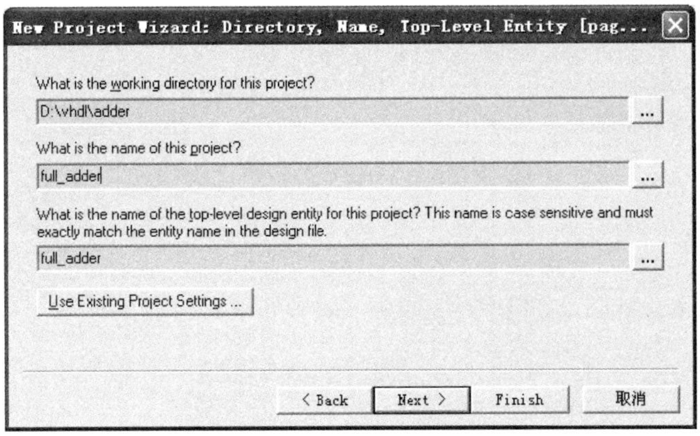

图9.1 新建工程

2）设计输入

QuartusⅡ支持多种设计输入方法，本例选择原理图设计输入方法进行层次化设计，如图9.2所示。首先设计一个1位半加器，然后由1位半加器构造1位全加器。

（1）打开原理图编辑器，如图9.3所示。

（2）在编辑框中双击出现如图9.4所示的符号输入框，在窗口左侧选择要插入的元器件，并将元器件用导线连接起来。如图9.5所示的为1位半加器的原理图。

（3）将半加器的设计文件“half_adder.bdf”保存在文件夹“D:\vhdl\adder”中，如图9.6所示（“Add file to current project”选项前的“√”表示将该文件加入当前工程中）。

（4）创建符号文件。在QuartusⅡ中可以为当前设计创建符号文件，以便在后面的设计中把当前设计作为逻辑符号直接调用，与库中的符号资源一样。

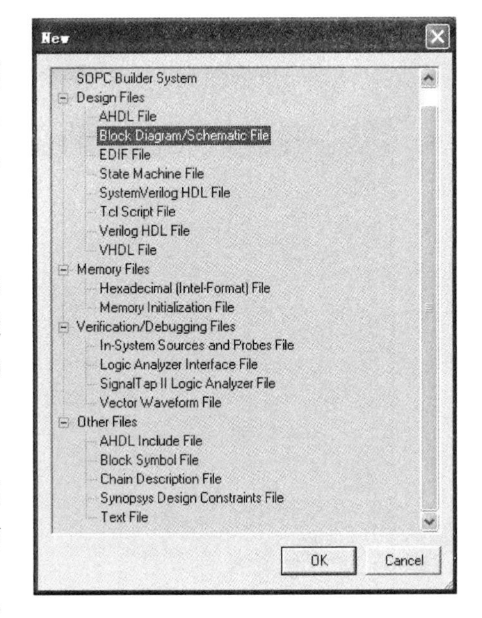

图9.2 选择原理图设计输入方法

依次选择菜单“File”→“Create\Update”→“Create Symbol File For Current File”，即可为当前设计创建符号文件。

（5）新建一个原理图文件。调用上述设计好的半加器符号，完成1位全加器的设计，如图9.7所示，并保存在当前工程文件夹，名为“full_adder.bdf”。

3）编译、仿真

对设计文件“full_adder.bdf”进行编译和波形仿真，得到1位全加器的仿真结果，如图9.8所示。

2. 4位二进制可逆计数器的设计

利用文本方式输入进行时序逻辑电路设计，以4位二进制可逆计数器为例，设计过

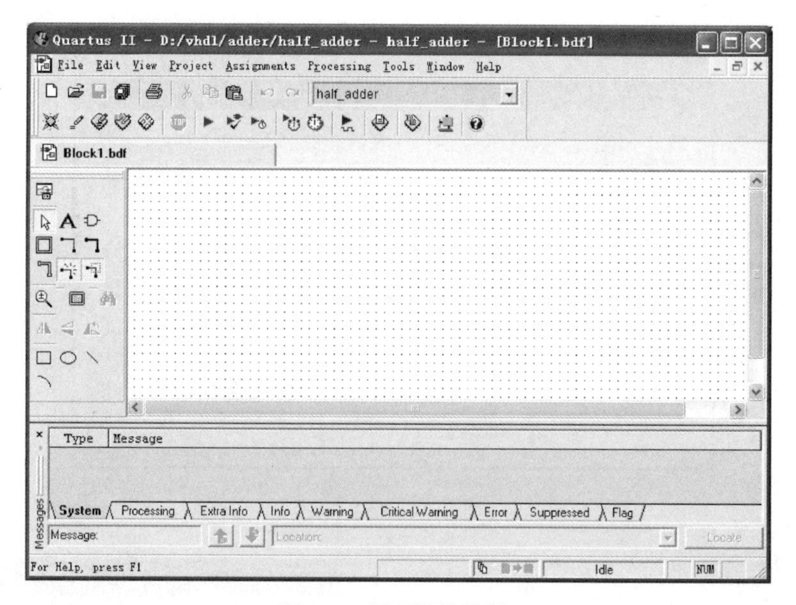

图 9.3　原理图编辑器

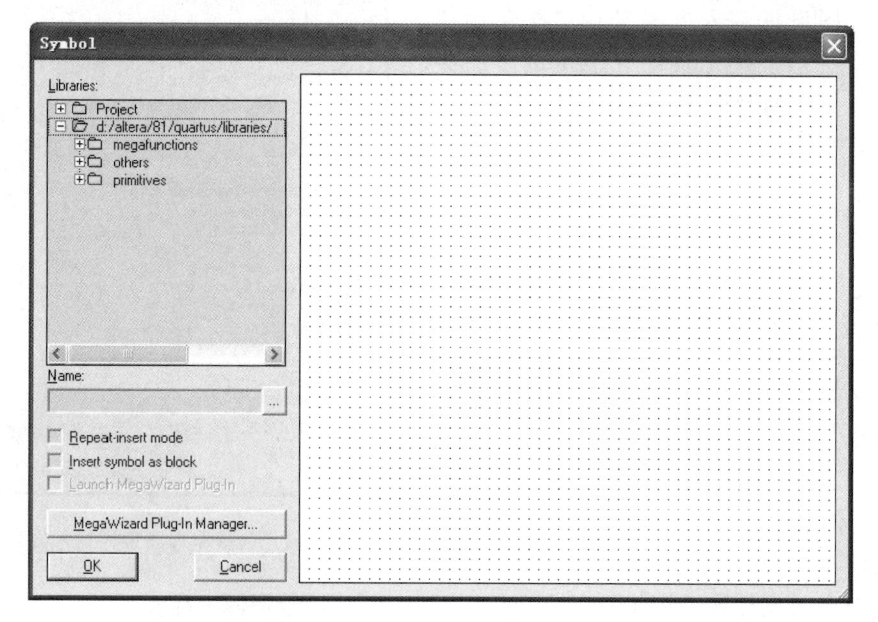

图 9.4　符号输入框

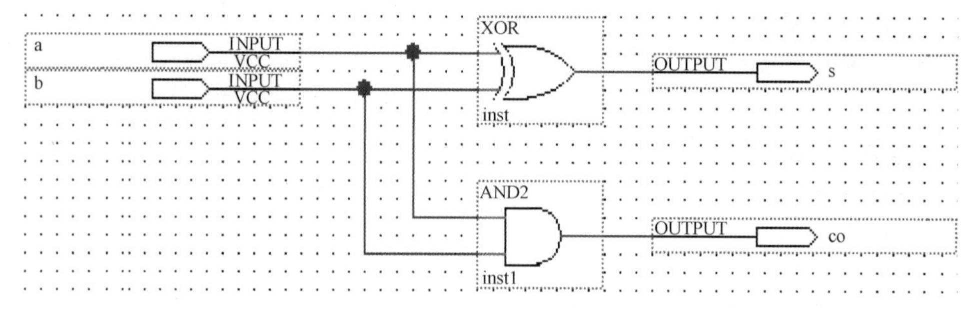

图 9.5　1 位半加器的原理图

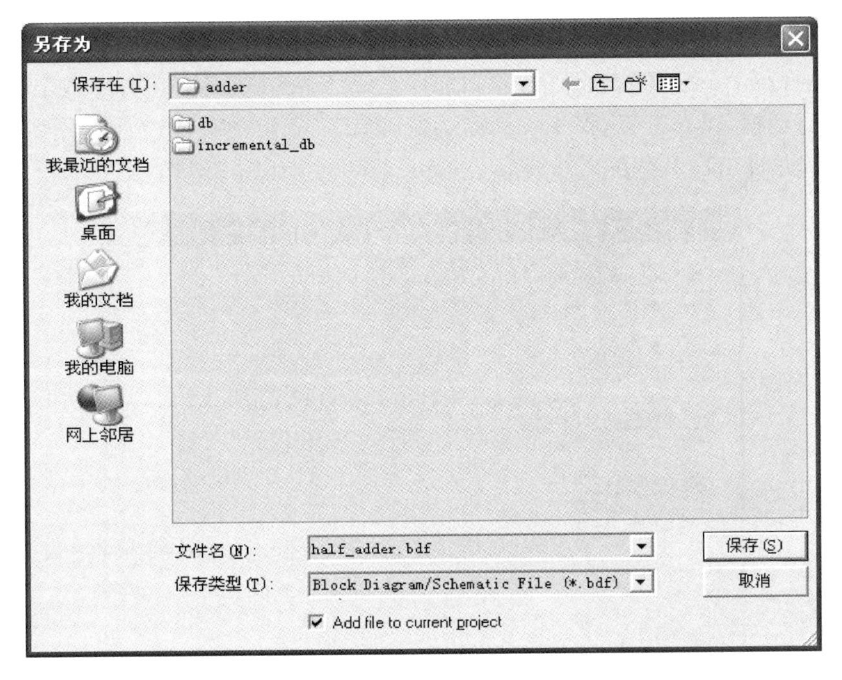

图 9.6 设计文件保存

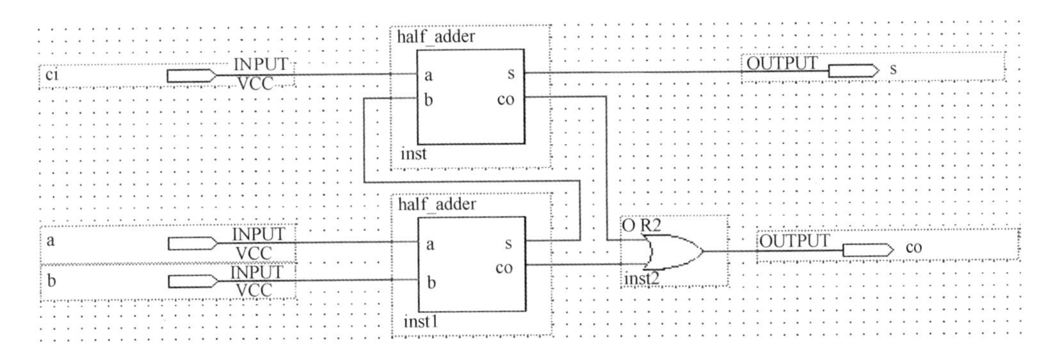

图 9.7 1 位全加器原理图

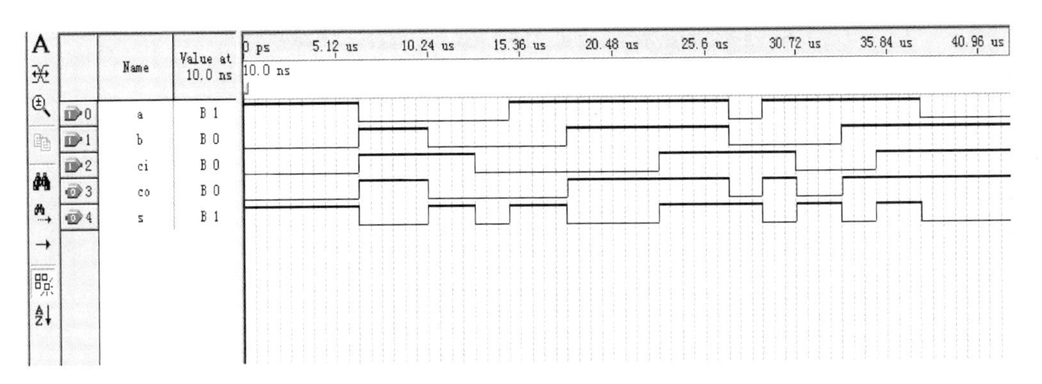

图 9.8 1 位全加器的波形仿真结果

程如下。

1）新建工程

(1) 在 QuartusⅡ开发软件中，首先选择菜单“File”→“New Project Wizard”，打开新建工程对话框，建立工程，将工程命名为“count”。工程的顶层设计文件名自动生成为“count”，并将工程保存在文件夹“D:\vhdl\cnt4”中，如图 9.9 所示。

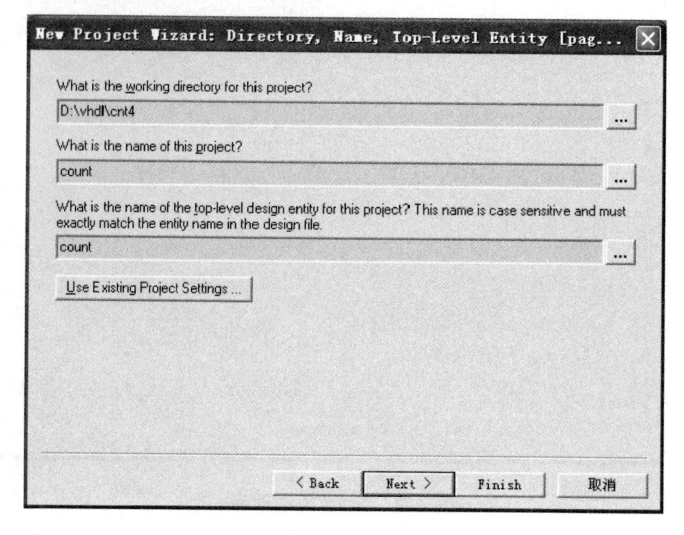

图 9.9　新建工程并保存

(2) 选择目标器件。单击图 9.9 中的“Next”按钮，开始器件设置，如图 9.10 所示。在“Family”下拉菜单中选择“CycloneⅡ”；在“Available devices”列表框中选择“EP2C35F672C6”(器件根据实验设备上逻辑器件的类型进行选择，可通过右侧的封装、引脚数、速度等条件来过滤选择)。

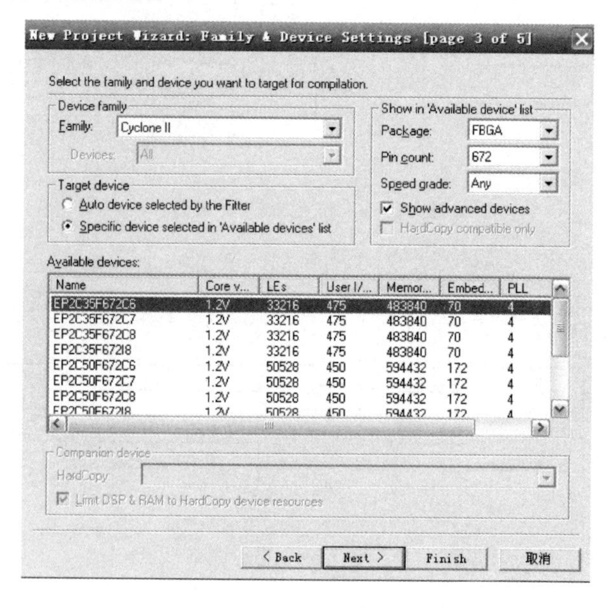

图 9.10　选择目标器件

(3) 选择综合器、仿真器和时序分析器。单击图 9.10 中的“Next”按钮，弹出选择综合器和仿真器类型的对话框，如图 9.11 所示，这里默认选择 Quartus Ⅱ 自带的仿真工具，如需要使用其他工具，在相应的栏目中进行选择即可。

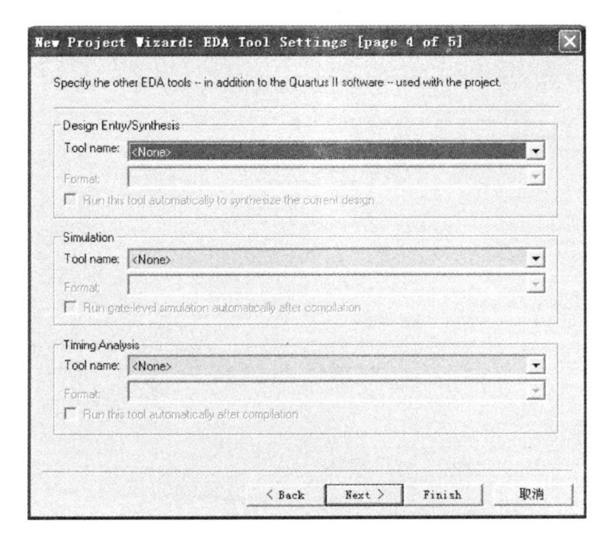

图 9.11　选择 EDA 综合器、仿真器

(4) 在"工程设置统计"窗口中列出了此项工程的相关设置项，单击"Finish"完成工程的设置。

2) 设计输入

本例选择"VHDL File"的文本设计输入方式，如图 9.12 所示。然后在文本编辑框中输入 VHDL 程序，如图 9.13 所示。

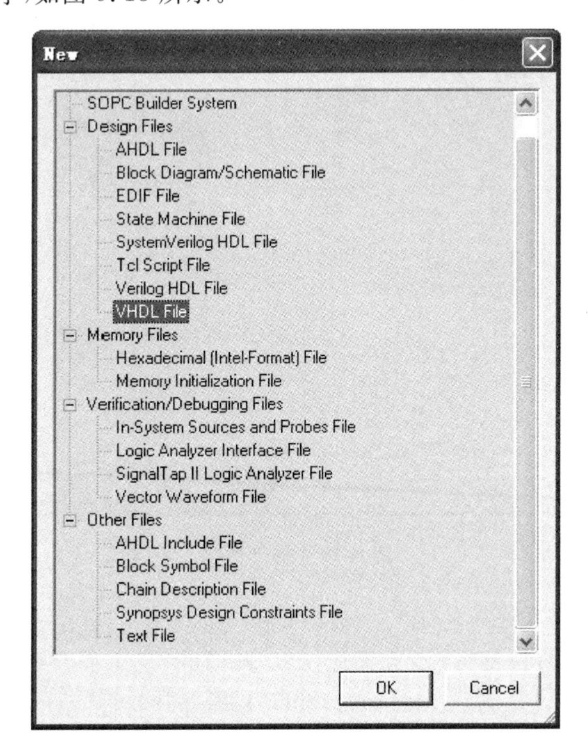

图 9.12　选择 VHDL 文本设计输入方式

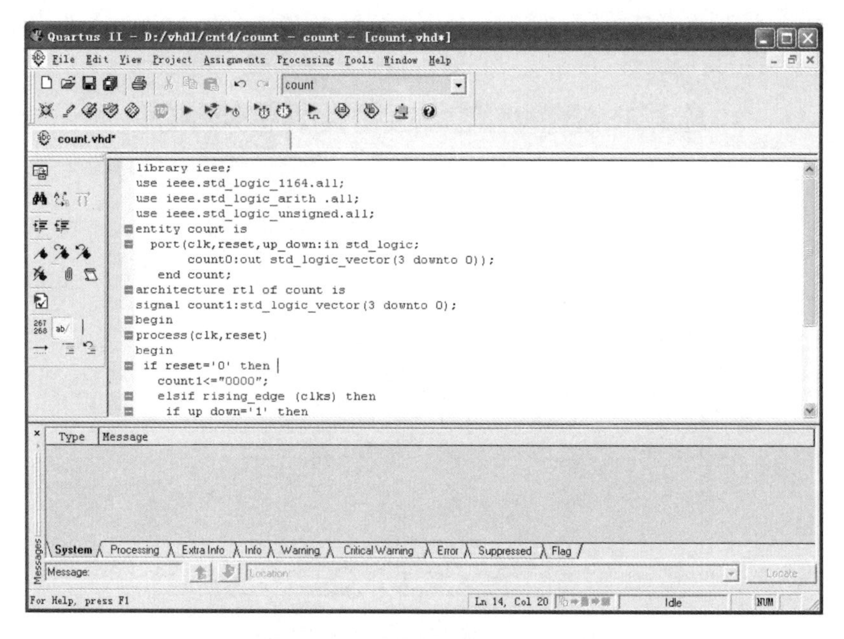

图 9.13　输入 VHDL 程序

将设计好的程序保存在工程所在的文件夹,并命名为“count”,此名称必须与工程名一致(注意:VHDL 程序的实体名也必须与设计文件的名称一致,即为“count”),如图 9.14 所示。

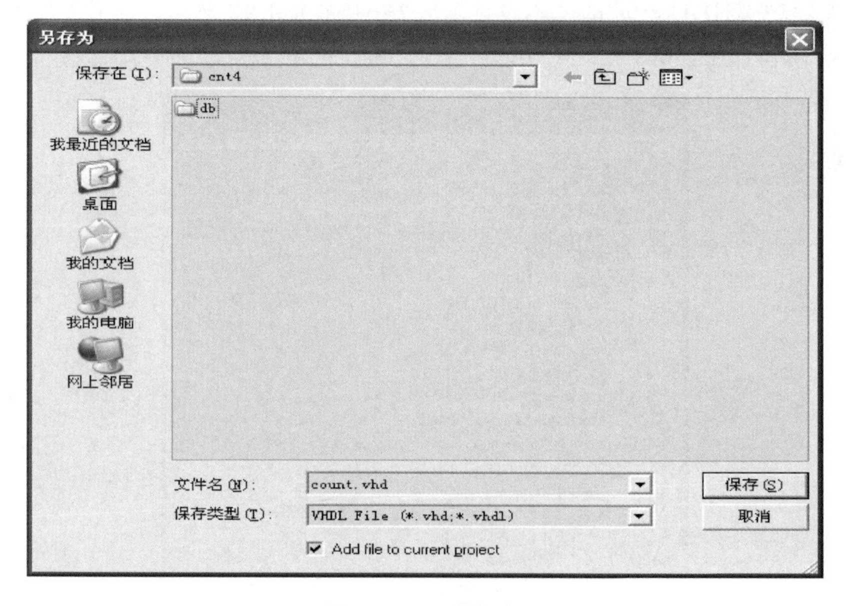

图 9.14　文件保存

3) 编译前对工程进行设置

此设置可以选择目标器件、设置优化技术等。在新建工程时已经选择了目标器件,也可以通过下面的方法完成,选择“Assignments”菜单中的“Settings”项,弹出如图9.15所示对话框。单击对话框中的“Device”节点,设置目标器件为 Cyclone Ⅱ 系列的 EP2C35F672C6。

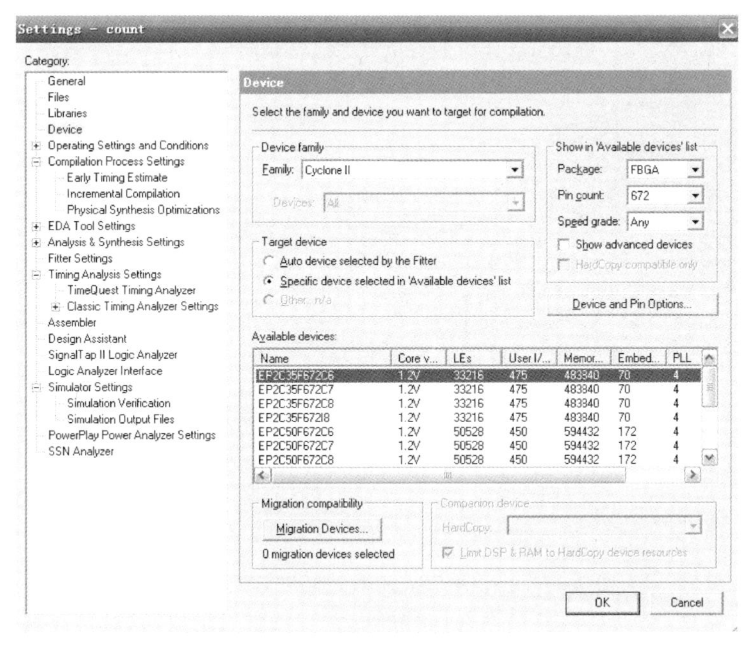

图 9.15　选择目标器件

如图 9.16 所示，单击“Analysis & Synthesis Settings”节点，根据右边的“Optimization Technique”栏选择优化技术。其中：“Speed”表示速度最优；“Balanced”表示速度与面积平衡；“Area”表示面积最优。

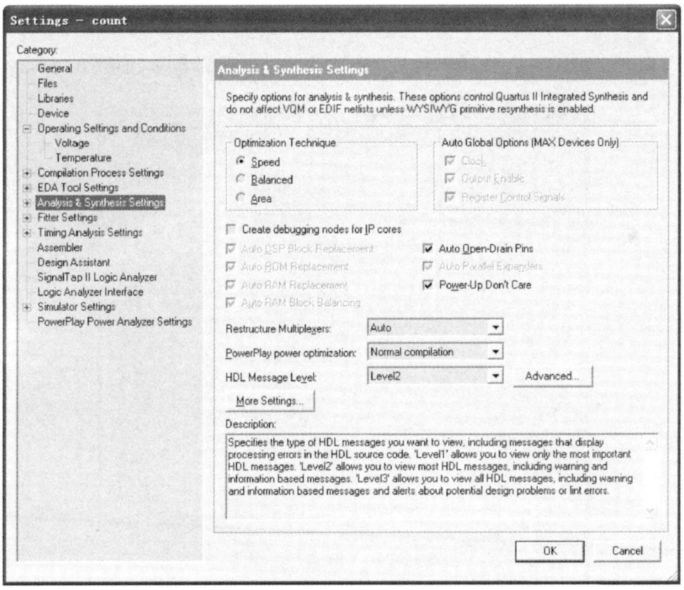

图 9.16　选择优化技术

4）编译

选择“Processing”菜单的“Start Compilation” 项，启动全程编译。编译过程包括对设计输入的多项处理：排错、数据网表文件提取、逻辑综合、适配、装配文件（仿真文件与编程配置文件）生成及基于目标器件的工程时序分析等。如果无错，则编译成功，如图 9.17 所示。

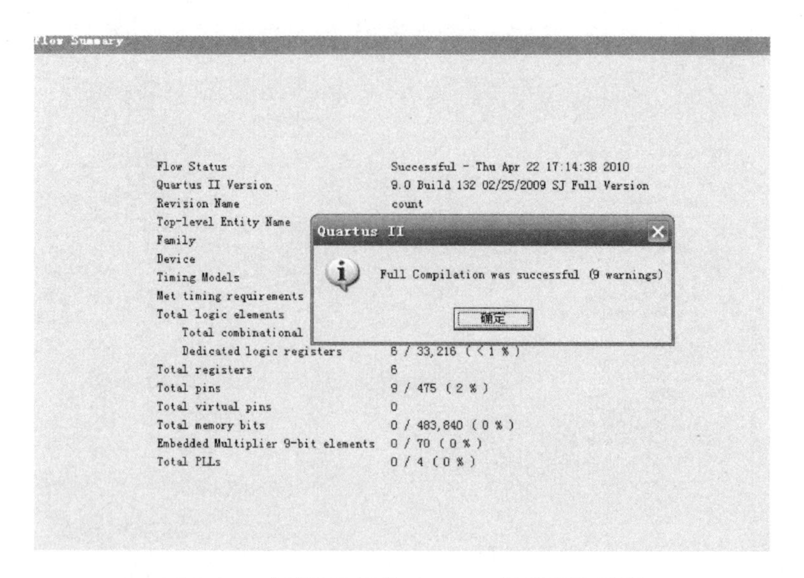

图 9.17　全程编译后的 Quartus Ⅱ 管理窗界面

5）仿真

仿真操作前必须利用 Quartus Ⅱ 波形编辑器建立一个矢量波形文件(.vwf)作为仿真激励。.vwf 文件使用图形化的波形形式描述仿真的输入向量和输出结果，也可以将仿真激励矢量用文本来描述，即用文本方式的矢量文件(.vec)来描述。采用.vwf 文件方式的仿真过程如下。

(1) 单击空白文档，出现设计输入选择窗口，如图 9.18 所示。选择“Vector Waveform File”节点，点击“OK”按钮，即出现空白的波形编辑器，如图 9.19 所示。

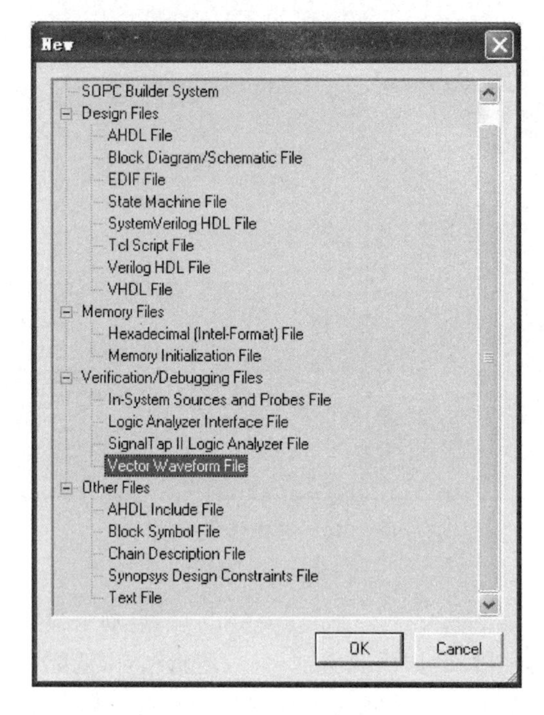

图 9.18　设计输入选择窗口

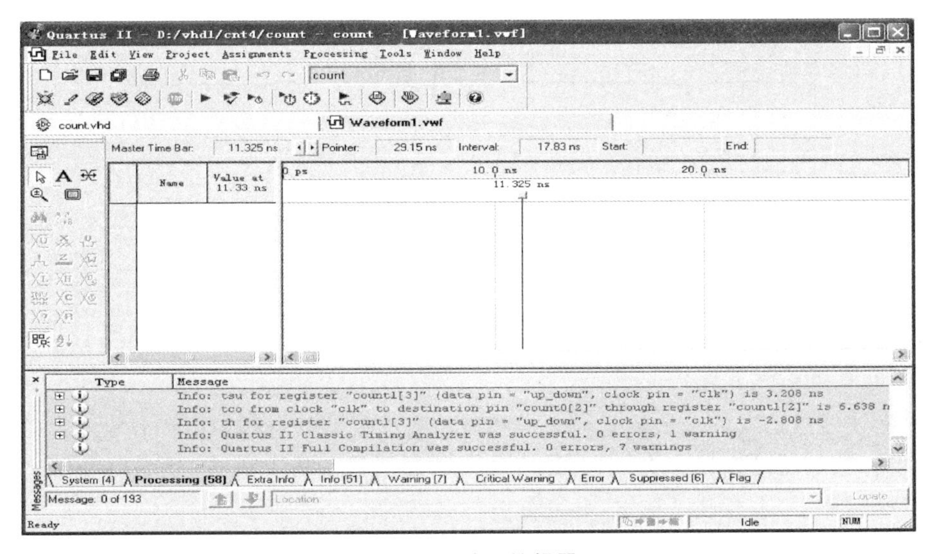

图 9.19　波形编辑器

（2）设置仿真时间。在"Edit"菜单中选择"End Time"项，设置仿真结束时间。此处设置的仿真结束时间为 50 μs，单击"OK"按钮，结束设置。

（3）双击波形文件空白处或者在"Edit"菜单中选择"Insert Node Or Bus..."项，单击"Node Finder"按钮，在"Node Finder"对话框中的"Filter"栏中选择"Pin：all"，单击"List"，即在对话框下方的"Nodes Found"窗口中出现 count 工程所有的引脚名。插入信号节点，单击"OK"按钮，得到插入信号节点后的波形编辑器，如图 9.20 所示。

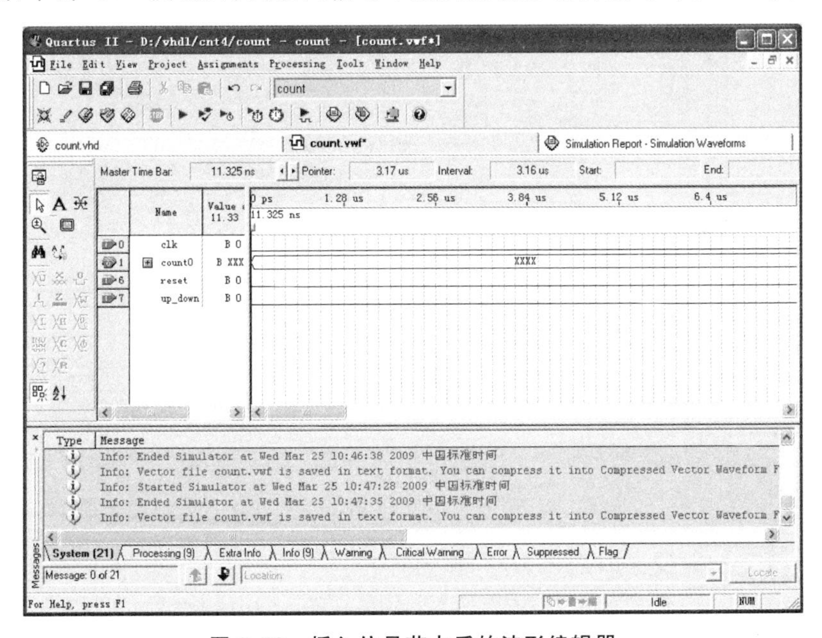

图 9.20　插入信号节点后的波形编辑器

（4）编辑输入波形。分别设置输入时钟 clk 的周期为 100 ns，设置 reset、up_down 信号的高、低电平，并将波形文件存盘在 count 工程的文件夹中。

（5）启动仿真器。在菜单"Processing"中选择"Start Simulation"，可观察到仿真结果，如图 9.21 所示。

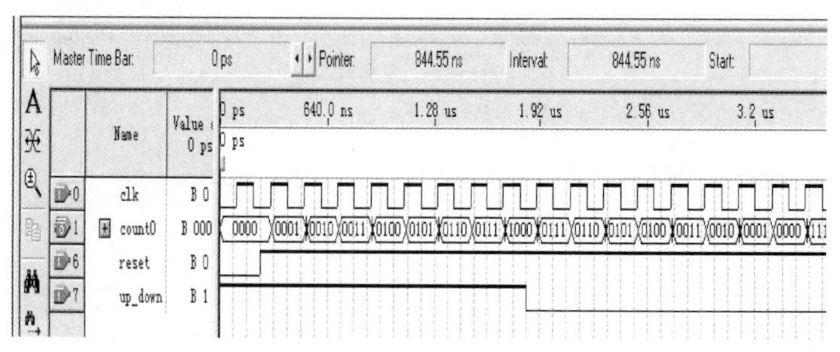

图 9.21 波形文件仿真结果

6）引脚锁定和下载

对上述经过仿真的计数器进行硬件测试。将计数器的引脚锁定在芯片确定的引脚上，将引脚锁定后再编译一次，把引脚信息一同编译进配置文件中，最后将配置文件下载到目标芯片中，进行硬件测试，分别如图 9.22 和图 9.23 所示。

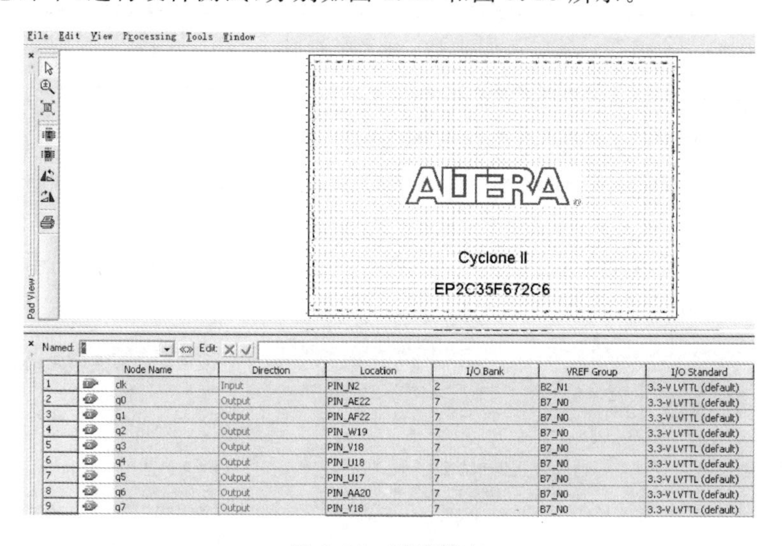

图 9.22 引脚锁定

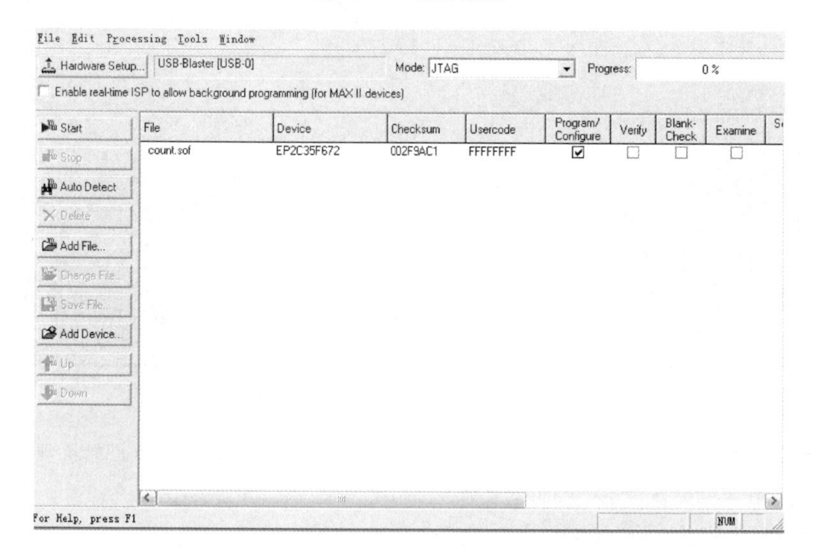

图 9.23 下载

9.2 组合逻辑电路实验(一)

9.2.1 实验目的

(1) 熟悉在 Quartus Ⅱ软件中使用原理图输入法进行电路设计和仿真;

(2) 熟悉在 Quartus Ⅱ软件中使用文本输入法进行电路设计和仿真;

(3) 了解组合逻辑电路的设计方法,学会使用硬件描述语言进行简单的逻辑电路设计。

9.2.2 实验仪器及元器件

(1) FPGA 实验箱/FPGA 开发板;

(2) 计算机及 Quartus Ⅱ软件;

(3) 双踪示波器;

(4) 数字万用表。

9.2.3 预习要求

(1) 熟悉中规模集成芯片 74138 的引脚排列和逻辑功能;

(2) 熟悉可编程逻辑设计的基本方法。

9.2.4 实验内容

1. 基础性实验内容

1) 测试软件库中 74138 的逻辑功能

在 Quartus Ⅱ软件中利用原理图输入,调出库中的 74138 元件和输入/输出管脚,如图 9.24 所示,进行编译和仿真。在仿真中,改变输入信号 a、b、c、g1、g2a 和 g2b 的逻辑状态,观测输出信号 y0、y1、y2、y3、y4、y5、y6、y7 的波形。

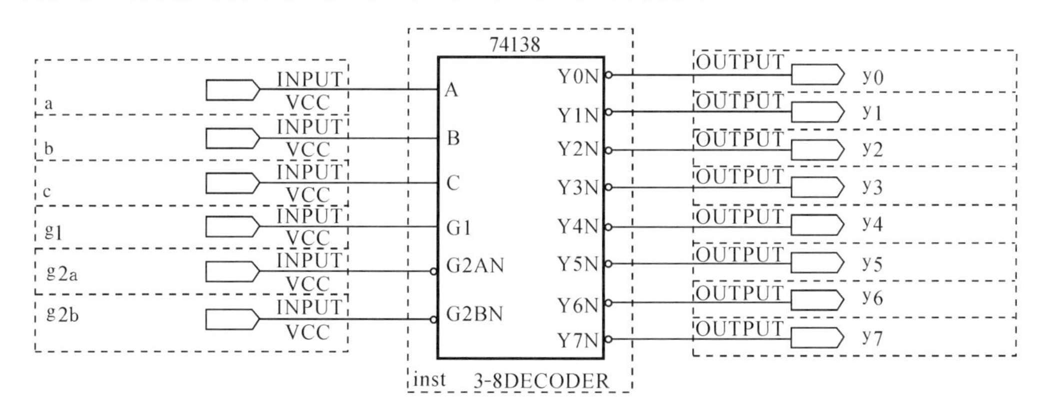

图 9.24 原理图输入

硬件测试中,输入信号 a、b、c、g1、g2a 和 g2b 由拨码开关 SW_0、SW_1、SW_2、SW_3、SW_4 和 SW_5 接入,输出信号 y0、y1、y2、y3、y4、y5、y6、y7 通过发光二极管 $LEDG_0$、$LEDG_1$、

$LEDG_2$、$LEDG_3$、$LEDG_4$、$LEDG_5$、$LEDG_6$、$LEDG_7$ 指示。

2）利用硬件描述语言编程实现74138逻辑功能，进行软件仿真和硬件测试

在 Quartus Ⅱ软件中采用文本输入法，利用硬件描述语言。描述74138译码器逻辑功能的VHDL参考源代码如下：

```
library ieee;
use ieee.std_logic_1164.all;
entity decoder38 is
 port(a,b,c,g1,g2a,g2b: in std_logic;
         y: out std_logic_vector(7 downto 0));
 end decoder38;
architecture behave38 of decoder38 is
signal indata: std_logic_vector(2 downto 0);
begin
  indata<=c&b&a;
  process(indata,g1,g2a,g2b)
     begin
       if(g1='1' and g2a='0' and g2b='0') then
       case indata is
           when "000"=>y<="11111110";
           when "001"=>y<="11111101";
           when "010"=>y<="11111011";
           when "011"=>y<="11110111";
           when "100"=>y<="11101111";
           when "101"=>y<="11011111";
           when "110"=>y<="10111111";
           when "111"=>y<="01111111";
           when others=>y<="ZZZZZZZZ";
        end case;
      else
       y<="11111111";
     end if;
     end process;
end behave38;
```

Verilog HDL 参考源代码如下：

```
module decoder38(a,b,c,g1,g2a,g2b,y);
    input a,b,c,g1,g2a,g2b;
    output [7:0] y;
    reg [7:0] y;
    wire [2:0] indata;
    assign indata={c,b,a};
    always@(indata,g1,g2a,g2b)
      begin
```

```
        if(g1&&~g2a&&~g2b)
          case(indata)
            3'b000:y<=8'b11111110;
            3'b001:y<=8'b11111101;
            3'b010:y<=8'b11111011;
            3'b011:y<=8'b11110111;
            3'b100:y<=8'b11101111;
            3'b101:y<=8'b11011111;
            3'b110:y<=8'b10111111;
            3'b111:y<=8'b01111111;
          default: y<=8'b11111111;
          endcase
        else
        y<=8'b11111111;
      end
    endmodule
```

仿真波形如图9.25所示:g1为低电平,g2a或g2b为高电平,即使能信号无效时,y0、y1、y2、y3、y4、y5、y6、y7均输出高电平;当g1为高电平,g2a和g2b为低电平,即使能信号有效,c为低电平,b和a为高电平时,y0、y1、y2、y4、y5、y6、y7输出高电平,y3输出低电平。

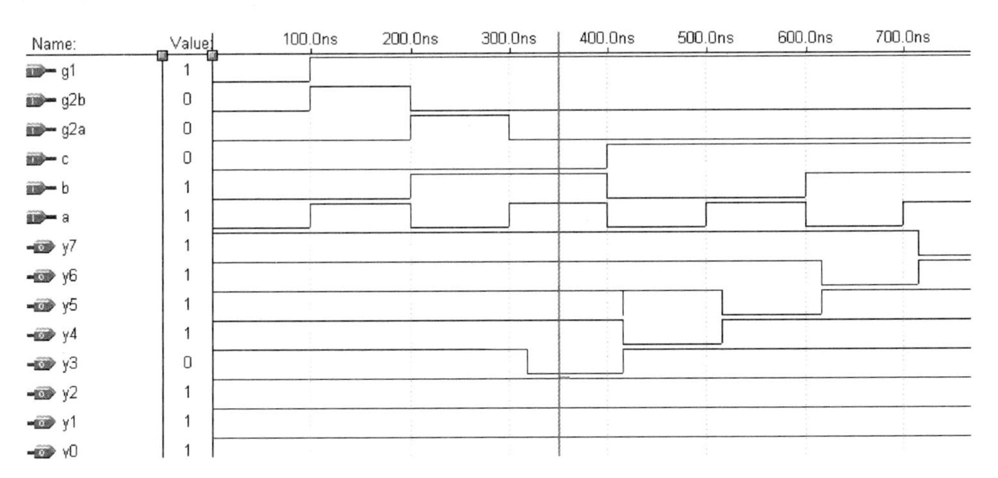

图9.25 74138仿真波形图

2. 设计性实验内容

(1) 在Quartus Ⅱ软件中采用原理图输入法,利用库中的2片74138元件构成4-16线译码器。画出原理图,进行仿真,并进行硬件测试。参考原理图如图9.26所示。

(2) 利用硬件描述语言编程实现4-16线译码器,并进行软件仿真和硬件测试。

描述4-16线译码器逻辑功能的VHDL参考源代码如下:

```
library ieee;
use ieee.std_logic_1164.all;
```

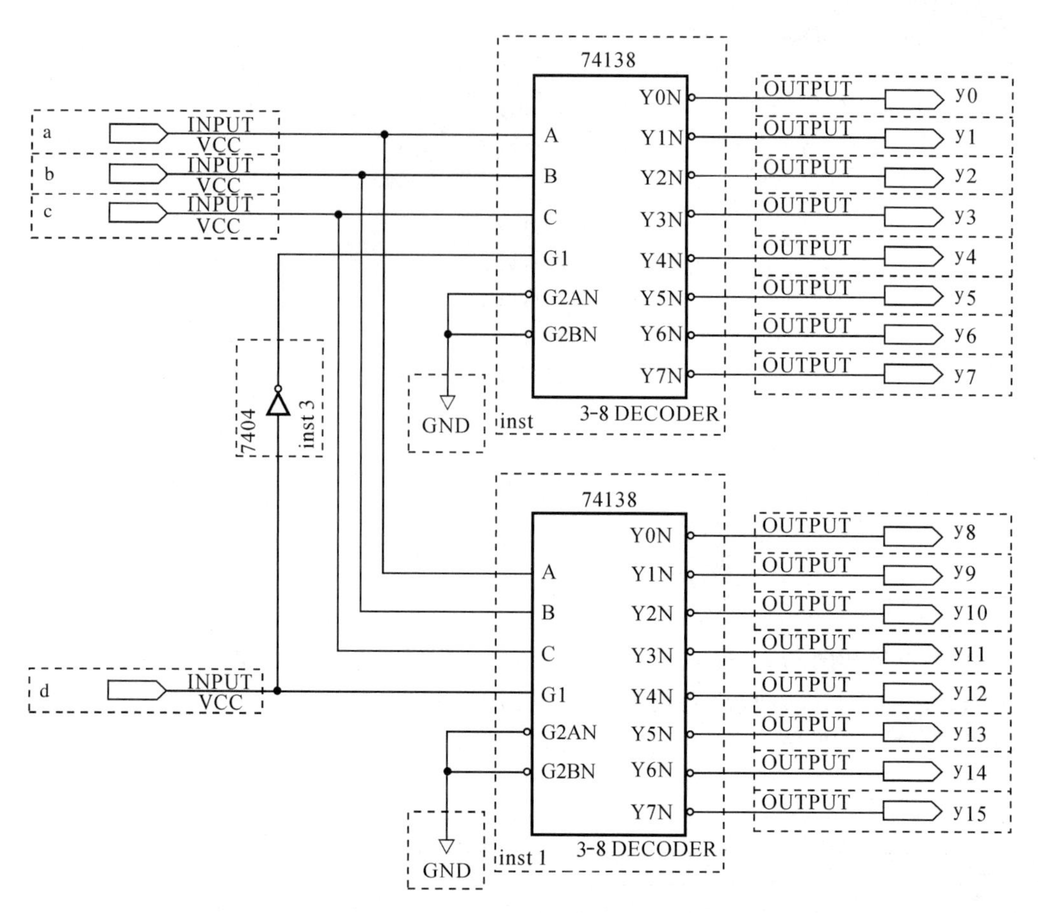

图 9.26 将 3-8 线译码器扩展为 4-16 线译码器的原理图

```
entity decoder4_16 is
 port(a,b,c,d: in std_logic;
      y: out std_logic_vector(15 downto 0));
 end decoder4_16;
architecture behave4_16 of decoder4_16 is
signal indata: std_logic_vector(3 downto 0);
begin
  indata<=d&c&b&a;
  process(indata)
     begin
       case indata is
           when "0000"=>y<="1111111111111110";
           when "0001"=>y<="1111111111111101";
           when "0010"=>y<="1111111111111011";
           when "0011"=>y<="1111111111110111";
           when "0100"=>y<="1111111111101111";
           when "0101"=>y<="1111111111011111";
           when "0110"=>y<="1111111110111111";
           when "0111"=>y<="1111111101111111";
```

```
            when "1000"=>y<="1111111011111111";
            when "1001"=>y<="1111110111111111";
            when "1010"=>y<="1111101111111111";
            when "1011"=>y<="1111011111111111";
            when "1100"=>y<="1110111111111111";
            when "1101"=>y<="1101111111111111";
            when "1110"=>y<="1011111111111111";
            when "1111"=>y<="0111111111111111";
            when others=>y<="ZZZZZZZZZZZZZZZZ";
        end case;
    end process;
end behave4_16;
```

Verilog HDL 参考源代码如下：

```
module decoder4_16(a,b,c,d,y);
    input a,b,c,d;
    output [15:0] y;
    reg [15:0] y;
    wire [3:0] indata;
    assign indata={d,c,b,a};
    always@(indata)
      begin
        case(indata)
          4'b0000:y<=16'b1111111111111110;
          4'b0001:y<=16'b1111111111111101;
          4'b0010:y<=16'b1111111111111011;
          4'b0011:y<=16'b1111111111110111;
          4'b0100:y<=16'b1111111111101111;
          4'b0101:y<=16'b1111111111011111;
          4'b0110:y<=16'b1111111110111111;
          4'b0111:y<=16'b1111111101111111;
          4'b1000:y<=16'b1111111011111111;
          4'b1001:y<=16'b1111110111111111;
          4'b1010:y<=16'b1111101111111111;
          4'b1011:y<=16'b1111011111111111;
          4'b1100:y<=16'b1110111111111111;
          4'b1101:y<=16'b1101111111111111;
          4'b1110:y<=16'b1011111111111111;
          4'b1111:y<=16'b0111111111111111;
        default: y<=16'bzzzzzzzzzzzzzzzz;
       endcase
     end
endmodule
```

9.2.5 思考题

(1) 若使3-8线译码器输出高电平有效,程序如何修改?若用原理图输入方式输入,原理图应做何修改?

(2) 比较4-16线译码器采用原理图输入方式和文本输入方式的优劣。

9.3 组合逻辑电路实验(二)

9.3.1 实验目的

(1) 了解组合逻辑电路的设计方法;

(2) 掌握数据选择器的逻辑功能及使用方法;

(3) 掌握在Quartus Ⅱ软件中使用原理图输入法和文本输入法进行电路设计和仿真的方法。

9.3.2 实验仪器及元器件

(1) FPGA实验箱/FPGA开发板;

(2) 计算机及Quartus Ⅱ软件;

(3) 双踪示波器;

(4) 数字万用表。

9.3.3 预习要求

(1) 熟悉中规模集成芯片74153的引脚排列和逻辑功能;

(2) 掌握1位全加器的逻辑功能;

(3) 熟悉可编程逻辑设计的基本方法。

9.3.4 实验内容

1. 基础性实验内容

(1) 利用四选一数选择器74153和门电路,以原理图方式构成1位全加器,并验证其逻辑功能。

在Quartus Ⅱ软件中采用原理图输入法,调出库中的元器件74153、NOT(反相器)和输入/输出管脚。连接电路,如图9.27所示。输入信号为c、b、a,输出信号为进位信号f和本位和信号s。进行编译和仿真,在仿真中,改变输入信号c、b、a的逻辑状态,观测输出信号s和f的波形。功能仿真波形如图9.28所示。从仿真波形中可以看出,当cba为011时,本位和信号s为0,进位信号f为1。

(2) 利用硬件描述语言编程实现1位全加器,并进行软件仿真和硬件测试。VHDL参考源代码如下:

```
library ieee;
use ieee.std_logic_1164.all;
```

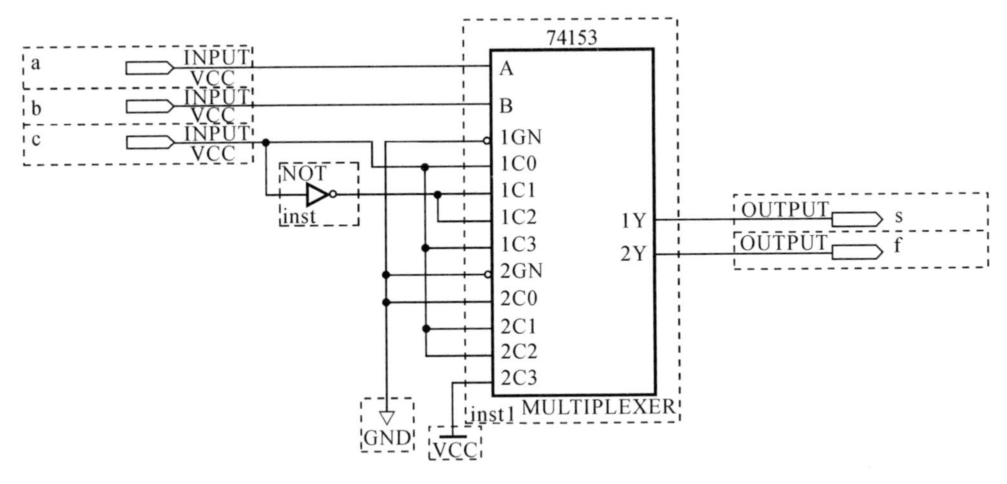

图 9.27 利用 74153 设计 1 位全加器的原理图

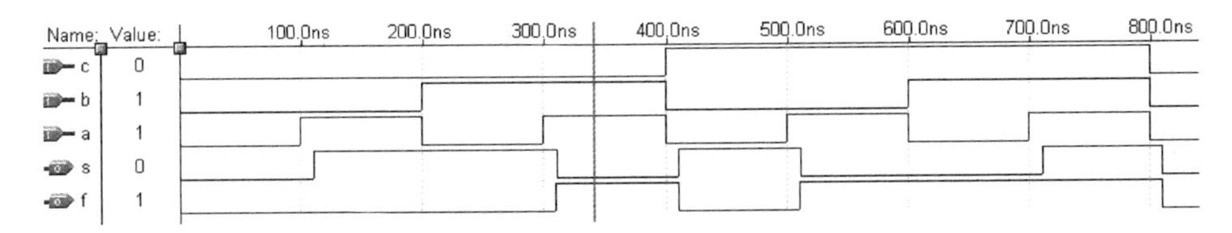

图 9.28 1 位全加器仿真波形图 1

```
entity full_add is
 port(c,b,a: in std_logic;
        s,f: out std_logic
     );
 end full_add;
architecture behave of full_add is
signal indata: std_logic_vector(2 downto 0);
begin
   indata<=c&b&a;
   process(indata)
      begin
         case indata is
             when "000"=>s<='0';f<='0';
             when "001"=>s<='1';f<='0';
             when "010"=>s<='1';f<='0';
             when "011"=>s<='0';f<='1';
             when "100"=>s<='1';f<='0';
             when "101"=>s<='0';f<='1';
             when "110"=>s<='0';f<='1';
             when "111"=>s<='1';f<='1';
             when others=>null;
        end case;
   end process;
```

```
end behave;
```

Verilog HDL 参考源代码如下：

```
module full_add(c,b,a,s,f);
    input c,b,a;
    output s,f;
    reg s,f;
    wire [2:0] indata ;
    assign indata={c,b,a};
    always@(indata)
      begin
          case(indata)
            3'b000:begin s<=1'b0;f<=1'b0; end
            3'b001:begin s<=1'b1;f<=1'b0; end
            3'b010:begin s<=1'b1;f<=1'b0; end
            3'b011:begin s<=1'b0;f<=1'b1; end
            3'b100:begin s<=1'b1;f<=1'b0; end
            3'b101:begin s<=1'b0;f<=1'b1; end
            3'b110:begin s<=1'b0;f<=1'b1; end
            3'b111:begin s<=1'b1;f<=1'b1; end
          default: begin s<=1'bz;f<=1'bz; end
          endcase
      end
endmodule
```

在仿真中，改变输入信号 c、b、a 的逻辑状态，观测输出信号 s 和信号 f 的波形。功能仿真波形如图 9.29 所示。仿真波形中可以看出，当 cba 为 111 时，本位和信号 s 为 1，进位信号 f 为 1。

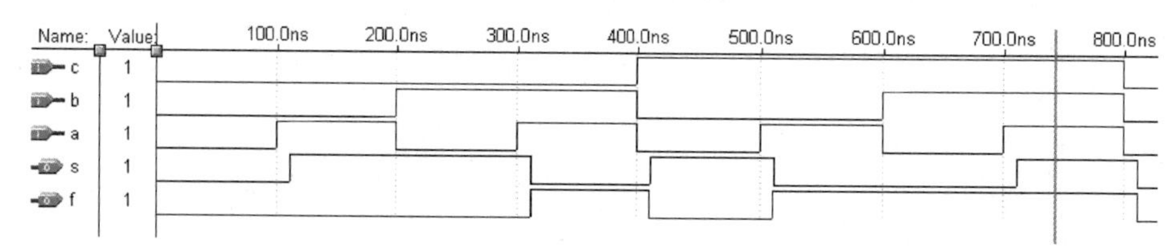

图 9.29　1 位全加器仿真波形图 2

2. 设计性实验内容

(1) 利用硬件描述语言编程实现八选一数据选择器的逻辑功能，并进行软件仿真和硬件测试。

(2) 利用硬件描述语言编程实现三变量奇偶校验电路，要求当输入的 3 个变量中有偶数个 1 时输出 1，否则输出 0，并进行软件仿真和硬件测试。

奇偶校验电路的 VHDL 参考源代码如下：

```
library ieee;
use ieee.std_logic_1164.all;
```

```
entity p_check_3 is
 port(a,b,c: in std_logic;
          y: out std_logic);
 end p_check_3;
architecture behave of p_check_3 is
signal indata: std_logic_vector(2 downto 0);
begin
  indata<=c&b&a;
  process(indata)
     begin
        case indata is
            when "000"=>y<='1';
            when "001"=>y<='0';
            when "010"=>y<='0';
            when "011"=>y<='1';
            when "100"=>y<='0';
            when "101"=>y<='1';
            when "110"=>y<='1';
            when "111"=>y<='0';
            when others=>y<='0';
        end case;
   end process;
end behave;
```

奇偶校验电路的 Verilog HDL 参考源代码如下：

```
module p_check_3(a,b,c,y);
     input a,b,c;
     output y;
     reg y;
     wire [2:0] indata ;
     assign indata={c,b,a};
     always@(indata)
        begin
               case(indata)
                  3'b000:y<=1'b1;
                  3'b001:y<=1'b0;
               3'b010:y<=1'b0;
               3'b011:y<=1'b1;
               3'b100:y<=1'b0;
               3'b101:y<=1'b1;
               3'b110:y<=1'b1;
               3'b111:y<=1'b0;
            default: y<=1'bz;
            endcase
```

```
        end
    endmodule
```

9.3.5 思考题

(1) 如何采用半加器设计一个1位的全加器?

(2) 若设计一个1位的全减器,如何编写程序实现?若用原理图输入方式,原理图如何设计?

9.4 时序逻辑电路实验(一)

9.4.1 实验目的

(1) 了解状态机的设计方法;

(2) 了解时序逻辑电路的设计方法;

(3) 掌握触发器的逻辑功能及使用方法;

(4) 掌握在 Quartus Ⅱ 软件中使用原理图输入法和文本输入法进行电路设计和仿真的方法。

9.4.2 实验仪器及元器件

(1) FPGA 实验箱/FPGA 开发板;

(2) 计算机及 Quartus Ⅱ 软件;

(3) 双踪示波器;

(4) 数字万用表。

9.4.3 预习要求

(1) 熟悉状态机的概念;

(2) 熟悉时序逻辑电路的设计方法;

(3) 熟悉中规模集成芯片 7474 的引脚及逻辑功能;

(4) 掌握异步清零、同步置数的概念。

9.4.4 实验内容

1. 基础性实验内容

(1) 利用 7474 设计二分频、四分频电路,并进行软件仿真。

在 Quartus Ⅱ 软件中采用原理图输入法,调出库中的 7474 元件和输入/输出管脚。连接电路,如图 9.30 所示,进行编译和仿真。在仿真中,观测输出信号与输入时钟的时序关系。仿真波形如图 9.31 所示。q1 信号的频率为 clk 的二分频,q2 信号的频率为 clk 的四分频。硬件测试时,输入信号 clk 由 FPGA 开发板或实验箱自带的内部时钟经分频后得到,输出信号 q1 和 q2 由 FPGA 开发板或实验箱上 GPIO 输出到示波器。通过示波器观测 clk、q1 和 q2 的频率关系。

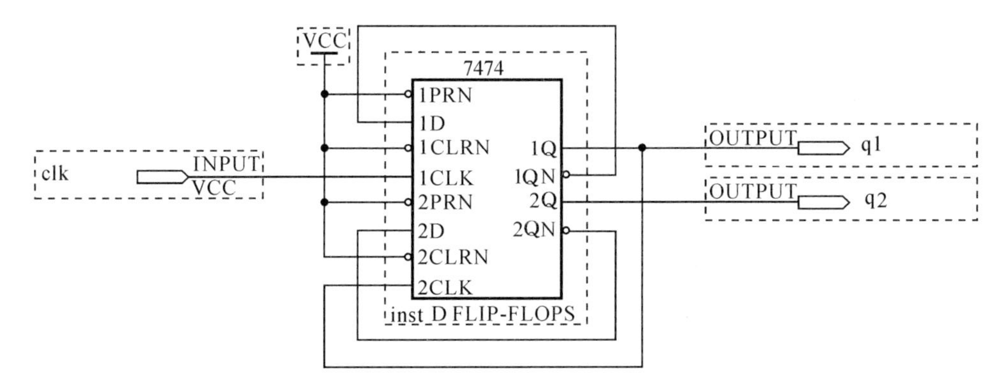

图 9.30　利用 7474 设计二分频、四分频电路的原理图

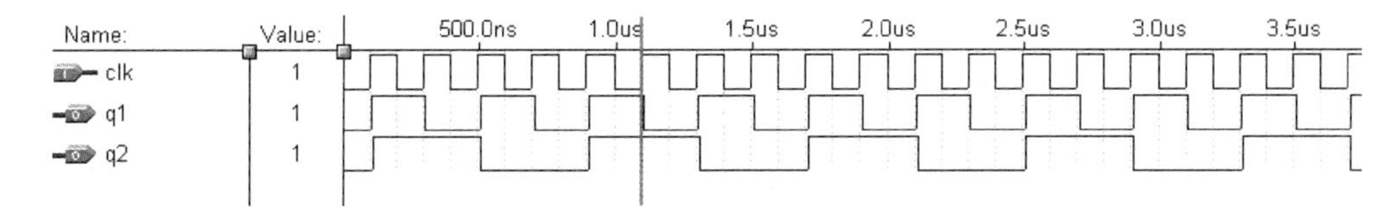

图 9.31　二分频、四分频电路仿真波形图

（2）利用硬件描述语言编程设计 4 位二进制加减可逆计数器。该计数器具有异步清零功能，清零信号高电平有效，并进行软件仿真和硬件测试。

其 VHDL 参考源代码如下：

```
library ieee;
use ieee.std_logic_1164.all;
use ieee.std_logic_unsigned.all;
entity u_d_count is
  port (
        direct,clear :in std_logic;
        clk:in std_logic;
        q:out std_logic_vector(3 downto 0)
        );
end u_d_count;
architecture behave of u_d_count is
begin
process(clk,direct,clear)
variable cou:std_logic_vector(3 downto 0);
begin
  if (clear='1') then
    cou:="0000";
    elsif (clk'event and clk='1') then
      if (direct='1') then
        if(cou<"1111") then
          cou:=cou+1;
        else
          cou:="0000";
```

```
            end if;
           else
            if(cou>"0000") then
               cou:=cou-1;
            else
               cou:="1111";
             end if;
        end if;
 end if;
 q<=cou;
 end process;
 end behave;
```

Verilog HDL 参考源代码如下:

```
module u_d_count(direct,clear,clk,q);
      input direct,clear,clk;
      output [3:0] q;
      wire [3:0] q;
      reg [3:0] cou ;
      assign q=cou;
      always@(posedge clk or posedge clear)
      begin
            if(clear)
               begin
                 cou<=4'b0000;
               end
                 else begin
                    if(direct)
                       begin
                          if(cou<4'b1111)
                             cou<=cou+1;
                          else
                             cou<=4'b0000;
               end

            else begin
                             if(cou>4'b0000)
                                cou<=cou-1;
                             else
                                cou<=4'b1111;
                           end
            end
      end
endmodule
```

4位二进制加减可逆计数器的仿真波形如图9.32所示。clear为高电平时，计数器输出信号q为0。当clear为低电平，加减控制信号direct为低电平，计数器做减操作。计数器减到5时，加减控制信号direct变成高电平，计数器从5开始做加操作。

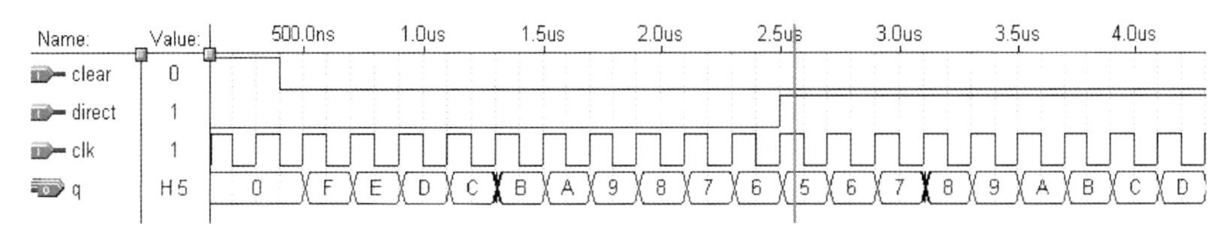

图9.32　4位二进制加减可逆计数器的仿真波形

2. 设计性实验内容

利用硬件描述语言编程设计一个自动售饮料机的逻辑电路。自动售饮料机的投币口每次只能投入一枚五角或一元的硬币。投入一元五角钱硬币后机器自动给出一杯饮料；投入两元(两枚一元)硬币后，在给出饮料的同时找回一枚五角的硬币。

提示：把投币信号作为输入变量，一元用a表示，投入时，a=1，不投时，a=0；五角用b表示，投入时，b=1，不投时，b=0。给出饮料和找钱作为输出变量，分别用y、z表示。给出饮料时，y=1，不给时，y=0；找回一枚五角硬币时，z=1，不找钱时，z=0。

程序设计思路如下。利用状态机描述投币的状态，s0表示没有投币，s1表示投币五角，s2表示投币一元。根据当前的状态和上次投币的状态，判断当前共投币多少元，是否发出给出饮料信号和找回一枚五角的硬币信号。状态转换图如图9.33所示。

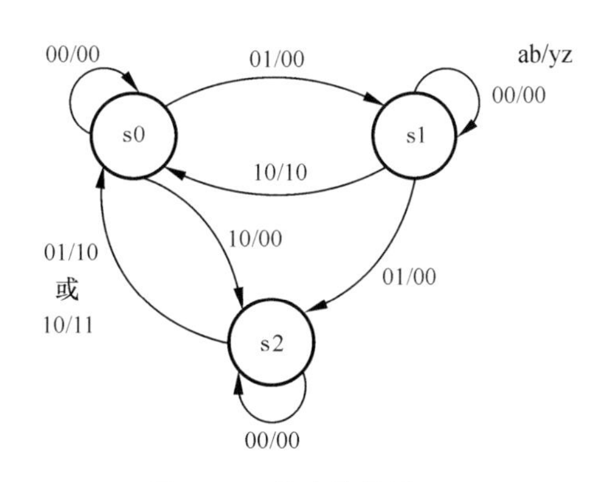

图9.33　状态转换图

VHDL参考源代码如下：

```
library ieee;
use ieee.std_logic_1164.all;
use ieee.std_logic_unsigned.all;
use ieee.std_logic_arith.all;
entity auto_sale is
port(a,b:in std_logic;
        clk:in std_logic;
        y,z: out std_logic
        );
end auto_sale;
architecture behav of auto_sale is
type all_state is (s0,s1,s2);
signal state:all_state;
begin
   process(clk)
```

```
        begin
          if(clk'event and clk='1')then
              case state is
                when s0=>if      a='0' and b='0' then state<=s0;y<='0';z<='0';
                          elsif  a='0' and b='1' then state<=s1;y<='0';z<='0';
                          elsif  a='1' and b='0' then state<=s2;y<='0';z<='0';
                          end if;
                when s1=>if      a='0' and b='0' then state<=s1;y<='0';z<='0';
                          elsif  a='0' and b='1' then state<=s2;y<='0';z<='0';
                          elsif  a='1' and b='0' then state<=s0;y<='1';z<='0';
                          end if;
                when s2=>if      a='0' and b='0' then state<=s2;y<='0';z<='0';
                          elsif  a='0' and b='1' then state<=s0;y<='1';z<='0';
                          elsif  a='1' and b='0' then state<=s0;y<='1';z<='1';
                          end if;
              when others=>null;
              end case;
          end if;
        end process;
    end behav;
```

Verilog HDL 参考源代码如下：

```
    module auto_sale(a,b,clk,y,z);
        input a,b,clk;
        output y,z;
        reg y,z;
        reg [1:0] state ;
        //"00"表示没有硬币投入，"01" 表示有一枚五角的硬币投入
        //"10" 表示有一枚一元的硬币投入，"11"是无效的
        always@(posedge clk )
        begin
            case (state)
            2'b00:begin
                if(~a & ~b) begin state<=2'b00;y<=1'b0;z<=1'b0;end
                else begin
                    if(~a & b) begin state<=2'b01;y<=1'b0;z<=1'b0;end
                    else if(a & ~b) begin state<=2'b10;y<=1'b0;z<=1'b0;end
                    end
                end
            2'b01:begin
                if(~a & ~b) begin state<=2'b01;y<=1'b0;z<=1'b0;end
                else begin
                    if(~a & b) begin state<=2'b10;y<=1'b0;z<=1'b0;end
                    else if(a & ~b) begin state<=2'b00;y<=1'b1;z<=1'b0;end
```

```
                end
            end
        2'b10:begin
            if(~a & ~b) begin state<=2'b10;y<=1'b0;z<=1'b0;end
            else begin
                if(~a & b) begin state<=2'b00;y<=1'b1;z<=1'b0;end
                else if(a & ~b) begin state<=2'b00;y<=1'b1;z<=1'b1;end
                end
            end
        default: begin state<=2'b00;y<=1'b0;z<=1'b0;end
        endcase
    end
endmodule
```

自动售饮料机的逻辑电路仿真波形如图 9.34 所示。当 b=1，b=1，b=1 时，表示共投入一元五角，即输出信号 y=1，z=0，表示给出饮料，不找零。当 a=1，a=1 时，表示共投入两元，即输出信号 y=1，z=1，表示给出饮料，同时还要找五角。当 a=1，b=1 时，表示共投入一元五角，即输出信号 y=1，z=0，表示给出饮料，同时不找零。当 b=1，a=1 时，表示共投入一元五角，即输出信号 y=1，z=0，表示给出饮料，同时不找零。

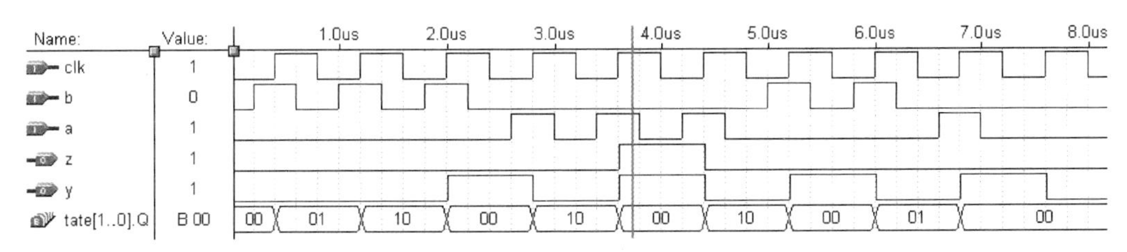

图 9.34 自动售饮料机的逻辑电路仿真波形

9.4.5 思考题

（1）若设计 8 位二进制计数器，其他功能不变，程序如何修改？

（2）用事件属性如何描述上升沿触发和下降沿触发？

（3）4 位二进制加减可逆计数器设计中，若将异步清零功能修改为同步清零功能，程序如何修改？

（4）4 位二进制加减可逆计数器设计中，若增加同步置数功能，程序如何修改？

9.5 时序逻辑电路实验(二)

9.5.1 实验目的

（1）了解时序逻辑电路的设计方法；

（2）掌握集成计数器的级联方法；

（3）掌握在 Quartus Ⅱ 软件中使用原理图输入法和文本输入法进行电路设计和仿

真的方法。

9.5.2 实验仪器及元器件

(1) FPGA 实验箱/FPGA 开发板;
(2) 计算机及 Quartus Ⅱ软件;
(3) 双踪示波器;
(4) 数字万用表。

9.5.3 预习要求

(1) 熟悉时序逻辑电路的设计方法;
(2) 熟悉中规模集成芯片 74161 的逻辑功能。

9.5.4 实验内容

1. 基础性实验内容

(1)用 2 片集成计数器 74161 进行级联构成二百五十六进制计数器,在此基础上构成六十进制计数器。画出电路原理图,并进行软件仿真和硬件测试。

在 Quartus Ⅱ软件中采用原理图输入法,调出库中的 74161 元器件和输入/输出管脚。输入信号为 clk,输出信号是 q[7..0],低位计数器的进位信号作为高位计数器的使能控制信号,构成二百五十六进制计数器的设计原理图如图 9.35 所示。进行编译和仿真,观测输出信号与输入时钟的时序关系。仿真波形如图 9.36 所示,计数器计数到 255 后,从 0 开始重新计数。硬件测试中,输入信号 clk 由开发板或实验箱自带的内部时钟经分频后得到,输出信号由开发板或实验箱上的发光二极管指示或用数码管显示,

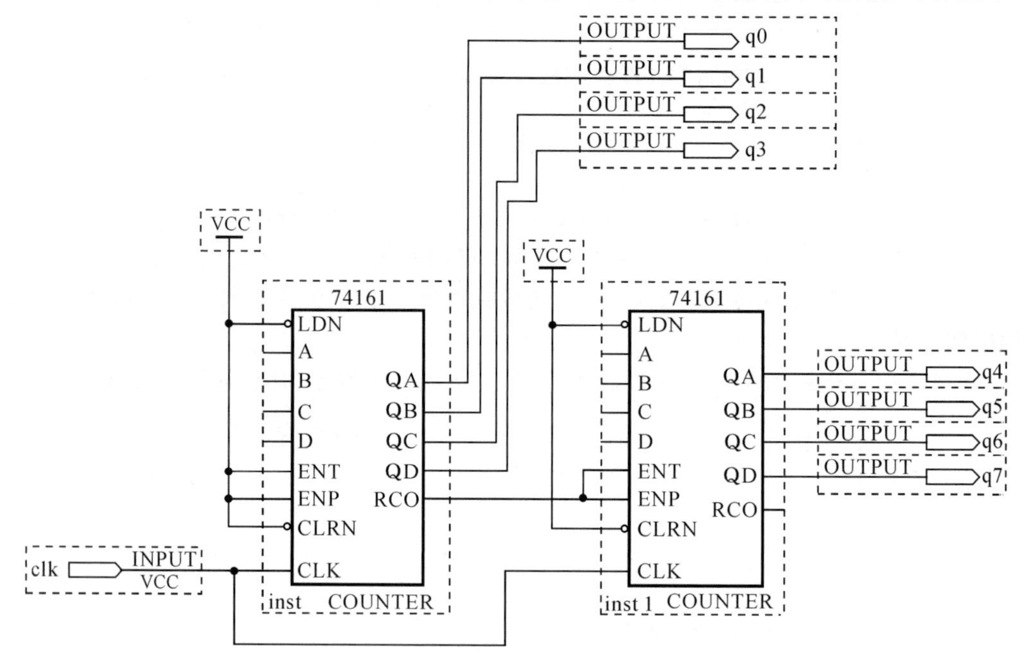

图 9.35 2 片 74161 构成二百五十六进制计数器的原理图

若用数码管显示，需要增加七段译码显示模块，计数器输出信号 q[7..0]作为七段译码显示模块的输入信号。

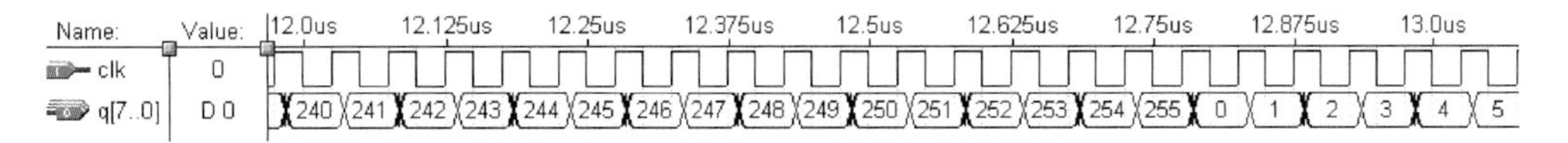

图 9.36　二百五十六进制计数器仿真波形图

在上述二百五十六进制计数器的基础上，通过计数器的输出，利用四输入与非门输出控制计数器的清零使能或利用六输入与非门输出控制计数器的置数使能，构成六十进制计数器。利用反馈清零法设计六十进制计数器的原理图，如图 9.37 所示。其仿真波形如图 9.38 所示，计数器计数到 59 后，从 0 开始重新计数。

(2) 利用硬件描述语言编程设计具有低电平异步清零功能的六十进制 BCD 码加法计数器，并进行软件仿真和硬件测试。

VHDL 参考源代码如下：

```
library ieee;
use ieee.std_logic_1164.all;
use ieee.std_logic_unsigned.all;
entity add60 is
port
      (clk:in std_logic;
      clear:in std_logic;
      qh:buffer std_logic_vector(3 downto 0);
      ql:buffer std_logic_vector(3 downto 0)
      );
end add60;
architecture behav of add60 is
begin
   process(clk,clear)
      begin
        if (clear='0') then
            qh<="0000";
            ql<="0000";
            elsif (clk'event and clk ='1') then
               if (ql="1001") then
                     ql<="0000";
                      if (qh="0101") then
                           qh<="0000";
                       else
                           qh<=qh+1;
                       end if;
               else
                      ql<=ql+1;
               end if;
```

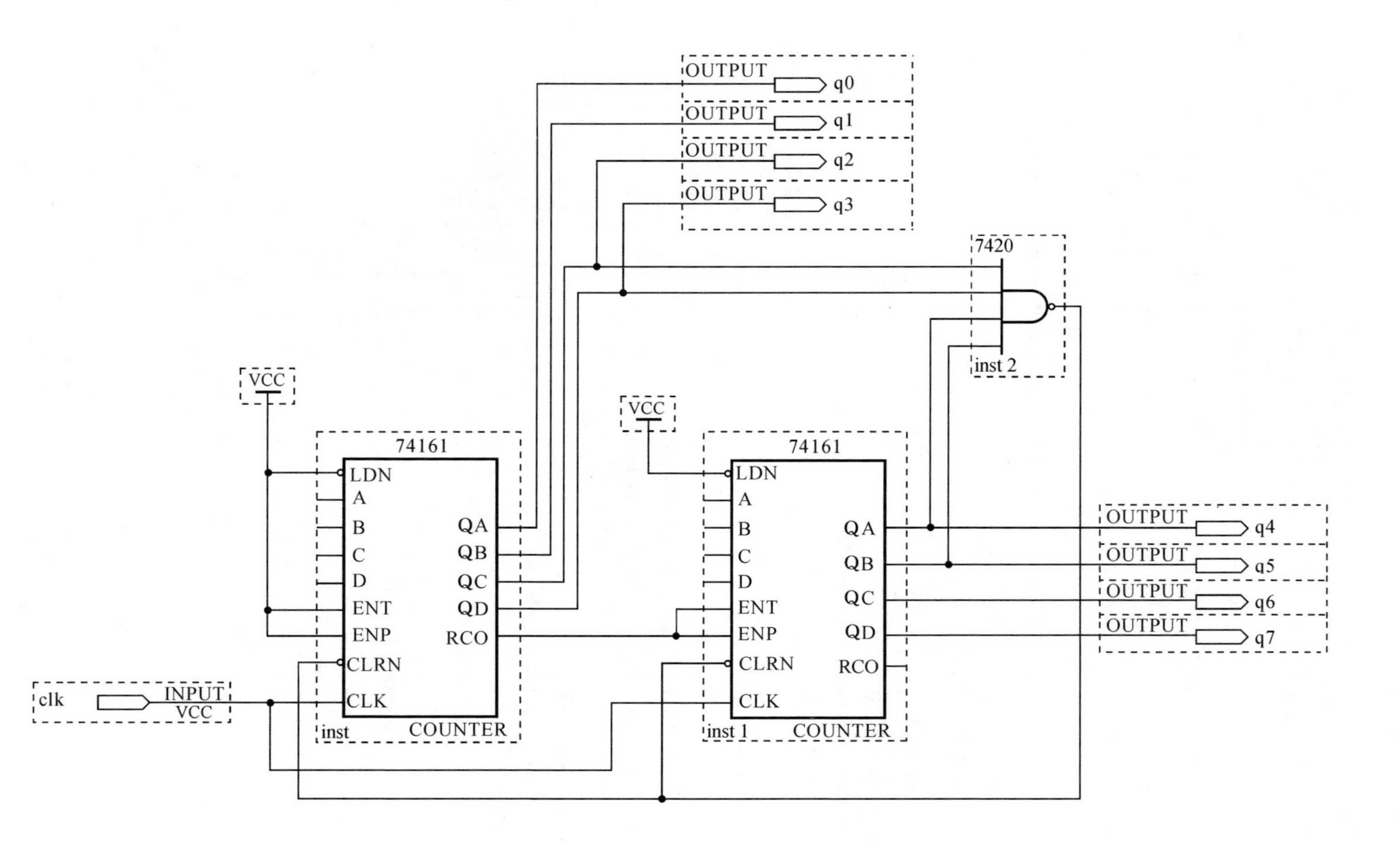

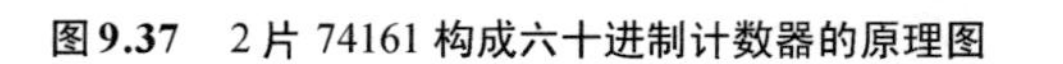
图 9.37　2 片 74161 构成六十进制计数器的原理图

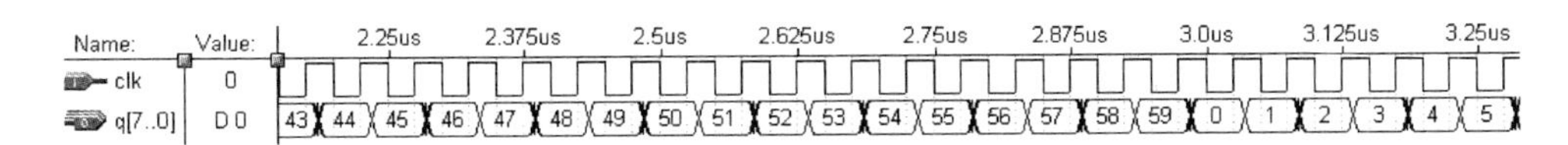

图 9.38　六十进制计数器仿真图

```
        end if;
    end process;
end behav;
```

Verilog HDL 参考源代码如下：

```
module add60(clk,clear,qh,ql);
    input clk,clear;
    output [3:0]qh,ql;
    reg [3:0] qhc,qlc ;
    assign qh=qhc;
    assign ql=qlc;
    always@(posedge clk or negedge clear )
    begin
      if(~clear) begin
      qhc<=4'b0000;
      qlc<=4'b0000;
      end
      else if (qlc==4'b1001)
              begin
               qlc<=4'b0000;
               if (qhc==4'b0101)
                    qhc<=4'b0000;
               else qhc<=qhc+4'b0001;
              end
           else   qlc<=qlc+4'b0001;
    end
endmodule
```

其仿真波形如图 9.39 所示。clear 为清零信号，clear 为低电平时，计数器输出为 0，clear 为高电平时，在时钟 clk 作用下做加计数，qh 为计数器的高位，ql 为计数器的低位。

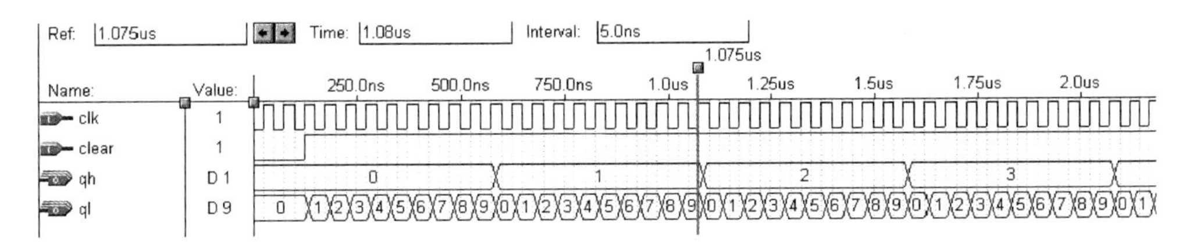

图 9.39　六十进制 BCD 码加法计数器仿真波形

2. 设计性实验内容

利用硬件描述语言编程设计一个 8 只彩灯控制电路，要求 8 只彩灯中依次有 1 只灯亮,灯亮时间为 1 s,且这一亮灯循环右移(或左移)。

编程思路:设计一个八进制的计数器,利用计数器的输出作为 3-8 线译码器的输入信号,译码器的输出 y[7..0]分别控制 8 只彩灯。灯亮时间由计数器的计数时钟周期决定。

VHDL 参考源代码如下:

```
library ieee;
use ieee.std_logic_1164.all;
use ieee.std_logic_unsigned.all;
entity led_8 is
port(clk:in std_logic;
       y: out std_logic_vector(7 downto 0)
      );
end led_8;
architecture behav of led_8 is
signal cou:integer range 0 to 7;
signal tempy:std_logic_vector(7 downto 0);
begin
   process(clk)
     begin
       if(clk'event and clk='1')then          --clk is 1 Hz
         if cou<7 then
            cou<=cou+1;
         else
            cou<=0;
         end if;
         case cou is
            when 0=>tempy<="10000000";
            when 1=>tempy<="01000000";
            when 2=>tempy<="00100000";
            when 3=>tempy<="00010000";
            when 4=>tempy<="00001000";
            when 5=>tempy<="00000100";
            when 6=>tempy<="00000010";
            when 7=>tempy<="00000001";
            when others=>tempy<="00000000";
     end case;
   end if;
end process;
 y<=tempy;
end behav;
```

Verilog HDL 参考源代码如下:

```
module led_8(clk,y);
```

```
    input clk;
    output [7:0] y;
    reg [7:0] tempy;
    reg [2:0] cou;
    assign y=tempy;
    always@(posedge clk )
    begin
      if(cou<7)
         cou<=cou+1;
         else cou<=0;
      case(cou)
      3'b000:tempy<=8'b10000000;
      3'b001:tempy<=8'b01000000;
      3'b010:tempy<=8'b00100000;
      3'b011:tempy<=8'b00010000;
      3'b100:tempy<=8'b00001000;
      3'b101:tempy<=8'b00000100;
      3'b110:tempy<=8'b00000010;
      3'b111:tempy<=8'b00000001;
      default:tempy<=8'b00000000;
      endcase
    end
  endmodule
```

8 只彩灯控制电路仿真波形如图 9.40 所示。y7、y6、y5、y4、y3、y2、y1 和 y0 在时钟节拍下依次变高，y[7..0]接 8 只发光二极管，则 8 只发光二极管依次点亮。

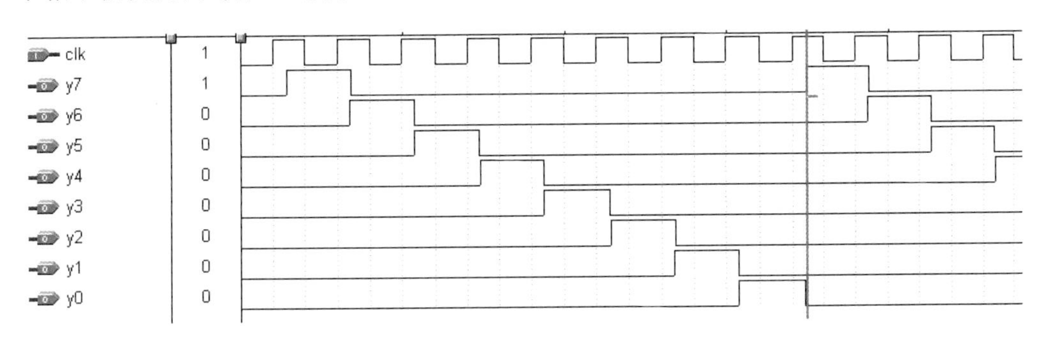

图 9.40 彩灯控制电路仿真波形

9.5.5 思考题

(1) 共阴极数码管和共阳极数码管的七段译码驱动程序是否一致？主要差别是什么？

(2) 2 片 74161 级联计数的最大值是多少？在该最大值下，若利用硬件描述语言设计，计数器的输出位宽应是多少？

(3) 彩灯控制电路设计中，若控制 16 只彩灯，每 1 只彩灯亮 2 s，程序应如何设计？

(4) 彩灯控制电路设计中，彩灯先从左到右，后从右到左，依次往返循环，程序应如何设计?

9.6 多功能数字钟设计

9.6.1 实验目的

(1) 掌握多个数码管动态扫描显示的原理及设计方法;

(2) 进一步了解时序电路的设计方法,初步掌握现代数字系统的设计方法;

(3) 掌握可编程设计的层次化设计方法,能熟练使用元件例化实现底层各元件的连接。

9.6.2 实验仪器及元器件

(1) FPGA 实验箱/FPGA 开发板;

(2) 计算机及 Quartus Ⅱ 软件;

(3) 双踪示波器;

(4) 数字万用表。

9.6.3 预习要求

(1) 了解元件例化语句;

(2) 编写二十四进制 BCD 码和六十进制 BCD 码的计数器;

(3) 了解多个数码管的静态显示和动态显示的原理与区别。

9.6.4 设计性实验任务及要求

设计一个多功能数字钟,以 24 小时循环计时,具有时间显示、校时、整点报时等功能。具体要求如下。

(1) 能正常进行时、分、秒计时和显示功能,用 6 个数码管显示具体的时间信息,时、分、秒之间用“-”显示。

(2) 按下校时键时,计时器迅速递增校时,并按 24 循环,计满 23 后回 0。

(3) 按下校分键时,计分器迅速递增校分,并按 60 循环,计满 59 后回 0,同时向小时进位。

(4) 利用扬声器做整点报时,当计时到 59 分 50 秒时开始报时,在 59 分 50 秒、59 分 52 秒、59 分 54 秒、59 分 56 秒、59 分 58 秒鸣叫,鸣叫频率为 512 Hz;到达整点时为最后一声报时,鸣叫频率为 1 024 Hz。

9.6.5 设计思路

对数字钟进行功能分析可以看出,数字钟设计内容主要包括三部分:计数部分、显示部分和报时部分。计数部分是数字钟的核心,由两个六十进制和一个二十四进制计数器组成,实现对输入周期为 1 s 的脉冲的累加,从而产生秒、分、时的信号;计时信息经过译码后送数码管显示,显示采用动态扫描方式,扫描时钟可与整点报时时钟频率一致;报时信号由分计数器的计数值、基准时钟和整点报时时钟共同作用产生。

利用硬件描述语言编写带进位输出的六十进制BCD码计数器和二十四进制BCD码计数器，顶层设计中采用元件例化将两个六十进制计数器和一个二十四进制计数器互连。秒进位信号作为分计数器的计数时钟，分进位信号作为小时计数器的计数时钟。同时，小时、分的计数时钟还分别受校时键、校分键的控制；在时间显示部分设计一个八进制计数器控制数码管的片选，依次控制秒位、"一"、分位、"一"和小时位。

1. 底层元件设计

模块CNT60是六十进制BCD码计数器，输入信号有clk、keyclk、clr、prn。clk是频率为1 Hz的时钟，作为数字钟计时的基准时钟，上升沿有效；keyclk为校分时的计数时钟，上升沿有效；clr为清零信号，低电平有效；prn为使能信号，高电平有效；输出信号有qh、ql、qcarry。qh为秒或分的十位，ql为秒或分的个位，qh、ql输出至七段译码模块的输入端；qcarry为进位信号，秒进位信号作为分计数器的时钟信号，分进位信号作为时计数器的时钟信号。CNT60的模块图如图9.41所示。

模块CNT24是二十四进制BCD码计数器，输入信号有clk、clr。clk为计数时钟，上升沿有效，本设计中接分计数器的QCARRY；clr为清零信号，低电平有效；输出信号有qh、ql。qh为小时的十位，ql为小时的个位，qh、ql输出至七段译码模块的输入端。CNT24的模块图如图9.42所示。

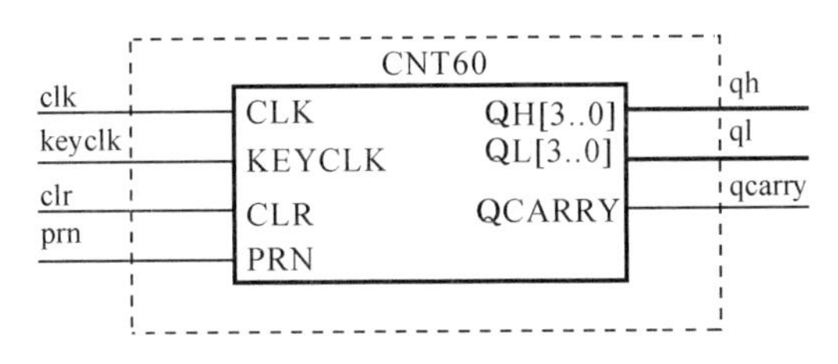

图9.41 CNT60的模块图

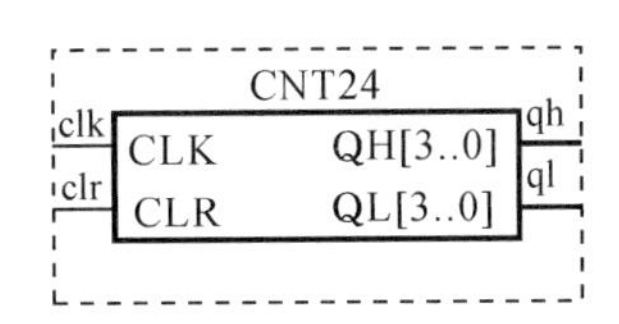

图9.42 CNT24的模块图

2. 顶层元件设计

模块TIMER是数字钟设计的顶层元件，输入信号有clk、clk1、clr、prnh、prnm。clk1是频率为1 Hz的时钟，作为数字钟计时的基准时钟和校时信号；clk为1 024 Hz报时信号(512 Hz的报时信号可由clk信号分频产生)；clr为清零信号，低电平有效；prnh为小时的校时按键，高电平有效；prnm为分钟的校时按键，高电平有效。输出信号有q、y、spk，q为七段译码模块的输出，接DE2开发板数码管的段线；y为数码管的片选信号；spk为报时信号，接至扬声器。TIMER的模块图如图9.43所示。

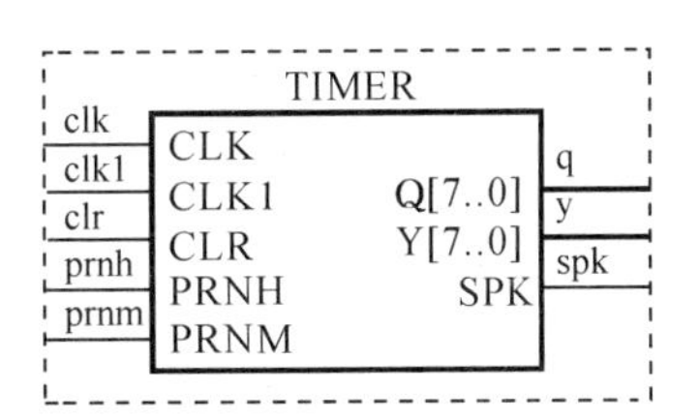

图9.43 TIMER的模块图

该模块功能实现的部分VHDL代码如下。

1) 元件例化部分

```
component cnt60 is

port(clk,keyclk,clr,prn:in std_logic;
     qh,ql:out std_logic_vector(3 downto 0);
     qcarry: out std_logic);
end component;
```

```
component cnt24 is
port(clk,clr:in std_logic;
     qh,ql:out std_logic_vector(3 downto 0));
end component;
U1:cnt60 port map(clk1,clk,clr,prnm,shtem,sltem,sctem);
U2:cnt60 port map(sctem,clk,clr,prnh,mhtem,mltem,mctem);
U3:cnt24 port map(mctem,clr,hhtem,hltem);
```

2) 时间显示部分

```
process(clk)

   begin
   if(clk'event and clk='1')then
      if cou'<7 then
        cou'<=cou+1;
      else
        cou'<=0;
      end if;
      case cou is
        when 0=>da'<=hhtem;
         tempy'<="10000000";
        when 1=>da'<=hltem;
         tempy'<="01000000";
        when 2=>da'<="1010";
         tempy'<="00100000";
        when 3=>da'<=mhtem;
         tempy'<="00010000";
        when 4=>da'<=mltem;
         tempy'<="00001000";
        when 5=>da'<="1010";
         tempy'<="00000100";
        when 6=>da'<=shtem;
         tempy'<="00000010";
        when 7=>da'<=sltem;
         tempy'<="00000001";
        when others=>da'<="0000";
         tempy'<="00000000";
   end case;
end if;
```

3) 整点报时部分

IF((mhtem="0101" AND mltem="1001" AND shtem="0101" AND sltem="0000") or (mhtem="0101" AND mltem="1001" AND shtem="0101" AND sltem="0010") or (mhtem="0101" AND mltem="1001" AND shtem="0101" AND sltem="0100") or (mhtem="0101" AND mltem="1001" AND shtem="0101" AND sltem="0110") or (mhtem="0101" AND mltem="

```
1001" AND shtem="0101" AND sltem="1000"))THEN
        spk<=clk2 AND CLK1;   //clk2=512 Hz
    elsif(mhtem="0000" AND mltem="0000" and shtem="0000" AND sltem="0000") then
        spk<= clk AND CLK1;
    END IF;
```

该模块实现的部分 Verilog HDL 参考源代码如下：

1）元件例化部分

```
module timer(clk,clk1,clr,prnh,prnm,q,y,spk);
    input clk,clk1;                //clk 是 1024Hz,clk1 是 1Hz
    input clr,prnh,prnm;
output [6:0] q;                    //q 是七段数码管的驱动信号
output [7:0] y;                    //y 是 8 个数码管的片选控制信号
    output spk;                    // spk 是报时信号
    wire [3:0] shtem,sltem,mhtem,mltem,hhtem,hltem;
    wire sctem,mctem;
    reg spk;
    reg [2:0] cou;
    reg [7:0] y;
    reg [6:0] q;
    reg [3:0] da;
    reg clk2; //512Hz
    cnt60 s_cnt60(clk1,clk,clr,prnm,shtem,sltem,sctem);
    cnt60 m_cnt60(sctem,clk,clr,prnh,mhtem,mltem,mctem);
cnt24 h_cnt24(mctem,clr,hhtem,hltem);
  ⋮
endmodule
```

2）时间显示部分

```
always@(posedge clk )     //片选和共阴极七段数码管显示控制模块
begin
    if(cou<7)
        cou<=cou+1;
        else cou<=0;
    case(cou)
    3'b000:begin da<=hhtem;y<=8'b10000000;end
    3'b001:begin da<=hltem;y<=8'b01000000;end
    3'b010:begin da<=4'h1010;y<=8'b00100000;end
    3'b011:begin da<=mhtem;y<=8'b00010000;end
    3'b100:begin da<=mltem;y<=8'b00001000;end
    3'b101:begin da<=4'h1010;y<=8'b00000100;end
    3'b110:begin da<=shtem;y<=8'b00000010;end
    3'b111:begin da<=sltem;y<=8'b00000001;end
    default:begin da<=4'h1010;y<=8'b00000000;end
```

```
        endcase
    end
```

3）整点报时部分

```
always@(posedge clk )
begin
    clk2<=~clk2;
    if(((mhtem==5)&&(mltem==9)&&(shtem==5)&&(sltem==0))||
    ((mhtem==5)&&(mltem==9)&&(shtem==5)&&(sltem==2))||
    ((mhtem==5)&&(mltem==9)&&(shtem==5)&&(sltem==4))||
    ((mhtem==5)&&(mltem==9)&&(shtem==5)&&(sltem==6))||
    ((mhtem==5)&&(mltem==9)&&(shtem==5)&&(sltem==8)))
    spk<=clk2&&clk1;//clk2 是 512Hz
    else if((mhtem==0)&&(mltem==0)&&(shtem==0)&&(sltem==0))
        spk<=clk && clk1;
end
```

9.6.6　仿真与测试

1. 仿真

各模块编译后要对其进行功能仿真，以此来验证各模块设计的正确性，最后对顶层文件进行仿真，下面给出部分模块的仿真结果。

模块 CNT60 的仿真波形图如图 9.44 所示，从仿真波形可以看出，qh 和 ql 在时钟 clk 控制下进行计数，当计数到 59 时，从 0 开始重计并产生进位信号，qcarry 输出一个正脉冲。

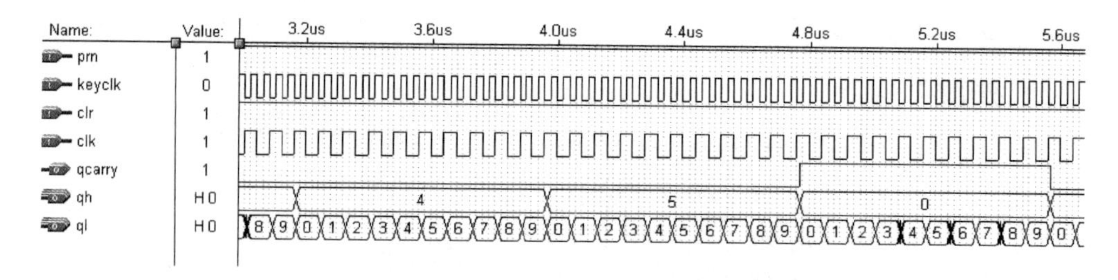

图 9.44　CNT60 的仿真波形图

模块 CNT24 的仿真波形图如图 9.45 所示，从仿真波形可以看出，qh 和 ql 在时钟 clk 控制下进行计数，当计数到 23 时，从 0 开始重计，即到零点。

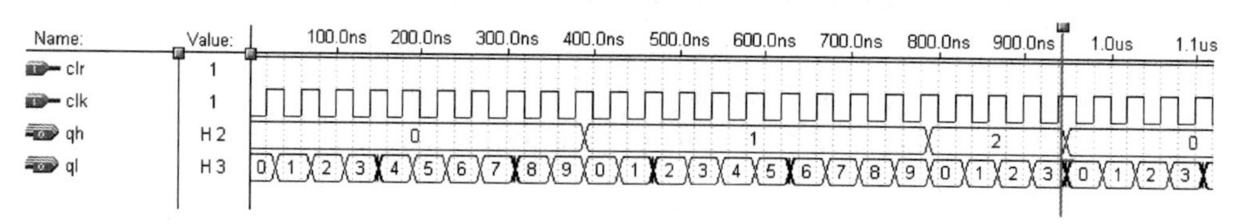

图 9.45　CNT24 的仿真波形图

2. 硬件测试

功能仿真正确后，进行管脚锁定，锁定管脚时必须对 FPGA 开发板或实验箱的硬件资源有一定的了解。硬件测试中，清零信号、校时信号、校分信号由拨码开关控制，时间信息由数码管显示。锁定时将设计中的输入/输出信号和 FPGA 的具体管脚相对应，锁定完后再进行一次编译，保证管脚配置起作用。将编译后的文件（*.sof）下载到目标板上，进行硬件测试。

9.6.7 思考题

（1）在此课题的基础上，如何实现定时闹钟的功能？

（2）在此课题的基础上，如何实现增加显示年、月、日的功能？

（3）将时—分—秒显示的顺序变成秒—分—时，有几种方法？怎样实现？

9.7 简易频率计设计

9.7.1 实验目的

（1）掌握多个数码管动态扫描显示的原理及设计方法；

（2）进一步了解时序电路的设计方法，初步掌握现代数字系统的设计方法；

（3）掌握可编程设计的层次化设计方法，能熟练使用原理图输入方法从设计工程和库中调用元器件，实现各元器件的连接。

9.7.2 实验仪器及元器件

（1）FPGA 实验箱/FPGA 开发板；

（2）计算机及 Quartus Ⅱ 软件；

（3）双踪示波器；

（4）数字万用表。

9.7.3 预习要求

（1）了解频率测量的基本原理；

（2）了解层次化设计的基本方法；

（3）了解多个数码管的静态显示和动态显示的原理与区别。

9.7.4 设计性实验任务及要求

设计一个简易的数字频率计，实现对标准方波信号的频率测量。具体要求如下。

（1）频率的测量范围为 10 Hz～9.999 MHz。

（2）具有量程自动切换功能：第一挡为 10～9 999 Hz；第二挡为 10～99.99 kHz；第三挡为 100～999.9 kHz；第四挡为 1～9.999 MHz。

（3）有超量程报警功能。

（4）频率的测量精确到 1 Hz。

9.7.5 设计思路

数字频率测量的基本原理是在单位固定闸门时间内对计数脉冲进行计数,根据闸门时间和脉冲计数结果计算求出被测脉冲频率,这种方法称为测频法,测量原理如图9.46所示。计数闸门时间为 T,在闸门时间内计数值为 N。

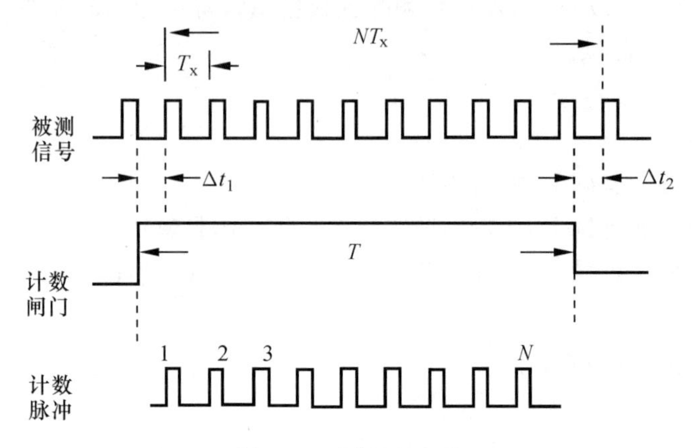

图 9.46 测频示意图

结合本课题频率测量范围的具体要求,在设计中采用直接测量法,在 FPGA 中利用硬件描述语言设计一个分频器,产生 1 s 的闸门时间,在闸门时间内测量被测信号的脉冲个数,从而实现对频率的测量;换挡功能是通过将测量范围分为四个段,根据对计数脉冲的测量结果选择不同的挡位,从而实现量程的自动切换。基准时钟从 FPGA 开发板或实验箱上的系统时钟经过分频后得到,被测信号从 FPGA 开发板或实验箱上的 GPIO 输入。

1. 顶层模块设计

数字频率计在 FPGA 中设计的顶层原理图如图 9.47 所示,各底层模块采用硬件描述语言编程设计,顶层采用原理图输入,将底层各元件用导线连接起来。

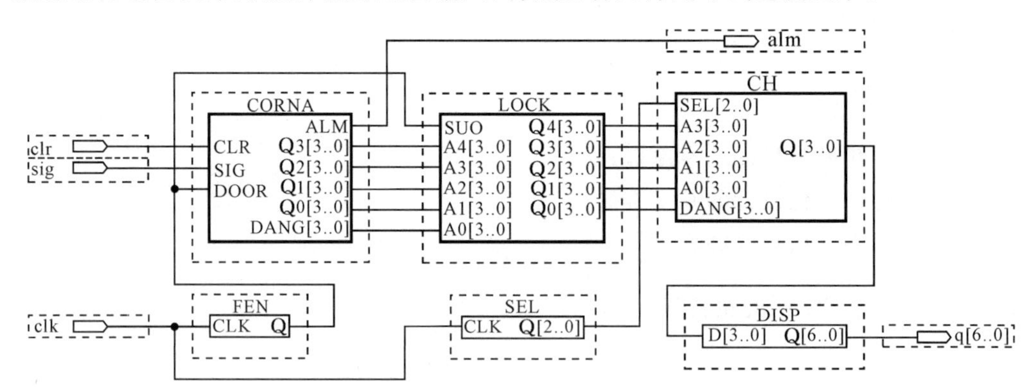

图 9.47 顶层原理图

基准时钟通过分频模块分频,产生 1 s 的闸门时间信号。它作为计数使能控制信号,送入计数模块。计数模块在计数使能控制信号为高电平时进行计数,计数换挡模块根据计数结果实现自动换挡。锁存模块保证系统可以稳定显示数据,译码显示驱动电路将二进制表示的计数结果转换成相应的在七段数码管上显示的十进制结果，数码管显示测量的频率值和相应的挡位。

2. 底层模块设计

(1) FEN 模块通过对 FPGA 开发板或实验箱的系统时钟频率 50 MHz 进行分频得到 0.5 Hz 的时钟频率，为模块 CORNA 提供 1 s 的闸门时间信号。时钟 clk 为输入信号，分频后的结果 q 为输出信号。FEN 功能模块图如图 9.48 所示。

(2) CORNA 模块是整个程序的核心，它完成在 1 s 的闸门时间内对被测信号进行计数的功能，并通过选择输出数据实现自动换挡和超量程报警功能，模块图如图 9.49 所示。

图 9.49 中，door 为 1 s 的闸门信号，clr 为清零信号，sig 为被测信号，q3、q2、q1、q0 为计数器计数值，dang 为挡位，ALM 为超量程报警信号。

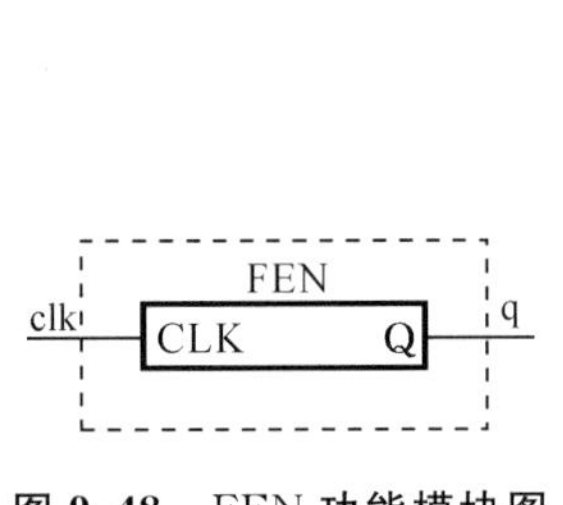

图 9.48 FEN **功能模块图**

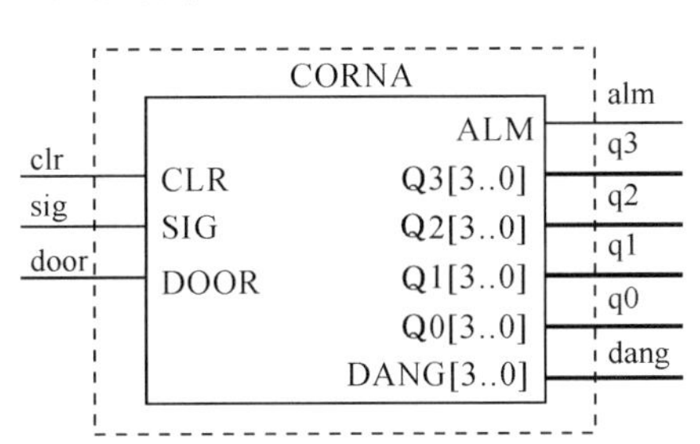

图 9.49 CORNA **模块图**

计数过程中，每一秒后都必须对计数器进行清零，以保证下一秒时从零开始重新计数。为保证显示数据的稳定，通过锁存电路将计数电路在 1 s 结束时所计得的数进行锁存，以便数码管能稳定地显示此时的计数值，即频率值。LOCK 模块实现锁存电路的功能，其模块图如图 9.50 所示，在信号 suo 的下降沿将信号 a4、a3、a2、a1、a0 锁存。

(3) SEL 模块产生数码管的片选信号，将测量值送到相应的数码管上显示，其模块图如图 9.51 所示。时钟 CLK 为输入；计数结果 Q 为输出，作为 CH 模块的控制信号。

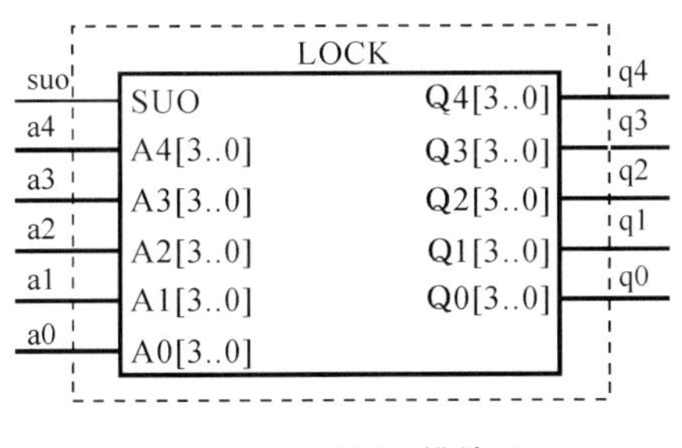

图 9.50 LOCK **模块图**

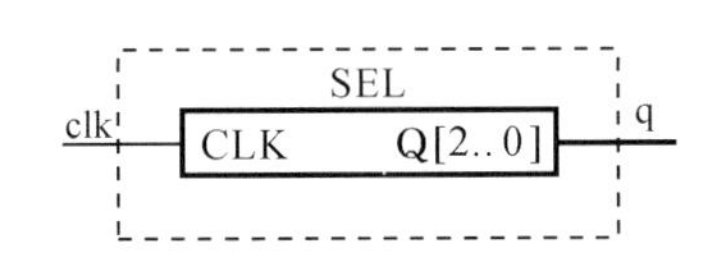

图 9.51 SEL **模块图**

(4) CH 模块图如图 9.52 所示，对应于数码管片选信号，将测量的频率值和挡位值送到七段译码显示模块显示，控制信号为 sel。当控制信号 sel 为 0 时，将 a0 输出；当 sel 为 1 时，将 a1 输出；当 sel 为 2 时，将 a2 输出；当 sel 为 3 时，将 a3 输出；当 sel 为 7 时，输出挡位 dang[3..0]。

(5) DISP 模块为七段译码显示模块，用于将计数值转换成相应的能够在七段数码管上显示的值。数码管显示频率的测量值和相应的挡位。其模块图如图 9.53 所示。

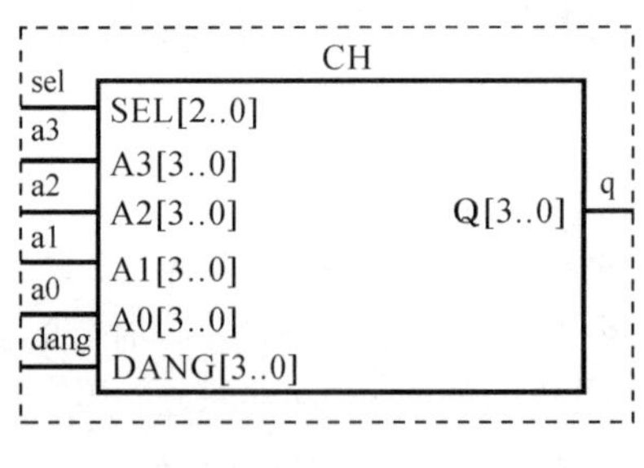

图 9.52 CH 模块图

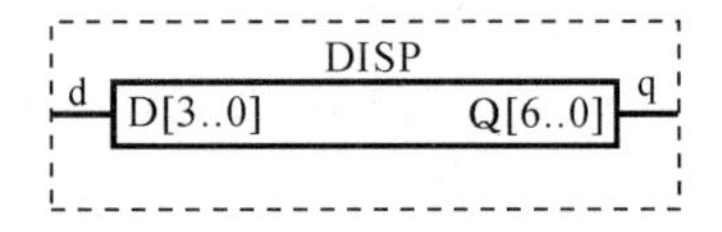

图 9.53 DISP 模块图

9.7.6 仿真与测试

1. 仿真

各模块编译后要对其进行功能仿真，以此验证各模块设计的正确性，最后对顶层文件进行功能仿真，下面给出部分模块的仿真结果。

图 9.54 所示的为 SEL 模块的仿真波形图，设计中数码管的显示采用动态扫描，从图 9.54 可以看出，数码管的片选在 clk 时钟控制下从 0 到 7 变化，对应到硬件平台上是从左向右依次选择数码管。

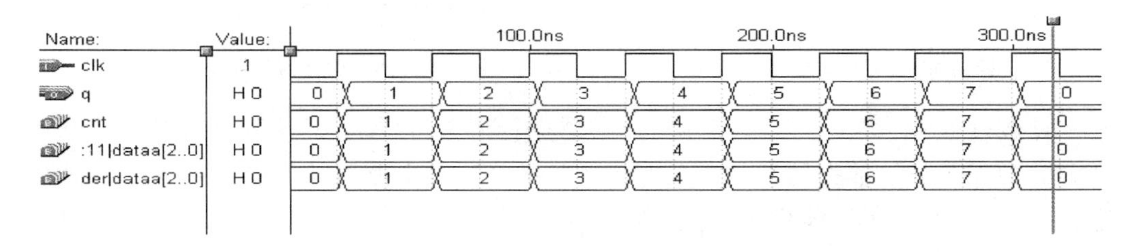

图 9.54 SEL 模块仿真波形

图 9.55 所示的为 CH 模块的仿真波形图。从图 9.55 可以看出：当 sel 为 0 时，将 a0 的 0 输出；sel 为 1 时，将 a1 的 4 输出；sel 为 2 时，将 a2 的 B 输出；sel 为 3 时，将 a3 的 A 输出。sel 为 7 时，挡位 2 输出。

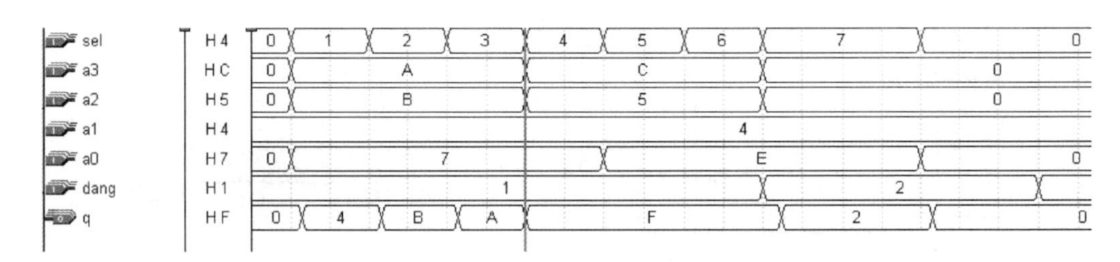

图 9.55 CH 模块仿真波形

如图 9.56 所示的为 CORNA 模块的仿真波形图，从该仿真波形可以看出计数和换挡的功能已实现。当输入信号 clr 为低电平时，则输出清零；当输入信号 door 处于有效电平，即高电平时，被测信号 sig 每来一个上升沿，输出 q0 就会加 1 至 9，q1 在 q0 计到 9 时加 1，测量值在第 1 挡位，如图 9.56(a)所示。当计数值超过 9 999 且小于 99 999 时，量程自动切换到第 2 挡，如图 9.56(b)和图 9.56(c)所示。

图 9.57 为 LOCK 模块的仿真波形图，从该仿真波形上可以看出 suo 进入下降沿

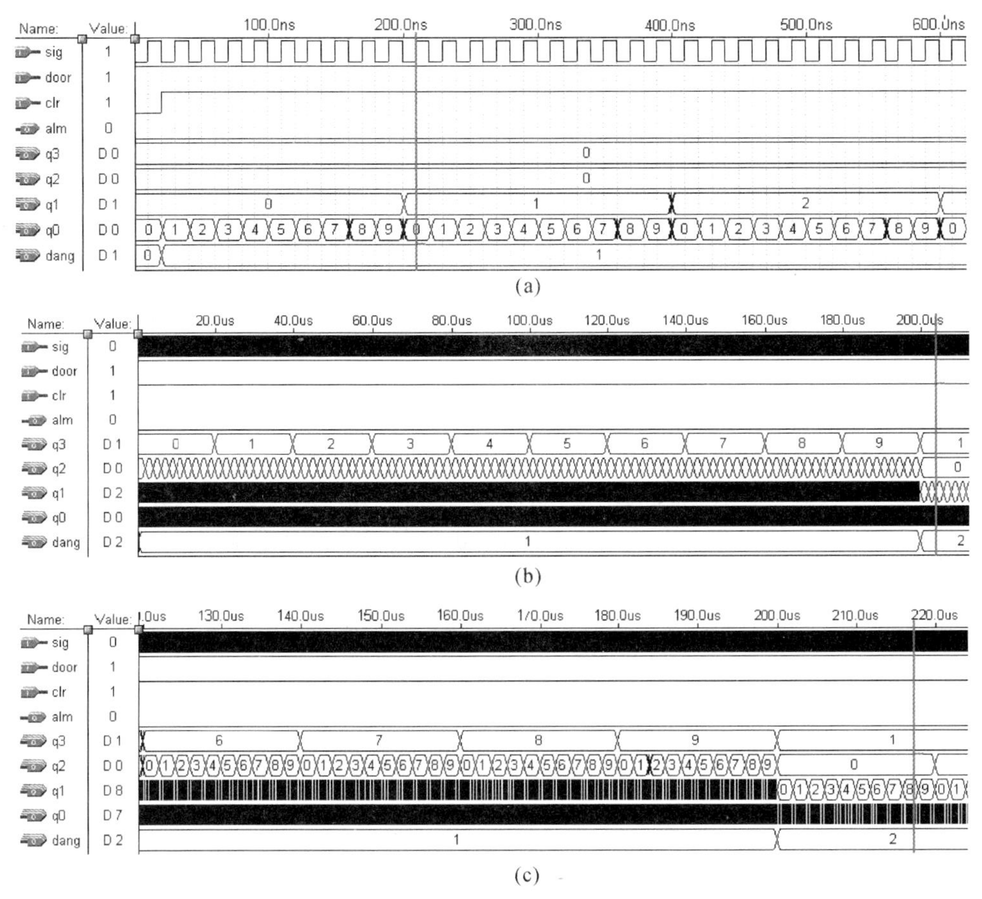

图 9.56 CORNA 模块仿真波形

后，q4＝a4，q3＝a3，q2＝a2，q1＝a1，q0＝a0，即在 suo 为下降沿时，将计数结果锁存，实现了锁存功能。

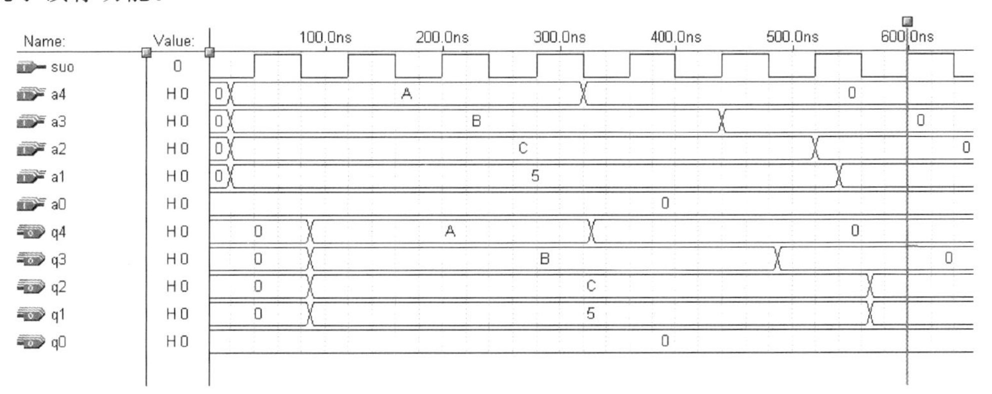

图 9.57 LOCK 模块仿真波形

2. 硬件测试

功能仿真正确后，进行管脚锁定，锁定管脚时，必须对开发板的硬件资源有一定的了解。被测信号从 GPIO 口接入，频率值和挡位用数码管显示。锁定时将设计中的输入/输出信号和 FPGA 的具体管脚相对应，锁定完后再进行一次编译，保证管脚配置起作用。将编译后的文件(*.sof)下载到目标板上，进行硬件测试。

9.7.7 思考题

(1) 直接测频法与测周法的区别是什么?

(2) 如果将频率的测量精度精确到0.1 Hz,如何进行设计?

(3) 要求将量程提高到10 Hz～1 GHz,如何进行设计?

9.8 出租车计价器控制电路设计

9.8.1 实验目的

(1) 掌握多进程的设计方法;

(2) 掌握可编程设计的层次化设计方法;

(3) 进一步了解时序电路的设计方法,初步掌握现代数字系统的设计方法。

9.8.2 实验仪器及元器件

(1) FPGA实验箱/FPGA开发板;

(2) 计算机及Quartus Ⅱ软件;

(3) 双踪示波器;

(4) 数字万用表。

9.8.3 预习要求

(1) 了解数据选择器的功能;

(2) 了解多进程的设计方法;

(3) 了解多个数码管的静态显示和动态显示的原理与区别。

9.8.4 设计性实验任务及要求

设计一个出租车计费控制电路,实现正常的计费功能。具体要求如下。

(1) 实现计费功能,计费标准为:按行驶路程计费,起步价为10.00元,并在行驶5 km后按1.4元/km计费;当计费达到或超过50元时,每公里加收50%的车费,车停止不计费。

(2) 设计动态扫描电路,将车费和里程显示出来,车费和里程各保留2位小数;

(3) 具有现场模拟功能,能模拟汽车启动、停止、暂停和加速等状态。

9.8.5 设计思路

1. 计费电路设计

设计一个里程计数器,计数器的计数时钟信号用DE2开发板的系统时钟经过分频后得到,计数器的使能端由启动、停止、暂停信号控制,程序设计中使用if判断语句实现计数的控制。根据所计的里程数和计费规则计算出租车的费用。当里程数小于5 km时,计费变量为1 000;当里程数大于5 km时,启动计费计数器,计费计数器每公里增加

140；当计费超过 50 元时，即计费计数器大于 5 000 时，计费计数器每公里增加 210，即实现计费达到或超过 50 元时，每公里加收 50％的车费。

2. 车费和里程显示设计

里程计数器和计费计数器的计数值分别用 4 位十进制数显示，通过数据选择器将里程数，以及计费数的个位、十位、百位和千位依次输出到译码显示电路。数据选择器的控制信号由一个八进制计数器的输出控制，计数器值为 000、001、010、011 时，数据选择器分别输出里程数的个位、十位、百位和千位；计数器值为 100、101、110、111 时，数据选择器分别输出计费数的个位、十位、百位和千位。

3. 现场模拟功能实现

4 个按键分别表示出租车启动、停止、暂停和加速，用高、低电平模拟有效和无效。

4. 计费电路的端口设计

根据计费控制部分的设计要求，确定程序设计的输入信号和输出信号，如图 9.58 所示。

1）输入信号

（1）clk：里程计数时钟信号。

（2）start：模拟出租车启动信号。

（3）stop：模拟出租车停止信号。

（4）pause：模拟出租车暂停信号。

（5）acce：模拟出租车加速信号。

2）输出信号

（1）money：出租车费用。

（2）length：里程数。

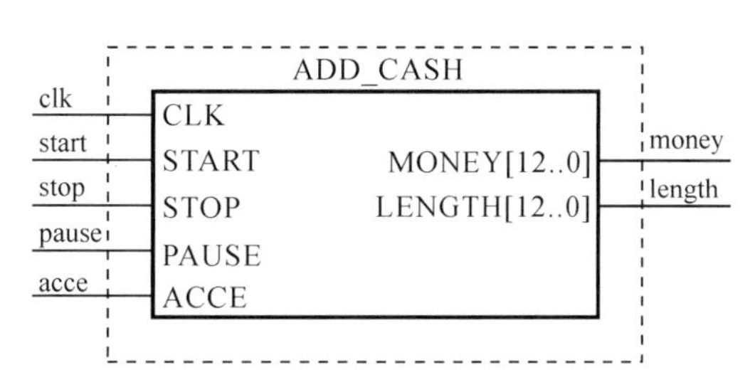

图 9.58　计费电路

5. 参考代码

计费电路 VHDL 参考代码如下：

```
library ieee;
use ieee.std_logic_1164.all;
use ieee.std_logic_unsigned.all;
entity add_cash is
port(clk,start,stop,pause,acce:in std_logic;
     money,length:out integer range 0 to 8000
     );
end add_cash;
architecture behave of add_cash is
  begin
     process(clk,start,stop,pause,acce)
     variable a,b:std_logic;
     variable aa:integer range 0 to 100;
     variable chf,lc:integer range 0 to 8000;
```

```
        variable num:integer range 0 to 9;
        begin
          if(clk'event and clk='1')then
          if(stop='0')then
            chf:=0;
            num:=0;
            b:='1';
            aa:=0;
            lc:=0;
          elsif(start='0')then
            b:='0';
            chf:=1000;
            lc:=0;
          elsif(start='1' and acce='1' and pause='1')then
            if(b='0')then
              num:=num+1;
            end if;
            if(num=9)then
              lc:=lc+5;
              num:=0;
              aa:=aa+5;
            end if;
          elsif(start='1' and acce='0' and pause='1')then
            lc:=lc+1;
            aa:=aa+1;
          end if;
          if(aa>=100)then
            a:='1';
            aa:=0;
          else
            a:='0';
          end if;
          if(lc<500)then
            null;
          elsif(chf<5000 and a='1')then
            chf:=chf+140;
          elsif(chf>5000 and a='1')then
            chf:=chf+210;
          end if;
        end if;
        money<=chf;
        length<=lc;
      end process;
    end behave;
```

计费电路的 Verilog HDL 参考代码如下：

```
module add_cash(clk,start,stop,pause,acce,money,length);
    input clk;                    //里程脉冲，一个脉冲表示 10 米的里程
    input start,stop,pause;       //开始，停止和暂停控制信号
    input acce;                   //加速控制信号
    output [12:0]money,length;    //费用和里程的计数输出
    reg [12:0] chf,lc;            //费用和里程计数
    reg a,b;                      //a=1 表示一个 1km,b 用来区分出租车是否有启动
    reg [6:0] aa;                 //aa 表示 1km 内的里程计数
    reg [4:0] num;                // num 表示在加速状态下的计数
                                  // num 每计到 10,lc 和 aa 加 10 计数一次
    assign money=chf;
    assign length=lc;
    always@(posedge clk)
    begin
    if(~stop) begin               //没有启动
    chf<=0; num<=0; b<=1; aa<=0; lc<=0;
      end
    else if(~start) begin
    chf<=1000;                    //起步价为 10 元
    num<=0; b<=0; aa<=0; lc<=0;
      end
    else if (start && acce && pause) begin
         if(~b) num<=num+1;
         if(num==9) begin
             lc<=lc+10;
             num<=0;
             aa<=aa+10;
             end
         end
    else if(start && ~acce && pause) begin
         lc<=lc+1;
         aa<=aa+1;
         end
    if (aa>=100) begin
         a<=1; aa<=0; end
         else a<=0;
    if ((lc>=500)&&(chf<5000) && a)
             chf<=chf+140;
      else if((lc>=500)&&(chf>5000) && a)
             chf<=chf+210;
end
endmodule
```

9.8.6 仿真与测试

编译后要对其进行功能仿真,以此来验证设计的正确性,计费电路的仿真波形如图9.59所示。

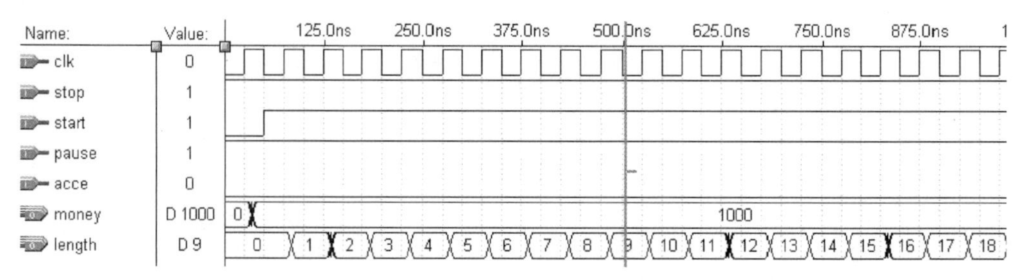

图 9.59 计费电路的仿真波形 1

出租车启动后,起步价显示 1 000,即为 10 元,里程数开始从 1 开始累加,如图 9.59 所示。当里程计数器计数到 500,即 5 km 后,计费数显示 1 140,即 11.4 元,实现了超过 5 km 后按照 1.4 元/km 计费,如图 9.60 所示。

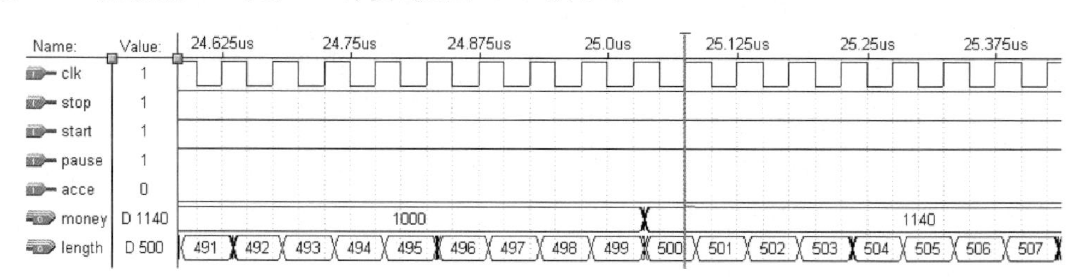

图 9.60 计费电路的仿真波形 2

功能仿真正确后,进行管脚锁定,锁定管脚时必须对开发板的硬件资源有一定的了解。硬件测试中,启动信号、暂停信号、停止信号和加速信号由拨码开关输入,路程和费用信息由数码管显示。锁定时将设计中的输入/输出信号和 FPGA 的具体管脚相对应,锁定完后再进行一次编译,保证管脚配置起作用。将编译后的文件(*.sof)下载到目标板上,进行硬件测试。

9.8.7 思考题

(1) 在计费规则中,若增加出租车等待超过 5 min 按照 1 km 计费,程序如何设计?

(2) 在计费规则中,若增加出租车行驶超过 50 km 后增收 10 元空驶费,程序如何设计?

(3) 计费数和里程数若采用静态方式显示,程序如何设计? 采用静态方式显示有什么弊端?

(4) 程序编译完后生成 *.sof 和 *.pof 两个文件,这两个文件的区别是什么?

9.9 交通信号灯控制电路设计

9.9.1 实验目的

(1) 掌握进程的设计方法;

（2）掌握状态机的设计方法；

（3）掌握可编程逻辑设计的流程；

（4）掌握数码管动态扫描显示的实现方法。

9.9.2 实验仪器及元器件

（1）FPGA 实验箱/FPGA 开发板；

（2）计算机及 Quartus Ⅱ 软件；

（3）双踪示波器；

（4）数字万用表。

9.9.3 预习要求

（1）了解状态机的设计方法；

（2）了解时序电路的设计方法；

（3）了解多个数码管的静态显示和动态显示的原理与区别。

9.9.4 设计性实验任务及要求

设计并实现十字路口的红、绿、黄三色交通信号灯控制与显示电路，即每个路口设置一组红、黄、绿交通信号灯，以保证车辆、行人通行安全。具体要求如下。

（1）实现正常时序控制功能。

（2）实现特殊状态控制功能。特殊状态控制，如紧急车辆随时通行功能受一个特殊状态开关控制。无紧急车辆时，交通信号灯按正常时序控制；有紧急车辆过来时，将特殊状态开关按下，不管原来信号灯的状态如何，一律强制让 4 个方向的红灯同时点亮，禁止其他车辆通行，同时计时停止；特殊状态结束后，恢复原来的状态继续运行。

（3）实现交通信号灯点亮时间预置功能。

（4）将东西方向、南北方向的灯亮时间分别用数码管显示。

9.9.5 设计思路

1. 状态转换设计

根据设计要求，进行逻辑抽象，得到交通信号灯控制电路的四种不同状态：00、01、10 和 11，分别用 S_0、S_1、S_2、S_3 表示，如表 9.1 所示。根据东西、南北方向的灯亮时间 T_e、T_s 和 T_y 产生这些状态，并对它们进行有序的控制。相应的状态转换图如图 9.61 所示。只有当倒计时时间结束时交通灯的状态才发生变化。状态转移通过一个状态机实现，在进程中利用自定义数据类型中的枚举类型定义 S_0、S_1、S_2 和 S_3，根据东西、南北方向时间计数器的计数结果判断是否发生状态转移，利用 case 分支判断语句，将 S_0、S_1、S_2、S_3 状态的信息通过状态内部信号实现相互转移，在每一个状态中利用内部信号传递实现对三色灯的显示控制。

2. 时间显示设计

东西、南北 4 个路口共用 8 个数码管显示时间，为节省逻辑器件的输入/输出，时间

表 9.1 状态表

状态	东西方向	南北方向	时间(s)
S_0	绿灯亮	红灯亮	T_e
S_1	黄灯亮	红灯亮	T_y
S_2	红灯亮	绿灯亮	T_s
S_3	红灯亮	黄灯亮	T_y

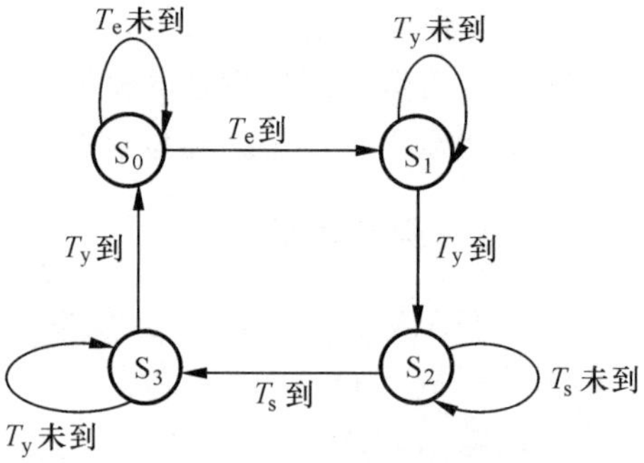

图 9.61 交通信号灯状态转换图

显示采用动态扫描的方法。动态扫描的基本原理是对于一组数码管动态扫描,显示需要由两组信号来控制:一组是字段输出口输出的字形代码,用来控制显示的字形,称为段码;另一组是位输出口输出的控制信号,用来选择第几位数码管工作,称为位码。各数码管的段线并联,段码的输出对各位数码管来说都是相同的。因此,在同一时刻如果各数码管的位选线都处于选通状态,则 8 位数码管将显示相同的字符。若要某位数码管显示与本位相符的字符,就只让这一位的位选线处于选通状态,而其他各位的位选线处于未选通状态。同时,段线上输出相应位要显示字符的字型码。因此,在同一时刻,只有选通的那一位显示字符,其他各位都是熄灭的;如此循环下去,就可以使各位数码管显示出将要显示的字符。

实现动态扫描的基本思路是利用硬件语言编写一个八进制计数器,根据计数器的输出值译出位选通信号选择数码管;段线上的段码即显示的时间用一组减法计数器实现,通过七段译码程序将计数器的输出时间值送到段线上供数码管显示。

3. 预置时间

预置时间用 8421BCD 码表示,通过 4 个按键表示 0～9,按键预置的值作为时间计数器的初始值,当计数器减至 0 时,自动重装计数初始值。

4. 特殊状态的控制

在状态机中增加特殊状态的控制,实现特殊状态期间,计时停止,4 个路口的红灯全亮,特殊状态结束后,恢复正常计时;采用异步时序逻辑电路设计的思想,即在检测时钟边沿的属性前判断特殊情况控制按键的状态即可实现。

5. 端口定义

根据设计任务要求,确定程序设计的输入信号和输出信号,功能模块如图 9.62 所示。

1) 输入信号

(1) reset:特殊状态控制信号。

(2) clkin:1 s 计时信号。

(3) clk_scan:时间显示动态扫描频率信号。

(4) timer1[3..0]:预置交通灯切换时间低位。

(5) timer2[3..0]:预置交通灯切换时间高位。

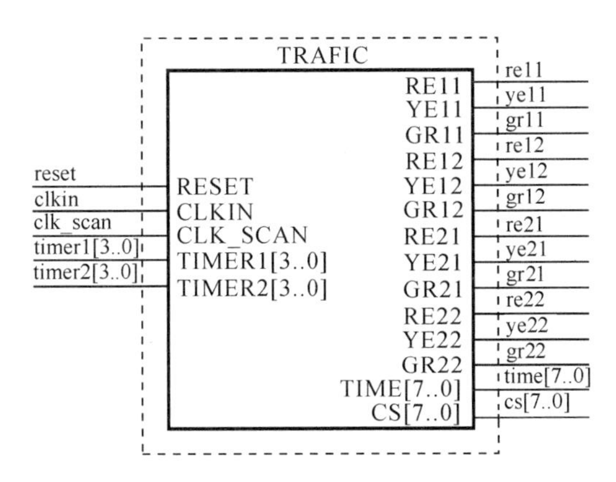

图 9.62　交通信号灯功能模块图

2）输出信号

（1）re11、re12，ye11、ye12，gr11、gr12：东西方向的红、黄、绿灯。

（2）re21、re22，ye21、ye22，gr21、gr22：南北方向的红、黄、绿灯。

（3）time[7..0]：数码管段线信号。

（4）cs[7..0]：数码管位选通信号。

9.9.6　仿真与测试

编译后要对其进行功能仿真，以此来验证设计的正确性，交通信号灯控制电路的仿真波形如图 9.63 所示。

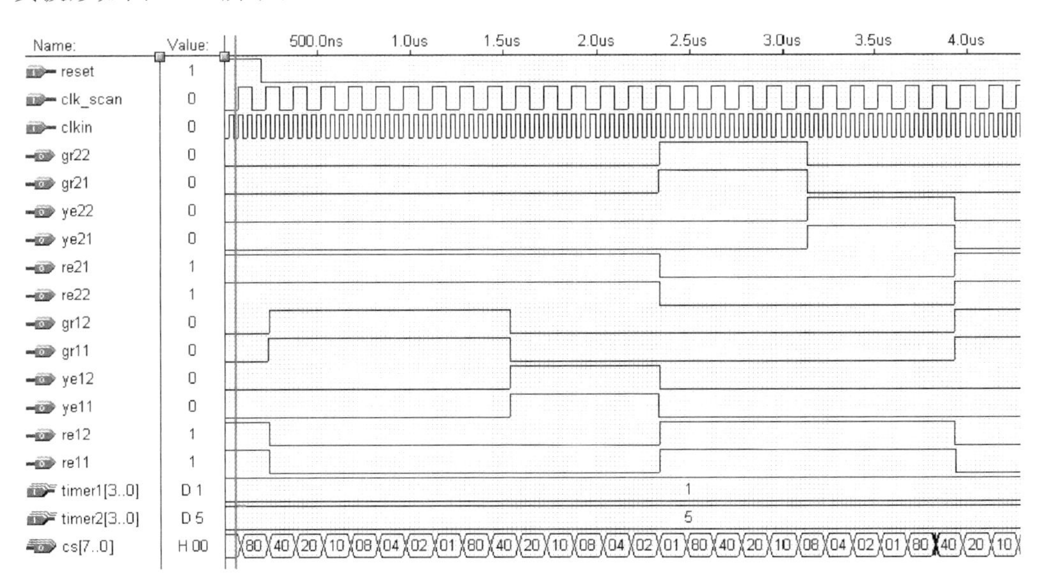

图 9.63　交通信号灯控制电路仿真波形

reset 信号是特殊状态控制信号，当 reset 为高电平时，4 个方向的红灯全亮，reset 无效后，南北方向红灯亮时东西方向绿灯亮，之后东西方向黄灯亮；随后切换到东西方向红灯亮，南北方向绿灯亮，之后南北方向黄灯亮。timer1、timer2 是预置的时间，cs 是数码管扫描的位选通信号，80、40、20、10、08、04、02、01 表示各位数码管的位选通信号是依次有效的。

功能仿真正确后，进行管脚锁定，锁定管脚时必须对 FPGA 开发板或实验箱的硬件资源有一定的了解。硬件测试中，交通信号灯的预置时间、特殊状态控制信号由拨码开关输入，灯亮时间由数码管显示，十字路口的红、黄、绿灯用发光二极管表示。锁定时将设计中的输入/输出信号和 FPGA 的具体管脚相对应，锁定完后再进行一次编译，保证管脚配置起作用。将编译后的文件(*.sof)下载到目标板上，进行硬件测试。

9.9.7 思考题

(1) 位扫描时间间隔长短对路口时间显示效果影响如何?

(2) 若东西方向和南北方向的控制时间不相等，状态机中如何预置东西方向和南北方向的控制时间? 输入端口做何修改?

(3) 用 8 个数码管显示时间信息设计时，采用动态扫描方法，共占用逻辑器件多少个输入/输出? 若采用静态方式显示，共占用逻辑器件多少个输入/输出? 设计有何变化?

附　　录

附录A　常用数字集成电路引脚排列图

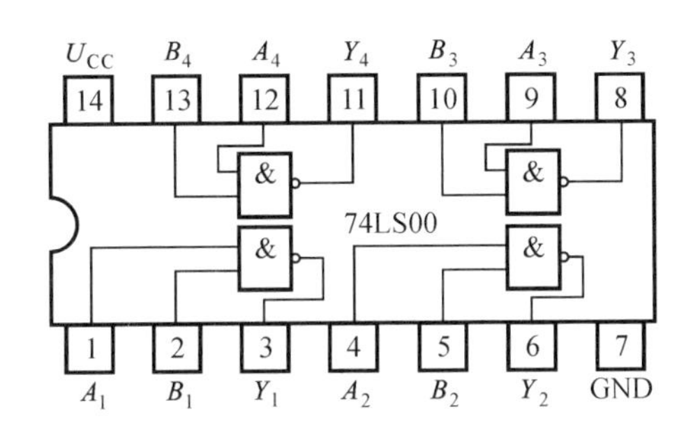

图 A.1　74LS00 的引脚排列图

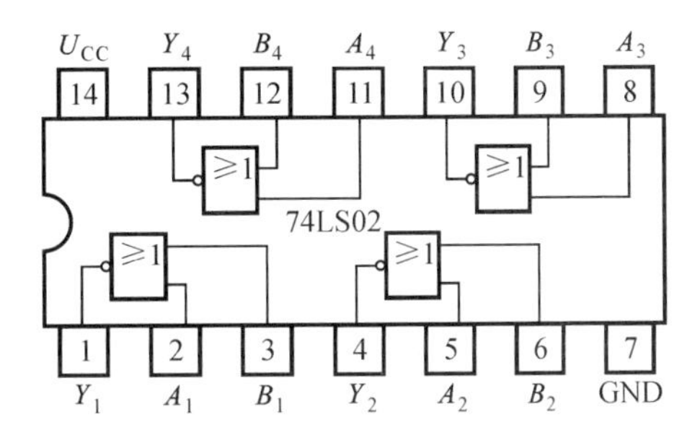

图 A.2　74LS02 的引脚排列图

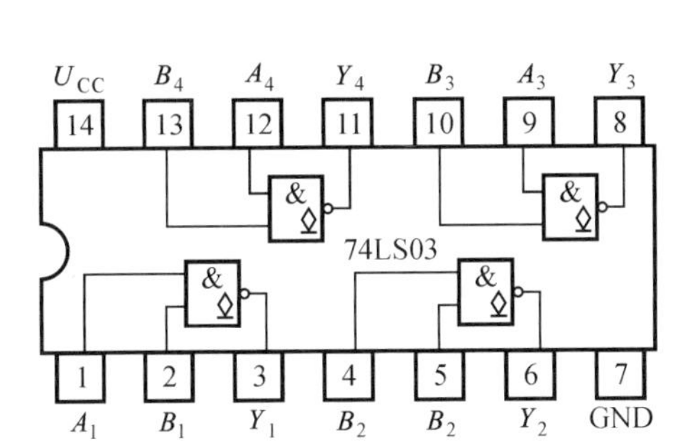

图 A.3　74LS03 的引脚排列图

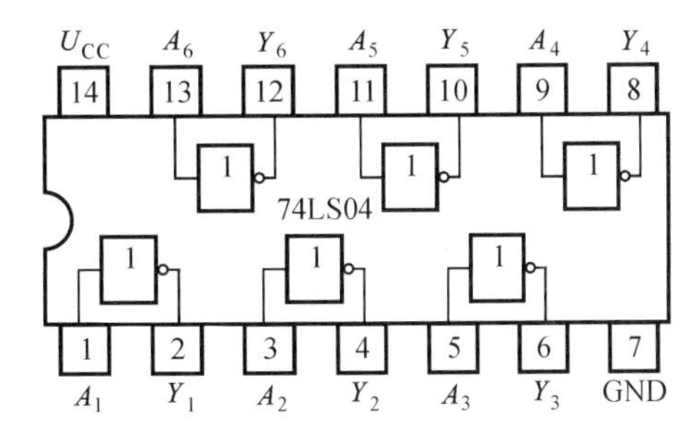

图 A.4　74LS04 的引脚排列图

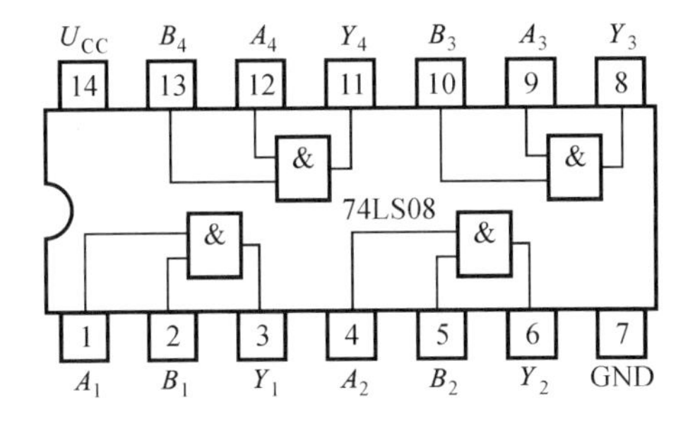

图 A.5　74LS08 的引脚排列图

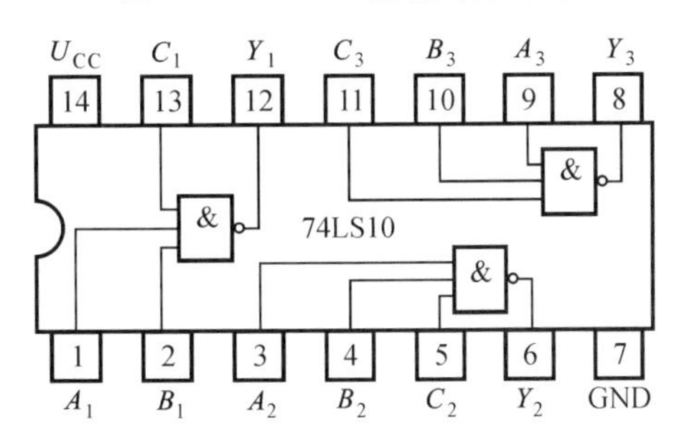

图 A.6　74LS10 三三输入与非门的引脚排列图

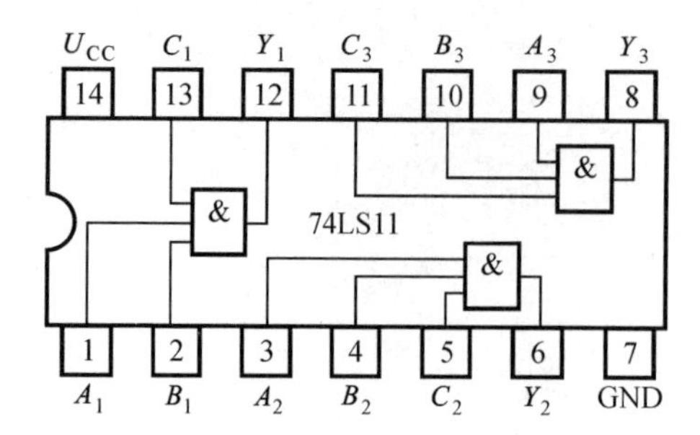

图 A.7　74LS11 三三输入与门的引脚排列图

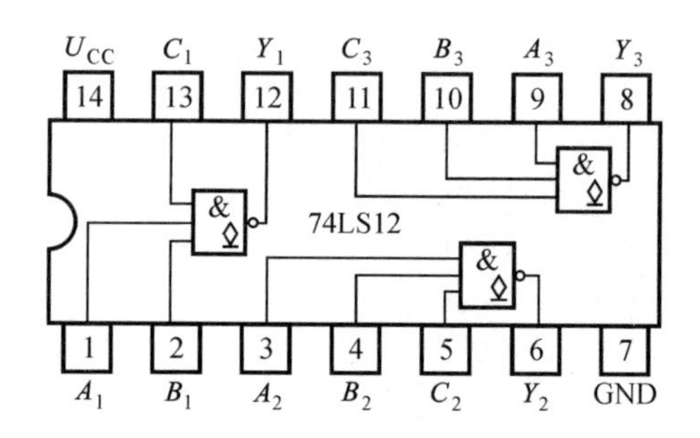

图 A.8　74LS12 三三输入与非门(OC 门)的引脚排列图

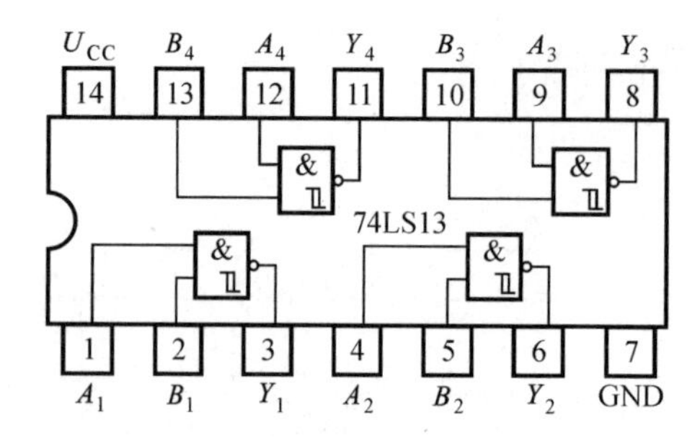

图 A.9　74LS13 四二输入与非门(施密特触发)的引脚排列图

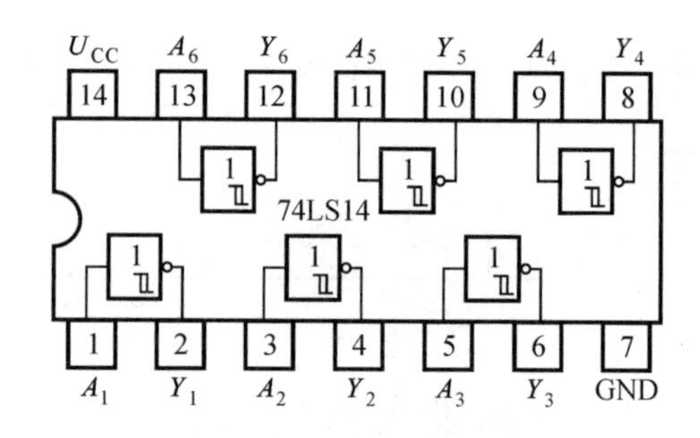

图 A.10　74LS14 四反相器(施密特触发)的引脚排列图

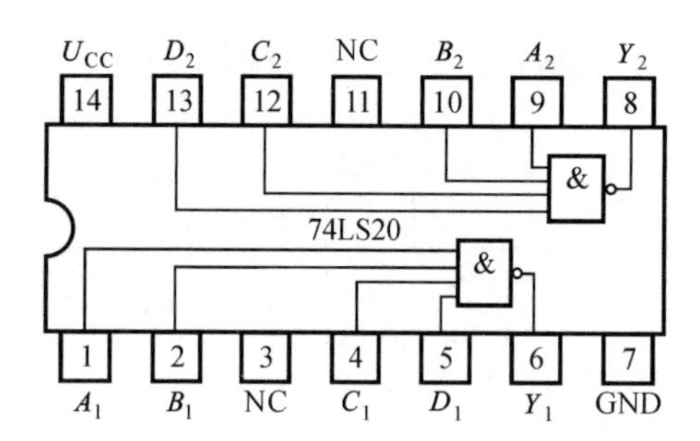

图 A.11　74LS20 双四输入与非门的引脚排列图

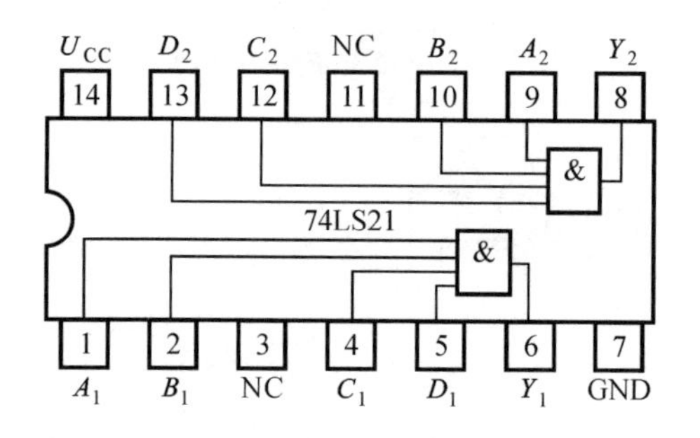

图 A.12　74LS21 双四输入与门的引脚排列图

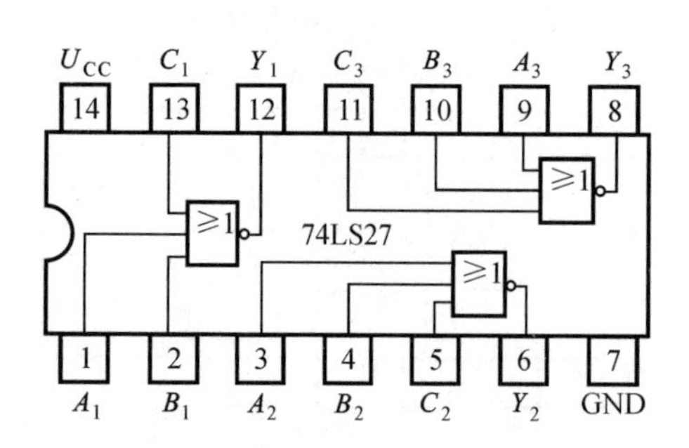

图 A.13　74LS27 三三输入或非门的引脚排列图

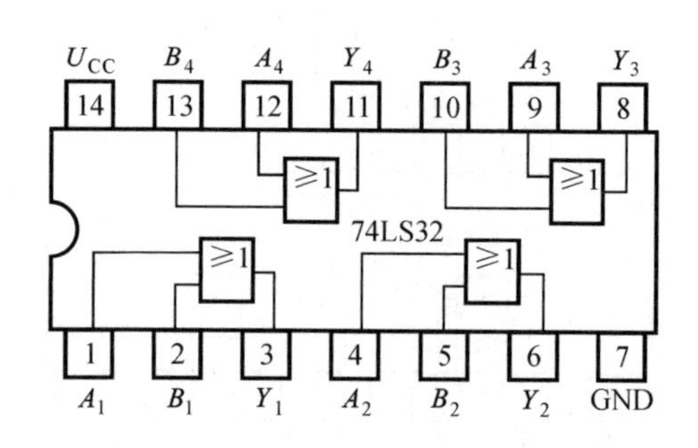

图 A.14　74LS32 四二输入或门的引脚排列图

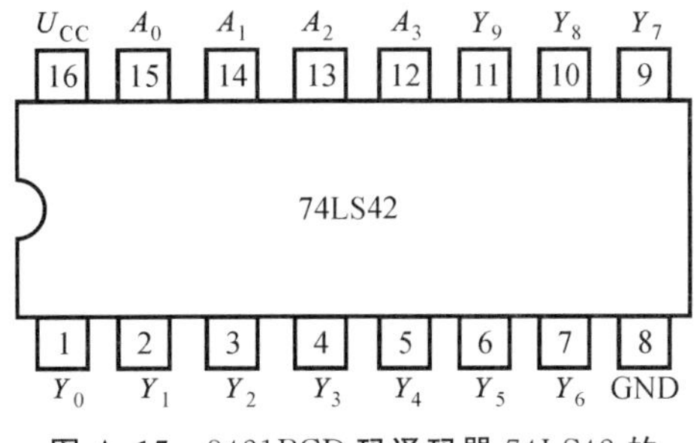

图 A.15　8421BCD 码译码器 74LS42 的引脚排列图

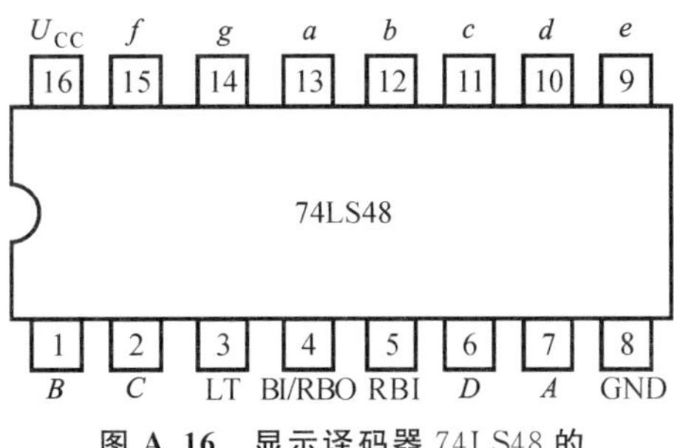

图 A.16　显示译码器 74LS48 的引脚排列图

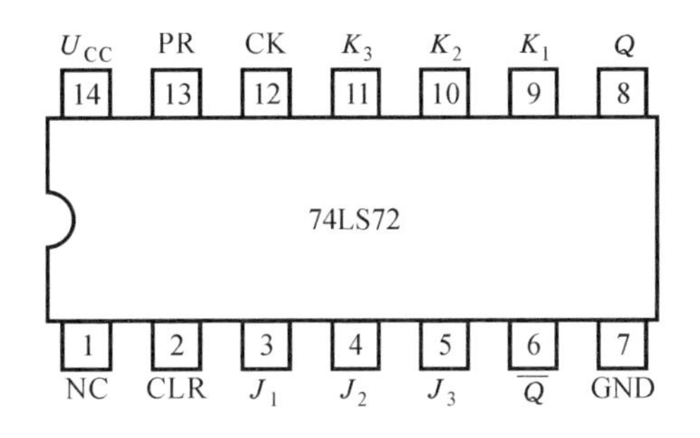

图 A.17　74LS72 与门输入主从 JK 触发器的引脚排列图

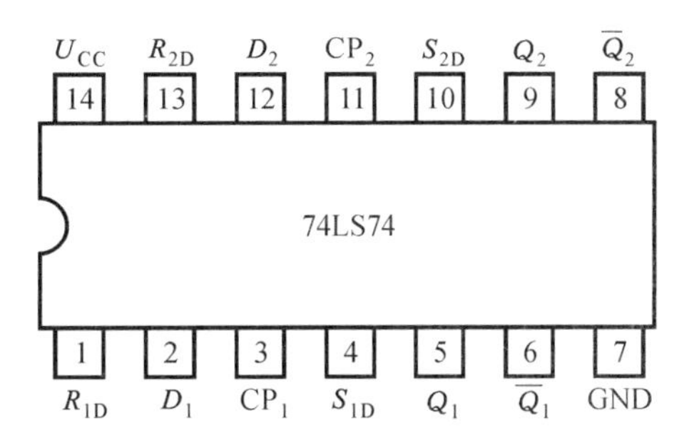

图 A.18　集成边沿 D 触发器 74LS74 的引脚排列图

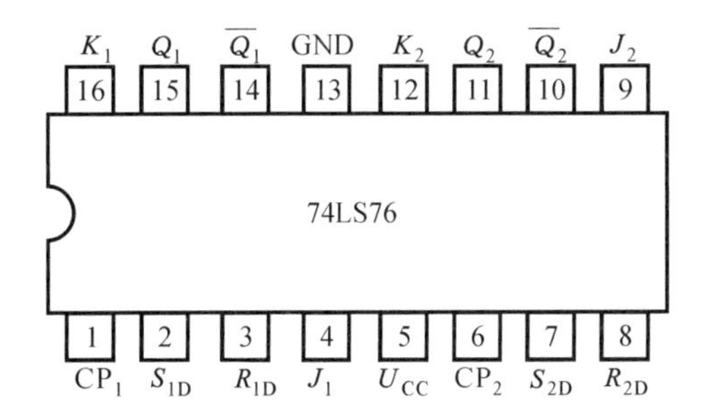

图 A.19　集成边沿 JK 触发器 74LS76 的引脚排列图

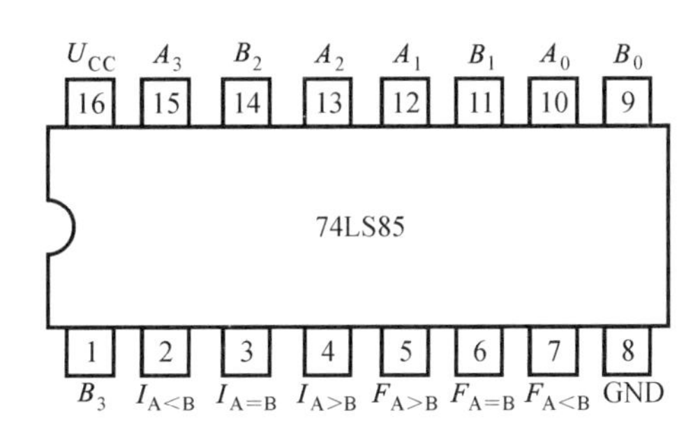

图 A.20　4 位二进制比较器 74LS85 的引脚排列图

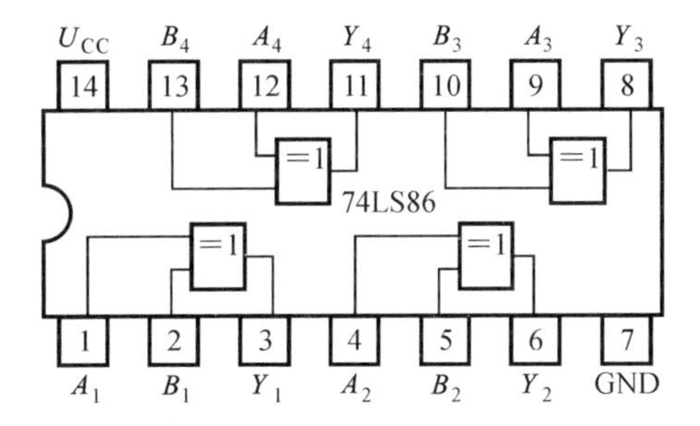

图 A.21　74LS86 四二输入异或门的引脚排列图

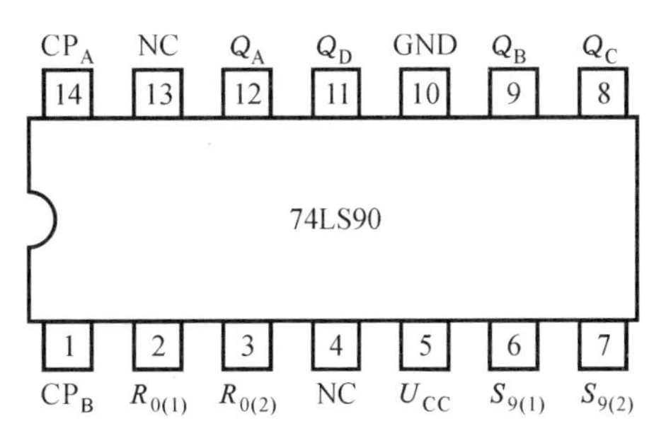

图 A.22　二-五-十进制 BCD 码加法计数器 74LS90 的引脚排列图

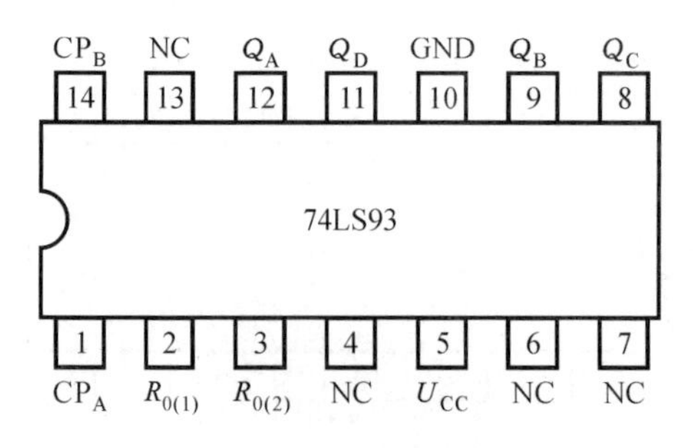

图 A.23　二-八-十六进制加法计数器 74LS93 的引脚排列图

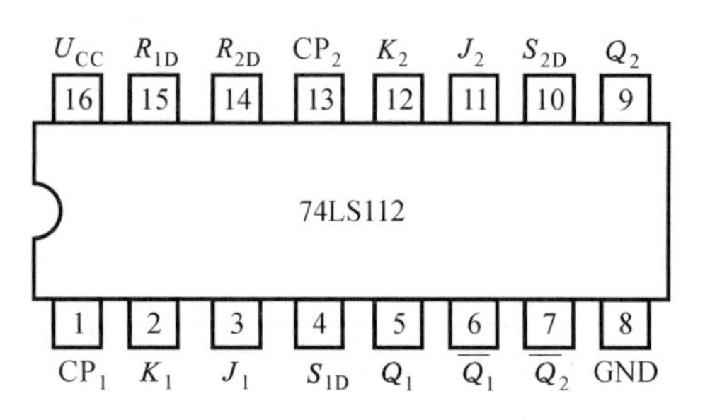

图 A.24　负边沿触发双 JK 触发器 74LS112 的引脚排列图

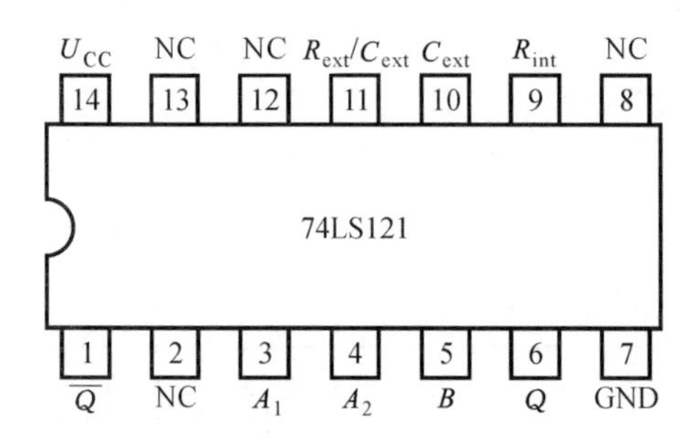

图 A.25　集成单稳态触发器 74LS121 的引脚排列图

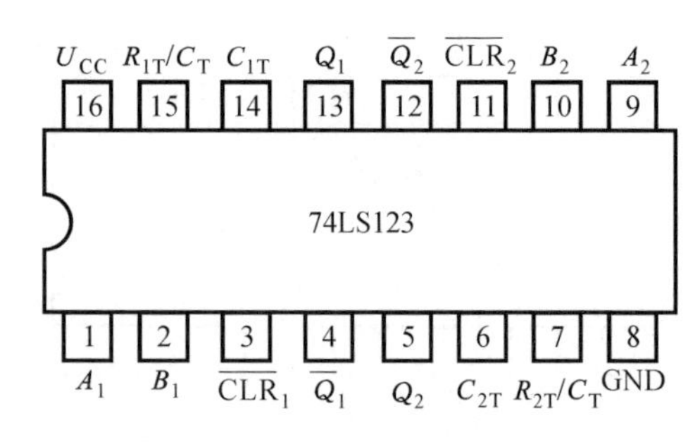

图 A.26　74LS123 可重复触发双单稳态触发器的引脚排列图

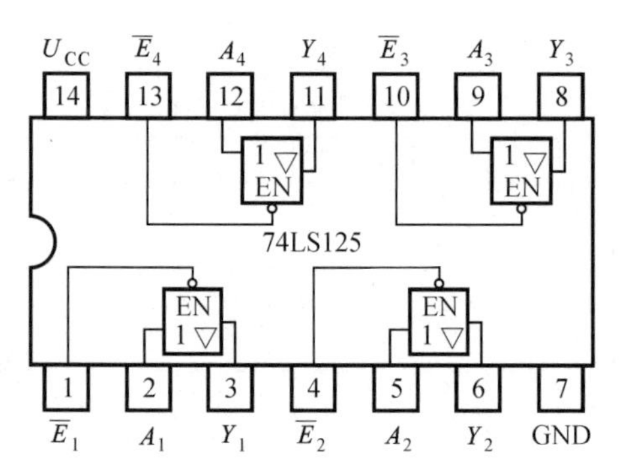

图 A.27　74LS125 的引脚排列图

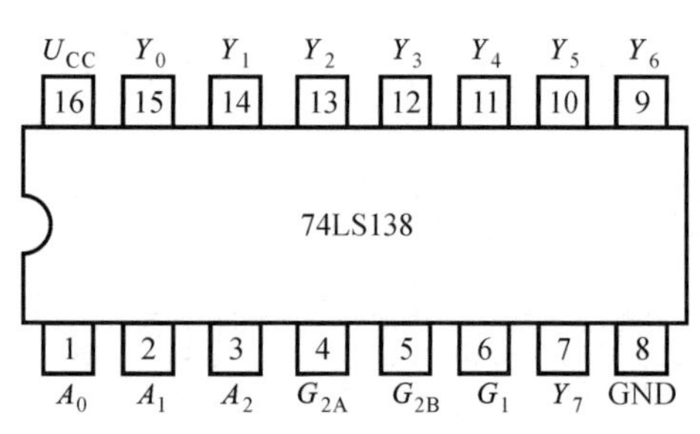

图 A.28　3 位二进制译码器 74LS138 的引脚排列图

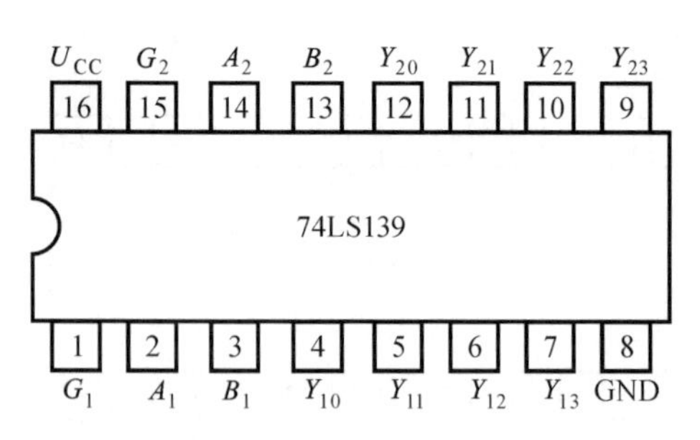

图 A.29　74LS139 双 2-4 线译码器的引脚排列图

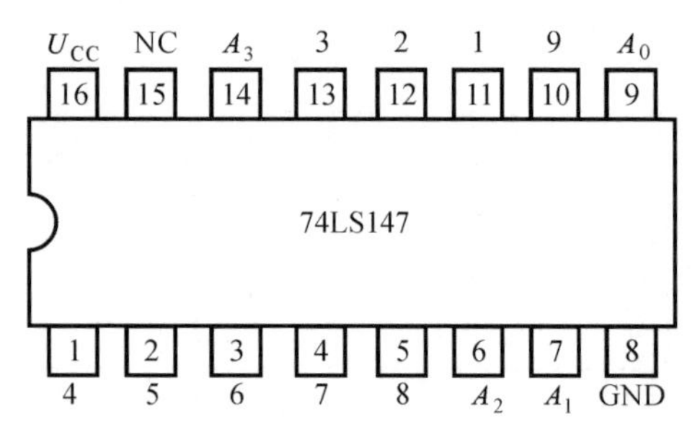

图 A.30　8421BCD 码优先编码器 74LS147 的引脚排列图

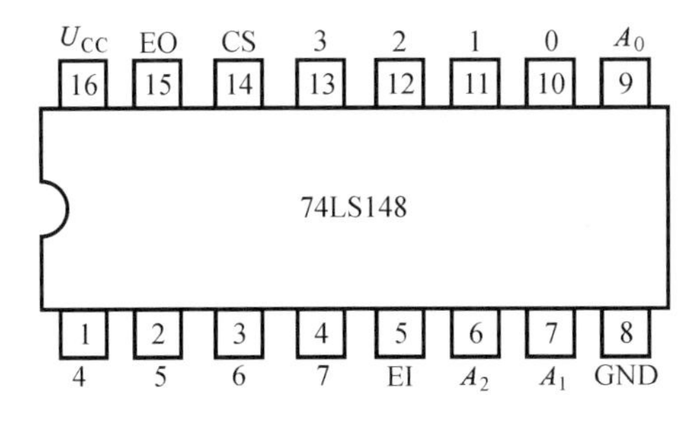

图 A.31　3 位二进制优先编码器 74LS148 的引脚排列图

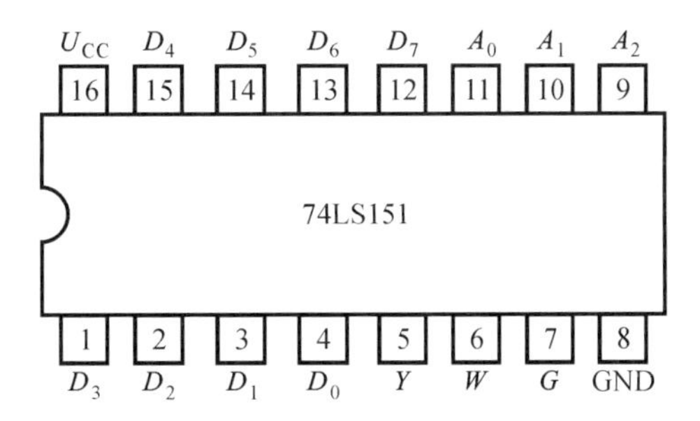

图 A.32　八选一数据选择器 74LS151 的引脚排列图

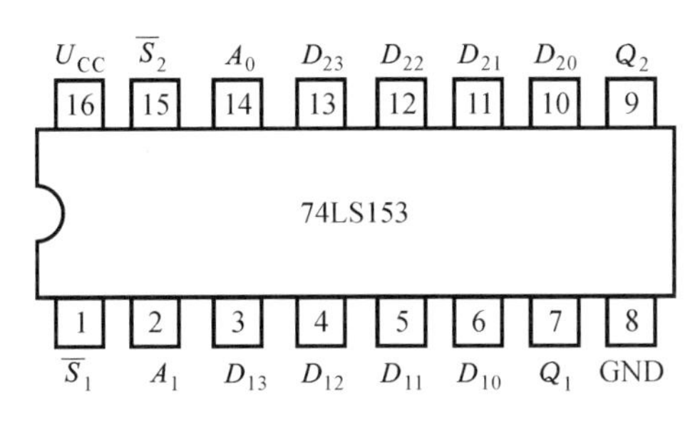

图 A.33　74LS153 双四选一数据选择器的引脚排列图

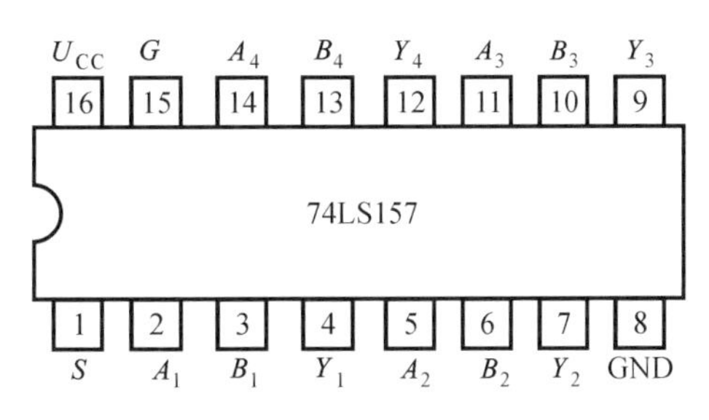

图 A.34　74LS157 四二选一数据选择器的引脚排列图

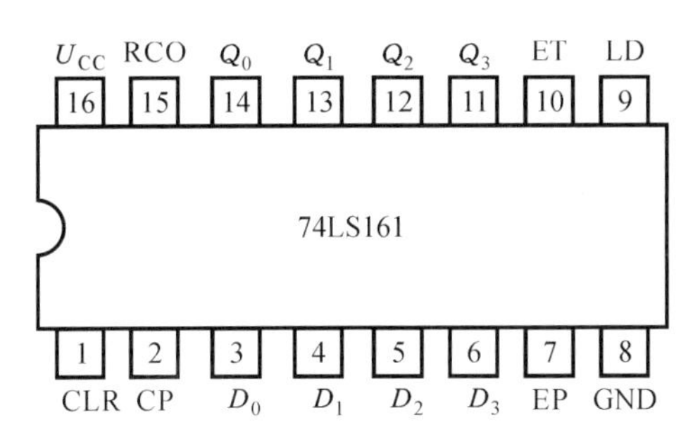

图 A.35　4 位二进制加法计数器 74LS161 的引脚排列图

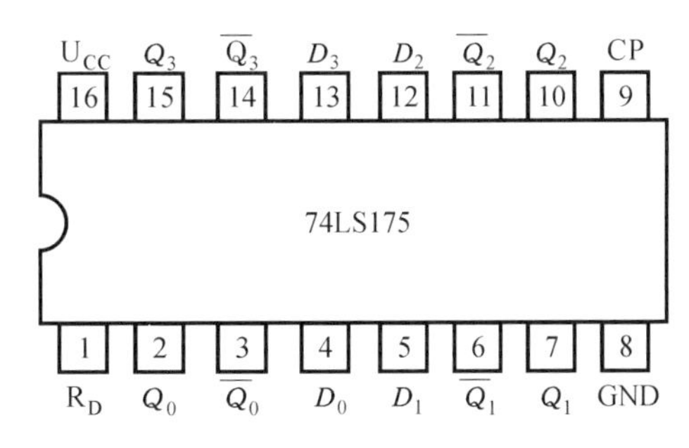

图 A.36　集成寄存器 74LS175 的引脚排列图

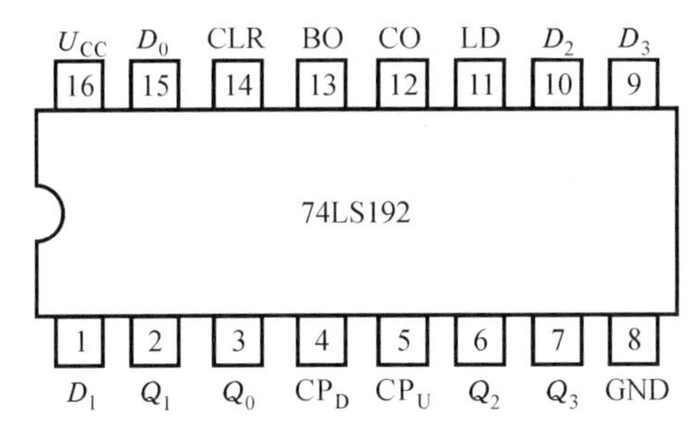

图 A.37　8421BCD 码加/减法计数器 74LS192 的引脚排列图

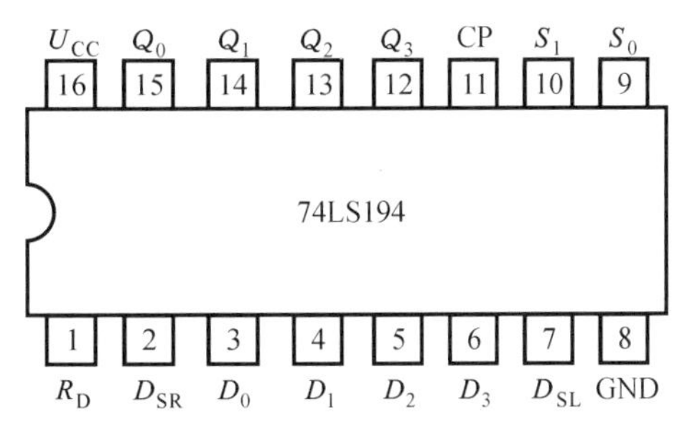

图 A.38　移位寄存器为 74LS194 的引脚排列图

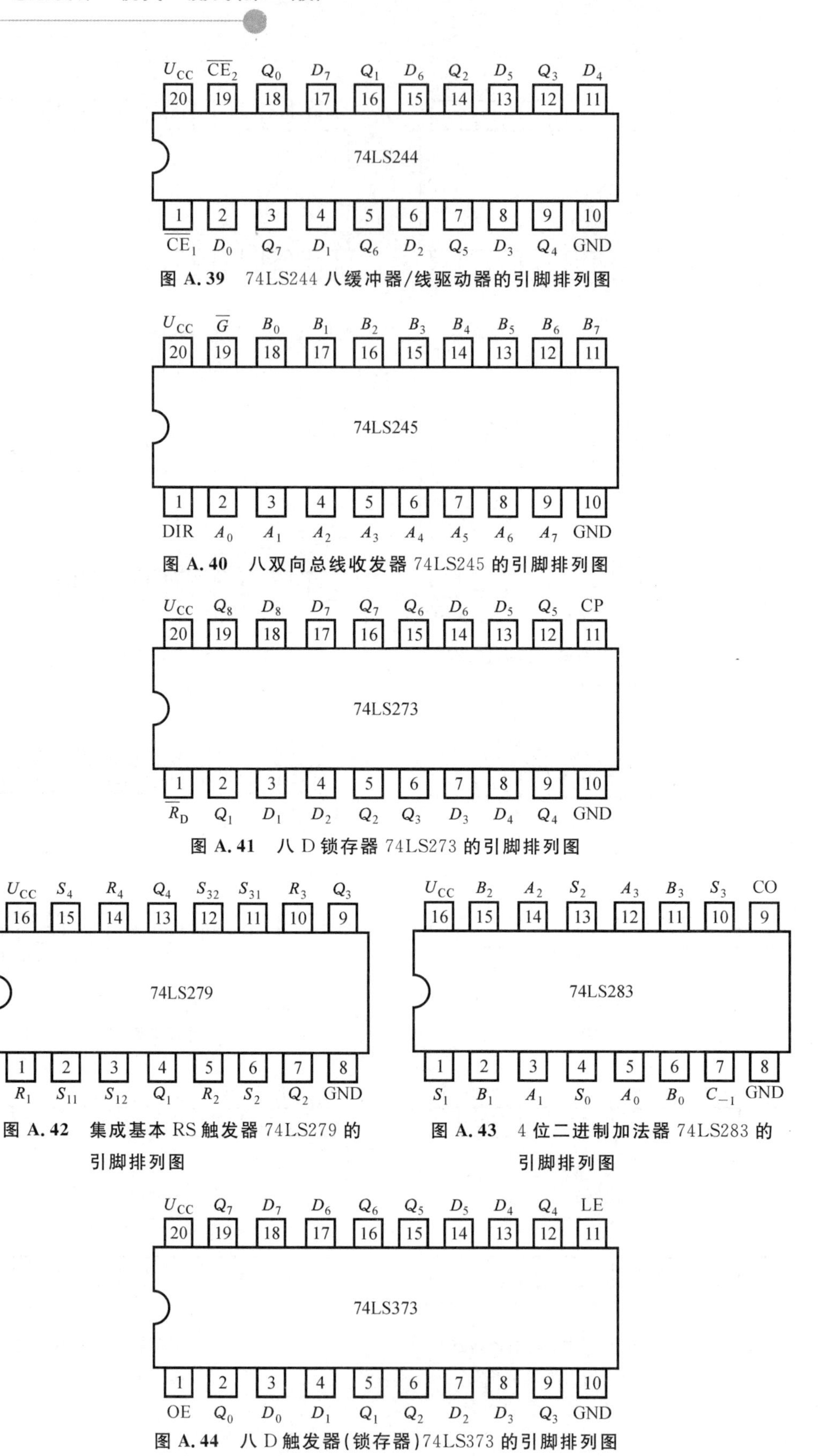

图 A.39 74LS244 八缓冲器/线驱动器的引脚排列图

图 A.40 八双向总线收发器 74LS245 的引脚排列图

图 A.41 八 D 锁存器 74LS273 的引脚排列图

图 A.42 集成基本 RS 触发器 74LS279 的引脚排列图

图 A.43 4 位二进制加法器 74LS283 的引脚排列图

图 A.44 八 D 触发器(锁存器)74LS373 的引脚排列图

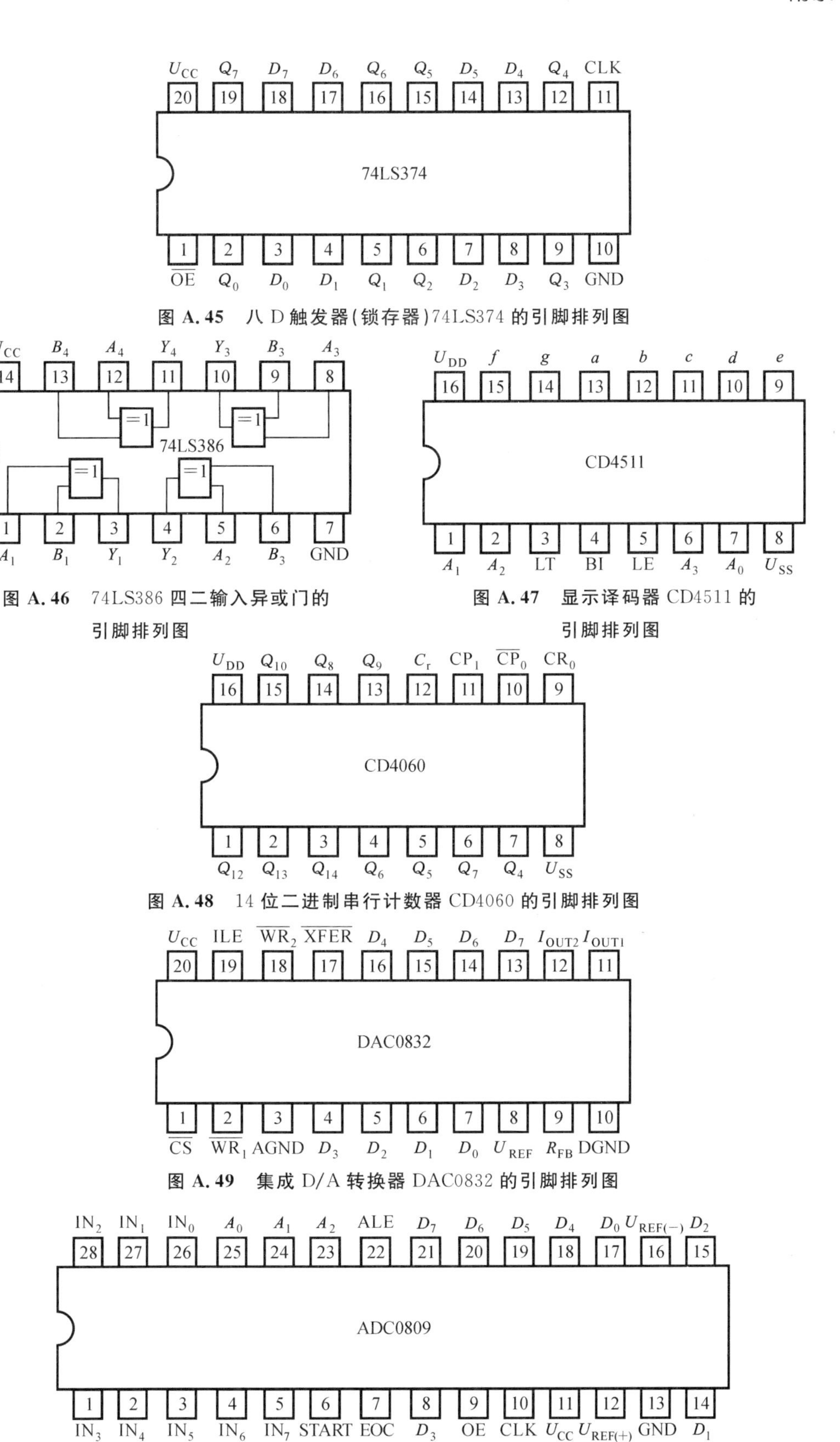

图 A.45 八 D 触发器(锁存器)74LS374 的引脚排列图

图 A.46 74LS386 四二输入异或门的引脚排列图

图 A.47 显示译码器 CD4511 的引脚排列图

图 A.48 14 位二进制串行计数器 CD4060 的引脚排列图

图 A.49 集成 D/A 转换器 DAC0832 的引脚排列图

图 A.50 集成 A/D 转换器 ADC0809 的引脚排列图

附录B CPLD/FPGA 实验装置介绍

DE2 开发板是台湾友晶科技有限公司生产的 FPGA/SOPC 开发平台。这是一款 Altera 公司推荐的标准包,拥有完善的原厂配件及工业 IP DEMO 开发板,可用于 IP 验证、系统级开发和 Nios Ⅱ 开发。DE2 开发板采用 Cyclone Ⅱ 系列 EP2C35F672C6 和 EPCS16 系统配置芯片,如图 B.1 所示。

图 B.1 DE2 开发板套件

B1. DE2 **平台的主要配置**

(1) FPGA 芯片采用 Altera Cyclone Ⅱ EP2C35F672C6N (35000LEs)。

(2) Altera 系列配置(EPCS16)Cyclone Ⅱ EP2C35。

(3) 板上 USB Blaster 用于编程和用户 API 设计。

(4) 支持 JTAG 模式和 AS 模式。

JTAG(Joint Test Action Group,联合测试行动小组)是一种国际标准测试协议(IEEE 1149.1 兼容),主要用于芯片内部测试。现在多数的高级器件都支持 JTAG 协议,如 DSP、FPGA 器件等。标准的 JTAG 接口是 4 线的,即 TM、TCK、TDI、TDO,分别为模式选择、时钟、数据输入和数据输出线。在 JTAG 模式下,开关拨到 RUN 以便 SOF 位流直接下载到 FPGA 芯片。

AS 是指主动串行编程模式。在 AS 模式下,POF 数据流直接下载到基于 Flash 的串行设备中,所以仅当设计完成或必须脱离 PC 测试时才使用 AS 模式。在 AS 模式下开关拨到 PROG。

(5) 8M SDRAM。

(6) 4M 闪存。

(7) SD 卡接口。

(8) 4 个按键开关。

(9) 18 个 DPDT(double-pole,double-throw)转换器。

(10) 8 个绿色发光二极管。

(11) 18 个红色发光二极管。

(12) 8 个数码管。

(13) 1 片 1602 液晶显示器。

(14) 50 MHz 晶振和 27 MHz 晶振提供外部时钟源。

(15) 24 位 CD 品质声道 CODEC,带有 line-in、line-out 和 microphone-in 接口。

(16) VGA DAC(10 位高速 triple ADC)带有 VGA 接口。

(17) TV 解码器(NTCS/PAL)(ADV7181 作为电视解码芯片)和 TV 接口。

(18) 10 Mbps/100 Mbps 以太网接口。

(19) 带有 A 类和 B 类 USB 接口的 USB 主从控制器。

(20) RS-232 收发器和 9 针连接器。

(21) PS/2 鼠标/键盘接口。

(22) IrDA 收发机(infrared data association,一套使用红外线作为媒介的工业用无线传输机,传输距离为 30 cm 左右,角度限制在 30°)。

(23) 2 个 40 脚扩展端口,带有二极管保护。

该平台上丰富的外设资源可供开发人员充分地进行 FPGA/SOPC 的研究和学习。

B2. DE2 板 FPGA 与外设的管脚配置表

DE2 板 FPGA 与外设的管脚配置如表 B.1 所示。

表 B.1 管脚配置表

硬件管脚名称	管 脚 号	硬件管脚名称	管 脚 号
SW[0]	PIN_N25	GPIO_0[0]	PIN_D25
SW[1]	PIN_N26	GPIO_0[1]	PIN_J22
SW[2]	PIN_P25	GPIO_0[2]	PIN_E26
SW[3]	PIN_AE14	GPIO_0[3]	PIN_E25
SW[4]	PIN_AF14	GPIO_0[4]	PIN_F24
SW[5]	PIN_AD13	GPIO_0[5]	PIN_F23
SW[6]	PIN_AC13	GPIO_0[6]	PIN_J21
SW[7]	PIN_C13	GPIO_0[7]	PIN_J20
SW[8]	PIN_B13	GPIO_0[8]	PIN_F25
SW[9]	PIN_A13	GPIO_0[9]	PIN_F26
SW[10]	PIN_N1	GPIO_0[10]	PIN_N18
SW[11]	PIN_P1	GPIO_0[11]	PIN_P18
SW[12]	PIN_P2	GPIO_0[12]	PIN_G23
SW[13]	PIN_T7	GPIO_0[13]	PIN_G24
SW[14]	PIN_U3	GPIO_0[14]	PIN_K22
SW[15]	PIN_U4	GPIO_0[15]	PIN_G25
SW[16]	PIN_V1	GPIO_0[16]	PIN_H23
SW[17]	PIN_V2	GPIO_0[17]	PIN_H24

续表

硬件管脚名称	管 脚 号	硬件管脚名称	管 脚 号
DRAM_ADDR[0]	PIN_T6	GPIO_0[18]	PIN_J23
DRAM_ADDR[1]	PIN_V4	GPIO_0[19]	PIN_J24
DRAM_ADDR[2]	PIN_V3	GPIO_0[20]	PIN_H25
DRAM_ADDR[3]	PIN_W2	GPIO_0[21]	PIN_H26
DRAM_ADDR[4]	PIN_W1	GPIO_0[22]	PIN_H19
DRAM_ADDR[5]	PIN_U6	GPIO_0[23]	PIN_K18
DRAM_ADDR[6]	PIN_U7	GPIO_0[24]	PIN_K19
DRAM_ADDR[7]	PIN_U5	GPIO_0[25]	PIN_K21
DRAM_ADDR[8]	PIN_W4	GPIO_0[26]	PIN_K23
DRAM_ADDR[9]	PIN_W3	GPIO_0[27]	PIN_K24
DRAM_ADDR[10]	PIN_Y1	GPIO_0[28]	PIN_L21
DRAM_ADDR[11]	PIN_V5	GPIO_0[29]	PIN_L20
DRAM_BA_0	PIN_AE2	GPIO_0[30]	PIN_J25
DRAM_BA_1	PIN_AE3	GPIO_0[31]	PIN_J26
DRAM_CAS_N	PIN_AB3	GPIO_0[32]	PIN_L23
DRAM_CKE	PIN_AA6	GPIO_0[33]	PIN_L24
DRAM_CLK	PIN_AA7	GPIO_0[34]	PIN_L25
DRAM_CS_N	PIN_AC3	GPIO_0[35]	PIN_L19
DRAM_DQ[0]	PIN_V6	GPIO_1[0]	PIN_K25
DRAM_DQ[1]	PIN_AA2	GPIO_1[1]	PIN_K26
DRAM_DQ[2]	PIN_AA1	GPIO_1[2]	PIN_M22
DRAM_DQ[3]	PIN_Y3	GPIO_1[3]	PIN_M23
DRAM_DQ[4]	PIN_Y4	GPIO_1[4]	PIN_M19
DRAM_DQ[5]	PIN_R8	GPIO_1[5]	PIN_M20
DRAM_DQ[6]	PIN_T8	GPIO_1[6]	PIN_N20
DRAM_DQ[7]	PIN_V7	GPIO_1[7]	PIN_M21
DRAM_DQ[8]	PIN_W6	GPIO_1[8]	PIN_M24
DRAM_DQ[9]	PIN_AB2	GPIO_1[9]	PIN_M25
DRAM_DQ[10]	PIN_AB1	GPIO_1[10]	PIN_N24
DRAM_DQ[11]	PIN_AA4	GPIO_1[11]	PIN_P24
DRAM_DQ[12]	PIN_AA3	GPIO_1[12]	PIN_R25
DRAM_DQ[13]	PIN_AC2	GPIO_1[13]	PIN_R24
DRAM_DQ[14]	PIN_AC1	GPIO_1[14]	PIN_R20
DRAM_DQ[15]	PIN_AA5	GPIO_1[15]	PIN_T22
DRAM_LDQM	PIN_AD2	GPIO_1[16]	PIN_T23

续表

硬件管脚名称	管　脚　号	硬件管脚名称	管　脚　号
DRAM_UDQM	PIN_Y5	GPIO_1[17]	PIN_T24
DRAM_RAS_N	PIN_AB4	GPIO_1[18]	PIN_T25
DRAM_WE_N	PIN_AD3	GPIO_1[19]	PIN_T18
FL_ADDR[0]	PIN_AC18	GPIO_1[20]	PIN_T21
FL_ADDR[1]	PIN_AB18	GPIO_1[21]	PIN_T20
FL_ADDR[2]	PIN_AE19	GPIO_1[22]	PIN_U26
FL_ADDR[3]	PIN_AF19	GPIO_1[23]	PIN_U25
FL_ADDR[4]	PIN_AE18	GPIO_1[24]	PIN_U23
FL_ADDR[5]	PIN_AF18	GPIO_1[25]	PIN_U24
FL_ADDR[6]	PIN_Y16	GPIO_1[26]	PIN_R19
FL_ADDR[7]	PIN_AA16	GPIO_1[27]	PIN_T19
FL_ADDR[8]	PIN_AD17	GPIO_1[28]	PIN_U20
FL_ADDR[9]	PIN_AC17	GPIO_1[29]	PIN_U21
FL_ADDR[10]	PIN_AE17	GPIO_1[30]	PIN_V26
FL_ADDR[11]	PIN_AF17	GPIO_1[31]	PIN_V25
FL_ADDR[12]	PIN_W16	GPIO_1[32]	PIN_V24
FL_ADDR[13]	PIN_W15	GPIO_1[33]	PIN_V23
FL_ADDR[14]	PIN_AC16	GPIO_1[34]	PIN_W25
FL_ADDR[15]	PIN_AD16	GPIO_1[35]	PIN_W23
FL_ADDR[16]	PIN_AE16	KEY[0]	PIN_G26
FL_ADDR[17]	PIN_AC15	KEY[1]	PIN_N23
FL_ADDR[18]	PIN_AB15	KEY[2]	PIN_P23
FL_ADDR[19]	PIN_AA15	KEY[3]	PIN_W26
FL_ADDR[20]	PIN_Y15	LEDR[0]	PIN_AE23
FL_ADDR[21]	PIN_Y14	LEDR[1]	PIN_AF23
FL_CE_N	PIN_V17	LEDR[2]	PIN_AB21
FL_OE_N	PIN_W17	LEDR[3]	PIN_AC22
FL_DQ[0]	PIN_AD19	LEDR[4]	PIN_AD22
FL_DQ[1]	PIN_AC19	LEDR[5]	PIN_AD23
FL_DQ[2]	PIN_AF20	LEDR[6]	PIN_AD21
FL_DQ[3]	PIN_AE20	LEDR[7]	PIN_AC21
FL_DQ[4]	PIN_AB20	LEDR[8]	PIN_AA14
FL_DQ[5]	PIN_AC20	LEDR[9]	PIN_Y13
FL_DQ[6]	PIN_AF21	LEDR[10]	PIN_AA13

续表

硬件管脚名称	管　脚　号	硬件管脚名称	管　脚　号
FL_DQ[7]	PIN_AE21	LEDR[11]	PIN_AC14
FL_RST_N	PIN_AA18	LEDR[12]	PIN_AD15
FL_WE_N	PIN_AA17	LEDR[13]	PIN_AE15
SRAM_ADDR[0]	PIN_AE4	LEDR[14]	PIN_AF13
SRAM_ADDR[1]	PIN_AF4	LEDR[15]	PIN_AE13
SRAM_ADDR[2]	PIN_AC5	LEDR[16]	PIN_AE12
SRAM_ADDR[3]	PIN_AC6	LEDR[17]	PIN_AD12
SRAM_ADDR[4]	PIN_AD4	LEDG[0]	PIN_AE22
SRAM_ADDR[5]	PIN_AD5	LEDG[1]	PIN_AF22
SRAM_ADDR[6]	PIN_AE5	LEDG[2]	PIN_W19
SRAM_ADDR[7]	PIN_AF5	LEDG[3]	PIN_V18
SRAM_ADDR[8]	PIN_AD6	LEDG[4]	PIN_U18
SRAM_ADDR[9]	PIN_AD7	LEDG[5]	PIN_U17
SRAM_ADDR[10]	PIN_V10	LEDG[6]	PIN_AA20
SRAM_ADDR[11]	PIN_V9	LEDG[7]	PIN_Y18
SRAM_ADDR[12]	PIN_AC7	LEDG[8]	PIN_Y12
SRAM_ADDR[13]	PIN_W8	EXT_CLOCK	PIN_P26
SRAM_ADDR[14]	PIN_W10	CLOCK_27	PIN_D13
SRAM_ADDR[15]	PIN_Y10	CLOCK_50	PIN_N2
SRAM_ADDR[16]	PIN_AB8	HEX0[0]	PIN_AF10
SRAM_ADDR[17]	PIN_AC8	HEX0[1]	PIN_AB12
SRAM_DQ[0]	PIN_AD8	HEX0[2]	PIN_AC12
SRAM_DQ[1]	PIN_AE6	HEX0[3]	PIN_AD11
SRAM_DQ[2]	PIN_AF6	HEX0[4]	PIN_AE11
SRAM_DQ[3]	PIN_AA9	HEX0[5]	PIN_V14
SRAM_DQ[4]	PIN_AA10	HEX0[6]	PIN_V13
SRAM_DQ[5]	PIN_AB10	HEX1[0]	PIN_V20
SRAM_DQ[6]	PIN_AA11	HEX1[1]	PIN_V21
SRAM_DQ[7]	PIN_Y11	HEX1[2]	PIN_W21
SRAM_DQ[8]	PIN_AE7	HEX1[3]	PIN_Y22
SRAM_DQ[9]	PIN_AF7	HEX1[4]	PIN_AA24
SRAM_DQ[10]	PIN_AE8	HEX1[5]	PIN_AA23

续表

硬件管脚名称	管　脚　号	硬件管脚名称	管　脚　号
SRAM_DQ[11]	PIN_AF8	HEX1[6]	PIN_AB24
SRAM_DQ[12]	PIN_W11	HEX2[0]	PIN_AB23
SRAM_DQ[13]	PIN_W12	HEX2[1]	PIN_V22
SRAM_DQ[14]	PIN_AC9	HEX2[2]	PIN_AC25
SRAM_DQ[15]	PIN_AC10	HEX2[3]	PIN_AC26
SRAM_WE_N	PIN_AE10	HEX2[4]	PIN_AB26
SRAM_OE_N	PIN_AD10	HEX2[5]	PIN_AB25
SRAM_UB_N	PIN_AF9	HEX2[6]	PIN_Y24
SRAM_LB_N	PIN_AE9	HEX3[0]	PIN_Y23
SRAM_CE_N	PIN_AC11	HEX3[1]	PIN_AA25
OTG_ADDR[0]	PIN_K7	HEX3[2]	PIN_AA26
OTG_ADDR[1]	PIN_F2	HEX3[3]	PIN_Y26
OTG_CS_N	PIN_F1	HEX3[4]	PIN_Y25
OTG_RD_N	PIN_G2	HEX3[5]	PIN_U22
OTG_WR_N	PIN_G1	HEX3[6]	PIN_W24
OTG_RST_N	PIN_G5	HEX4[0]	PIN_U9
OTG_DATA[0]	PIN_F4	HEX4[1]	PIN_U1
OTG_DATA[1]	PIN_D2	HEX4[2]	PIN_U2
OTG_DATA[2]	PIN_D1	HEX4[3]	PIN_T4
OTG_DATA[3]	PIN_F7	HEX4[4]	PIN_R7
OTG_DATA[4]	PIN_J5	HEX4[5]	PIN_R6
OTG_DATA[5]	PIN_J8	HEX4[6]	PIN_T3
OTG_DATA[6]	PIN_J7	HEX5[0]	PIN_T2
OTG_DATA[7]	PIN_H6	HEX5[1]	PIN_P6
OTG_DATA[8]	PIN_E2	HEX5[2]	PIN_P7
OTG_DATA[9]	PIN_E1	HEX5[3]	PIN_T9
OTG_DATA[10]	PIN_K6	HEX5[4]	PIN_R5
OTG_DATA[11]	PIN_K5	HEX5[5]	PIN_R4
OTG_DATA[12]	PIN_G4	HEX5[6]	PIN_R3
OTG_DATA[13]	PIN_G3	HEX6[0]	PIN_R2
OTG_DATA[14]	PIN_J6	HEX6[1]	PIN_P4
OTG_DATA[15]	PIN_K8	HEX6[2]	PIN_P3
OTG_INT0	PIN_B3	HEX6[3]	PIN_M2
OTG_INT1	PIN_C3	HEX6[4]	PIN_M3

续表

硬件管脚名称	管　脚　号	硬件管脚名称	管　脚　号
OTG_DACK0_N	PIN_C2	HEX6[5]	PIN_M5
OTG_DACK1_N	PIN_B2	HEX6[6]	PIN_M4
OTG_DREQ0	PIN_F6	HEX7[0]	PIN_L3
OTG_DREQ1	PIN_E5	HEX7[1]	PIN_L2
OTG_FSPEED	PIN_F3	HEX7[2]	PIN_L9
OTG_LSPEED	PIN_G6	HEX7[3]	PIN_L6
TDI	PIN_B14	HEX7[4]	PIN_L7
TCS	PIN_A14	HEX7[5]	PIN_P9
TCK	PIN_D14	HEX7[6]	PIN_N9
TDO	PIN_F14	UART_RXD	PIN_C25
TD_RESET	PIN_C4	UART_TXD	PIN_B25
I2C_SCLK	PIN_A6	LCD_RW	PIN_K4
I2C_SDAT	PIN_B6	LCD_EN	PIN_K3
TD_DATA[0]	PIN_J9	LCD_RS	PIN_K1
TD_DATA[1]	PIN_E8	LCD_DATA[0]	PIN_J1
TD_DATA[2]	PIN_H8	LCD_DATA[1]	PIN_J2
TD_DATA[3]	PIN_H10	LCD_DATA[2]	PIN_H1
TD_DATA[4]	PIN_G9	LCD_DATA[3]	PIN_H2
TD_DATA[5]	PIN_F9	LCD_DATA[4]	PIN_J4
TD_DATA[6]	PIN_D7	LCD_DATA[5]	PIN_J3
TD_DATA[7]	PIN_C7	LCD_DATA[6]	PIN_H4
TD_HS	PIN_D5	LCD_DATA[7]	PIN_H3
TD_VS	PIN_K9	LCD_ON	PIN_L4
AUD_ADCLRCK	PIN_C5	LCD_BLON	PIN_K2
AUD_ADCDAT	PIN_B5	VGA_R[0]	PIN_C8
AUD_DACLRCK	PIN_C6	VGA_R[1]	PIN_F10
AUD_DACDAT	PIN_A4	VGA_R[2]	PIN_G10
AUD_XCK	PIN_A5	VGA_R[3]	PIN_D9
AUD_BCLK	PIN_B4	VGA_R[4]	PIN_C9
ENET_DATA[0]	PIN_D17	VGA_R[5]	PIN_A8
ENET_DATA[1]	PIN_C17	VGA_R[6]	PIN_H11
ENET_DATA[2]	PIN_B18	VGA_R[7]	PIN_H12
ENET_DATA[3]	PIN_A18	VGA_R[8]	PIN_F11
ENET_DATA[4]	PIN_B17	VGA_R[9]	PIN_E10
ENET_DATA[5]	PIN_A17	VGA_G[0]	PIN_B9

续表

硬件管脚名称	管　脚　号	硬件管脚名称	管　脚　号
ENET_DATA[6]	PIN_B16	VGA_G[1]	PIN_A9
ENET_DATA[7]	PIN_B15	VGA_G[2]	PIN_C10
ENET_DATA[8]	PIN_B20	VGA_G[3]	PIN_D10
ENET_DATA[9]	PIN_A20	VGA_G[4]	PIN_B10
ENET_DATA[10]	PIN_C19	VGA_G[5]	PIN_A10
ENET_DATA[11]	PIN_D19	VGA_G[6]	PIN_G11
ENET_DATA[12]	PIN_B19	VGA_G[7]	PIN_D11
ENET_DATA[13]	PIN_A19	VGA_G[8]	PIN_E12
ENET_DATA[14]	PIN_E18	VGA_G[9]	PIN_D12
ENET_DATA[15]	PIN_D18	VGA_B[0]	PIN_J13
ENET_CLK	PIN_B24	VGA_B[1]	PIN_J14
ENET_CMD	PIN_A21	VGA_B[2]	PIN_F12
ENET_CS_N	PIN_A23	VGA_B[3]	PIN_G12
ENET_INT	PIN_B21	VGA_B[4]	PIN_J10
ENET_RD_N	PIN_A22	VGA_B[5]	PIN_J11
ENET_WR_N	PIN_B22	VGA_B[6]	PIN_C11
ENET_RST_N	PIN_B23	VGA_B[7]	PIN_B11
IRDA_TXD	PIN_AE24	VGA_B[8]	PIN_C12
IRDA_RXD	PIN_AE25	VGA_B[9]	PIN_B12
SD_DAT	PIN_AD24	VGA_CLK	PIN_B8
SD_DAT3	PIN_AC23	VGA_BLANK	PIN_D6
SD_CMD	PIN_Y21	VGA_HS	PIN_A7
SD_CLK	PIN_AD25	VGA_VS	PIN_D8
PS2_CLK	PIN_D26	VGA_SYNC	PIN_B7
PS2_DAT	PIN_C24		

附录 C　FPGA 实验箱使用说明书

C1. 技术指标

FPGA 实验开发系统以简单实用、良好的扩展性为设计原则，提供了丰富的外围存储器和经典外围电路，可面向电类本科生，作为数字电子技术、可编程逻辑器件、EDA 技术、SOPC 系统设计等课程实验平台。因采用核心板和基础实验板的设计模式，本开发系统还是电子设计竞赛、课程设计和毕业设计的理想创新平台。

本开发系统还提供了一个 SOPC 平台，可以实现嵌入式的软核 CPU，如 Nios Ⅱ、8051、Open RISC 等，为嵌入式电子产品设计提供了又一种选择。

本开发系统主要包括两块电路板：EP3C16Q240C8 FPGA 芯片核心板和基础实验板。其主要特点和所提供的外设功能如下。

(1) 采用高档双层 PCB、沉金工艺，布局布线合理，经过专业飞针测试；

(2) 贴片元件采用贴片机、回流焊焊接，插件采用波峰焊焊接，质量可靠、性能稳定；

(3) 电源部分具有防反接功能，并能有效滤除引入电源的尖峰脉冲；

(4) 常用外围存储器齐全(SDRAM/Flash)，外设电路丰富；

(5) I/O 及存储器数据/地址/控制总线通过排针引出，方便用户进行系统扩展；

(6) 实验板功能部件全部采用跳线模式，可单独使用或禁止，最大限度地方便开发、学习。

C2. 实验箱面板说明

FPGA 实验箱面板资源分布图如图 C.1 所示。

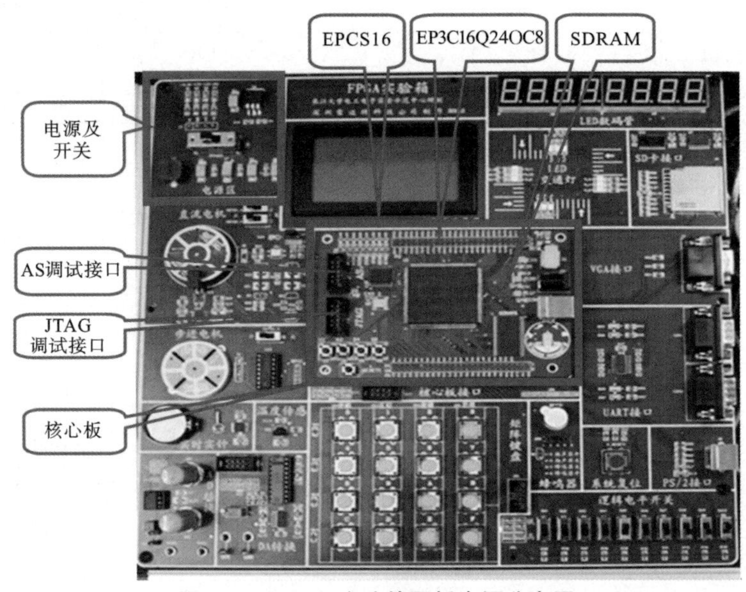

图 C.1　FPGA 实验箱面板资源分布图

1. 核心板配置

(1) FPGA 芯片：EP3C16Q240C8，约 16 000 个逻辑单元，可满足技术指标的要求。

(2) 配置芯片：EPCS16，4M bit。

(3) SDRAM:HY57V641620,128M bit。
(4) 有源晶振:50 MHz/20 MHz。
(5) 电源芯片:3.3 V/2.5 V/1.2 V。
(6) 下载调试接口:AS、JTAG 调试接口。
(7) 引出 I/O:92 个独立 I/O、8 路 LED、5 路按键。
(8) 输入电压:5 V,直流,使用 TVS 二极管(瞬态抑制二极管)进行保护。
(9) 其他:4 个独立按钮、1 个系统复位按钮、8 个 LED。

2. 基础实验板提供的功能部件

(1) 8 位七段数码管;
(2) 蜂鸣器、8 Ω/0.5 Ω 喇叭;
(3) VGA 接口;
(4) PS/2 接口;
(5) 2 路三线制 RS232 串行口;
(6) LCD 12864 液晶接口;
(7) 实时时钟 DS1302;
(8) 单线制温度传感器 DS18B20;
(9) 2 通道 8 位 A/D 电路(板载基准源电路);
(10) 单通道 8 位 D/A 电路(板载基准源电路);
(11) SD/MMC 卡接口;
(12) 8 位 LED;
(13) 4×4 扫描按钮;
(14) 10 位拨码开关;
(15) 4×4 矩阵键盘;
(16) 直流电动机测速控制;
(17) 步进电动机控制。

C3. 操作说明

1. 实验箱上电

在实验箱后面有 220 V 的市电插座和电源开关,打开开关后,在实验箱上有输出+12 V、-12 V、+5 V、+3.3 V 的电源指示灯发光,表示有电源接入。

FPGA 实验箱电源接入及电压指示如图 C.2 所示。

图 C.2 FPGA 实验箱电源接入及电压指示图

接入 220 V 电压,输出电压为+12 V、-12 V、+5 V、+3.3 V、+2.5 V、+1.2 V。

2. 程序下载

FPGA有多种下载模式，最常用的有JTAG调试模式和AS调试模式两种。前者是直接下载到FPGA芯片，直接对设计进行测试验证，但掉电后配置数据失效；后者则是将程序下载到EPCS配置芯片中，上电自动配置到FPGA中，使得程序脱机运行。

1) JTAG调试接口下载

在实验设计过程中需验证是否满足设计要求，需将程序直接下载到FPGA中进行验证。步骤如下：

(1) 先将USB_Blaster下载线接入JTAG调试接口，再与电脑相连；

(2) 实验箱上电；

(3) 下载程序；

(4) 测试结束后，先关闭电源，再拔下USB_Blaster下载线，以免损坏下载线。

JTAG下载接线与下载界面如图C.3所示。

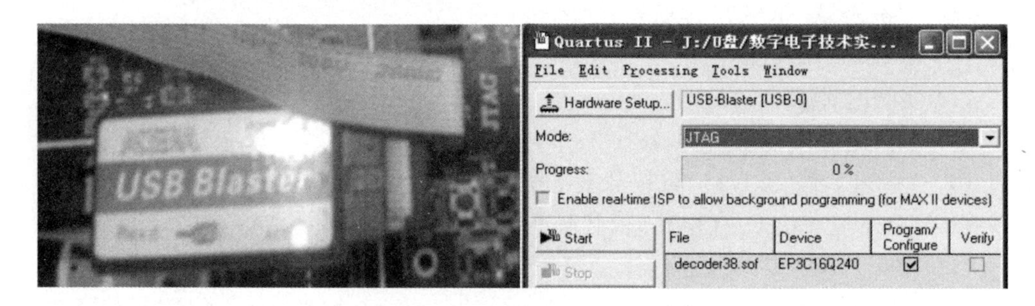

图C.3 JTAG**下载接线与下载界面**

2) AS调试接口下载

在设计过程中验证设计满足要求后，需将程序进行固化，则需下载程序到FPGA的配置芯片EPCS16中存储。步骤如下：

(1) 先将USB_Blaster下载线接入AS调试接口，再与电脑相连；

(2) 实验箱上电；

(3) 下载程序；

(4) 测试结束后，先关闭电源，再拔下USB_Blaster下载线，以免损坏下载线。

AS下载接线与下载界面如图C.4所示。

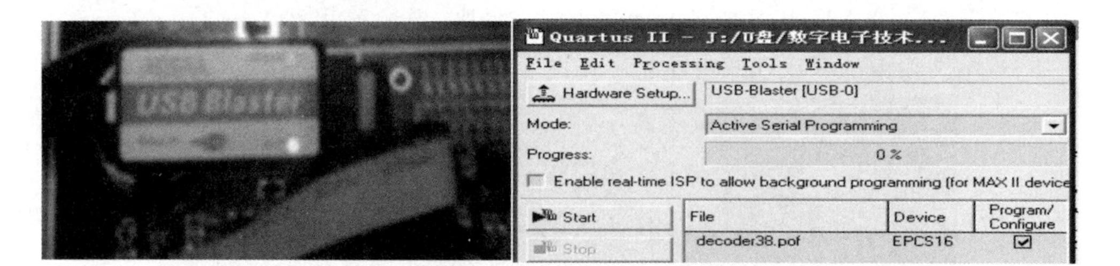

图C.4 AS**下载接线与下载界面**

3. 功能电路说明

实验箱的各功能电路在扩展板上分区域布置，各功能电路均标注了功能说明。各接口、开关、跳线均有标注说明。

(1) 各拨码开关标注有"开""关"或"高""低"指示,如图 C.5 所示。

图 C.5 拨码开关及其标注

(2) A/D 电路的 2 路输入端可选不同的输入方式。

由 P2 口的调帽控制:1、3、5 端控制 CH0 路输入。1、3 端短接,由滑动变阻器 VR1 的分压作为输入,3、5 端短接,由 PCH0 口输入外部信号。2、4、6 端控制 CH1 路输入。2、4 端短接,由滑动变阻器 VR2 的分压作为输入,4、6 端短接,由 PCH1 口输入外部信号。PCH 有两种接入方法,即排针和插孔,二者是联通的,如图 C.6 所示。

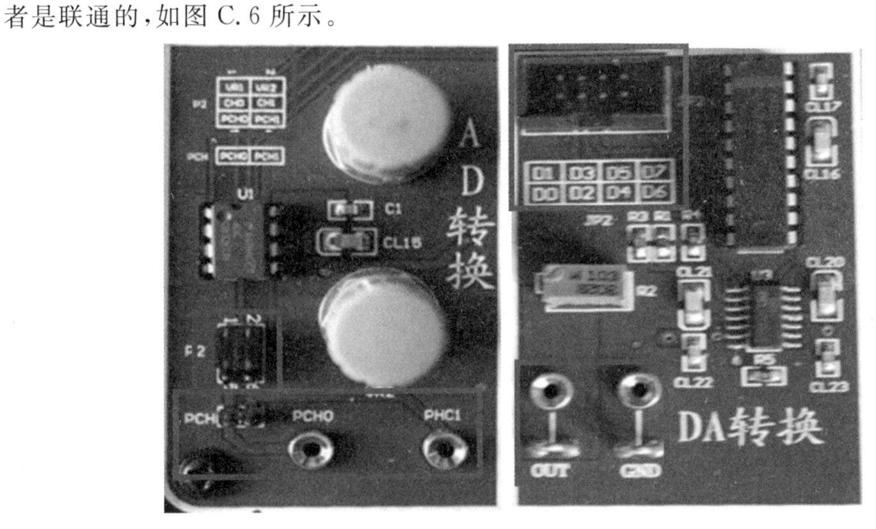

图 C.6 A/D 的输入端及 D/A 的接口

(3) D/A 电路、扫描键盘与复用接口。

D/A 电路、4×4 扫描键盘的接口复用,均是用图 C.7 中的排线连接实现的。复用接口的引脚、D/A 电路的数据输入口、扫描键盘的行列均有标注,便于引脚的映射。

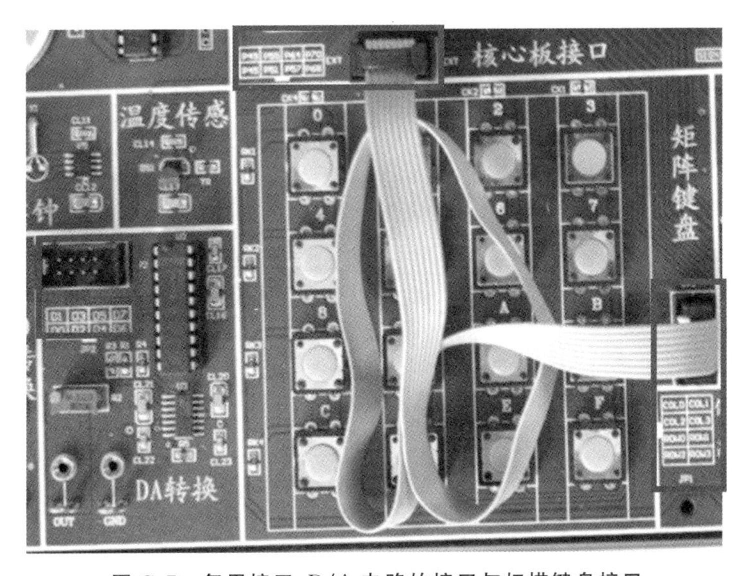

图 C.7 复用接口、D/A 电路的接口与扫描键盘接口

C4. 功能电路及其引脚映射关系

1. 核心板 LED 灯、按键、复位键、时钟部分原理图、实物图与引脚分配

原理图如图 C.8 所示，实物图如图 C.9 所示，引脚分配如表 C.1 所示。

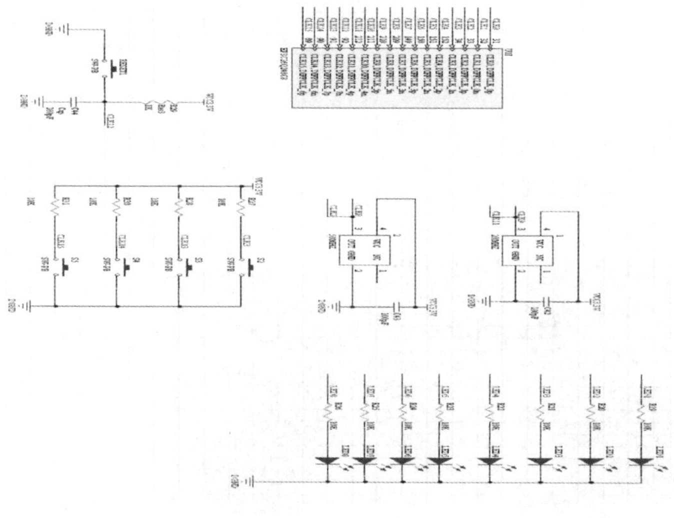

图 C.8 原理图

图 C.9 实物图

表 C.1 引脚分配

硬件引脚名称	引脚号	硬件引脚名称	引脚号	硬件引脚名称	引脚号
LED1	237	LED5	4	S2	34
LED2	238	LED6	5	S3	91
LED3	239	LED7	6	S4	90
LED4	240	LED8	9	S5	89
Clk20MHz	210、212	Clk50MHz	31、33	RESET	92

2. 蜂鸣器和扬声器部分原理图与引脚分配

蜂鸣器和扬声器部分原理图如图 C.10 所示，蜂鸣器和扬声器面板实物图如图 C.11所示。

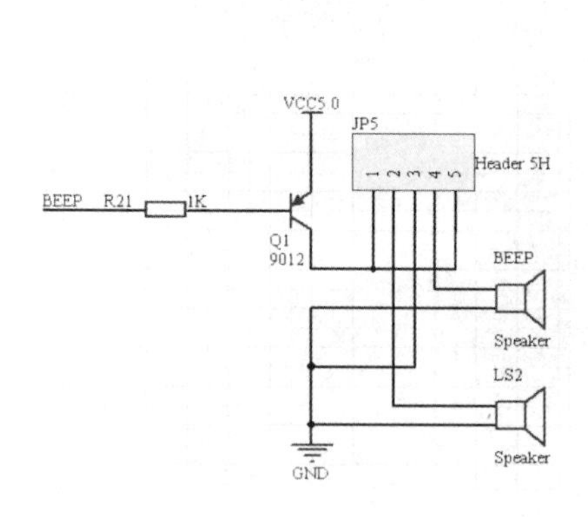

图 C.10 蜂鸣器和扬声器部分原理图

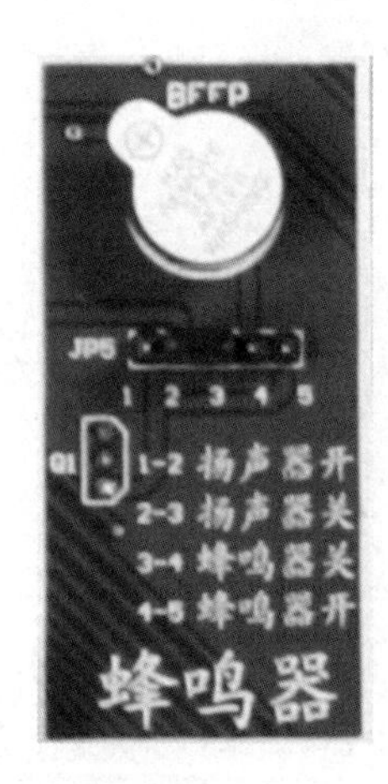

图 C.11 蜂鸣器和扬声器面板实物图

3. 数码管原理图、实物图与引脚分配

数码管原理图如图 C. 12 所示，实物图如图 C. 13 所示，引脚分配如表 C. 2 所示。

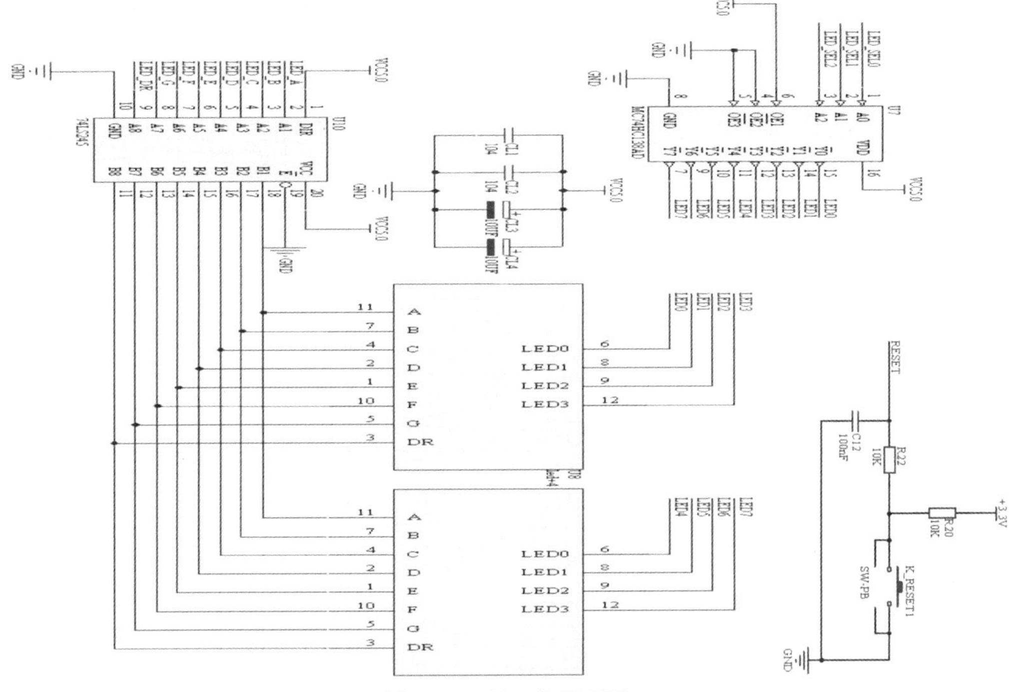

图 C. 12　数码管原理图

图 C. 13　数码管实物图

表 C. 2　数码管引脚分配

硬件引脚名称	引脚号	硬件引脚名称	引脚号	硬件引脚名称	引脚号
LED_A	171	LED_E	183	LED_SEL0	195
LED_B	174	LED_F	185	LED_SEL1	197
LED_C	176	LED_G	187	LED_SEL2	199
LED_D	181	LED_DR	189	RESET	103

4. 键盘部分原理图、实物图与引脚分配

键盘部分原理图如图 C. 14 所示，实物图如图 C. 15 所示，引脚分配如表 C. 3 所示。

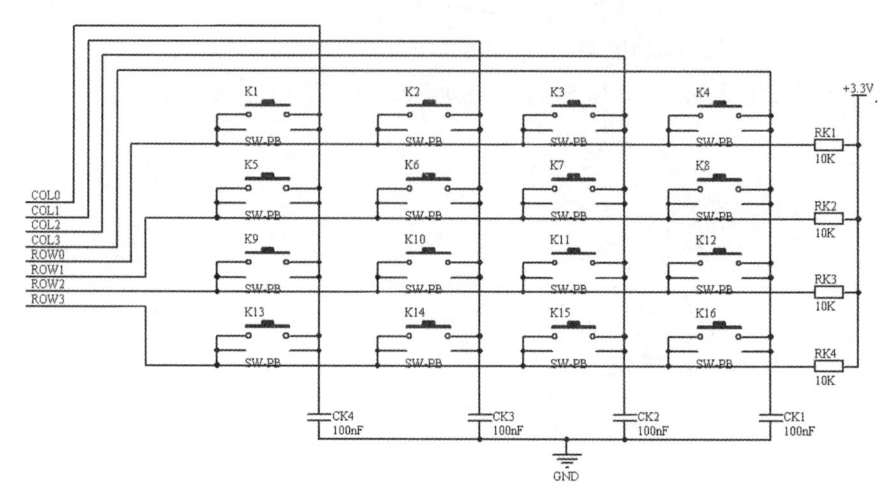

图 C.14　键盘部分原理图

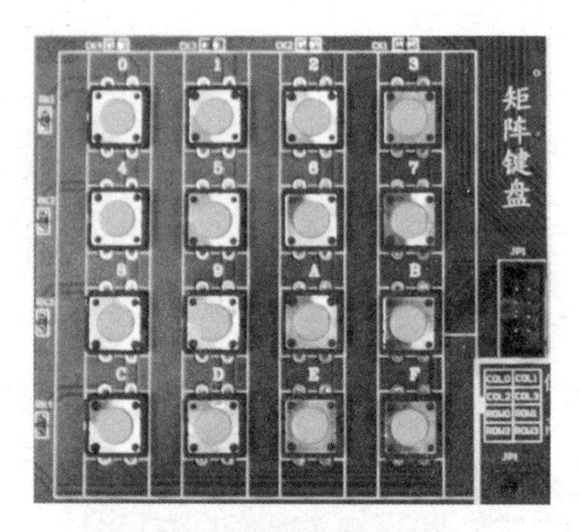

图 C.15　键盘部分实物图

表 C.3　键盘部分引脚分配

硬件引脚名称	引脚号
COL0	45
COL1	49
COL2	51
COL3	55
ROW0	57
ROW1	64
ROW2	68
ROW3	70

5. 交通灯部分原理图、实物图与引脚分配

交通灯部分原理图如图 C.16 所示，实物如图 C.17 所示，引脚分配如表 C.4 所示。

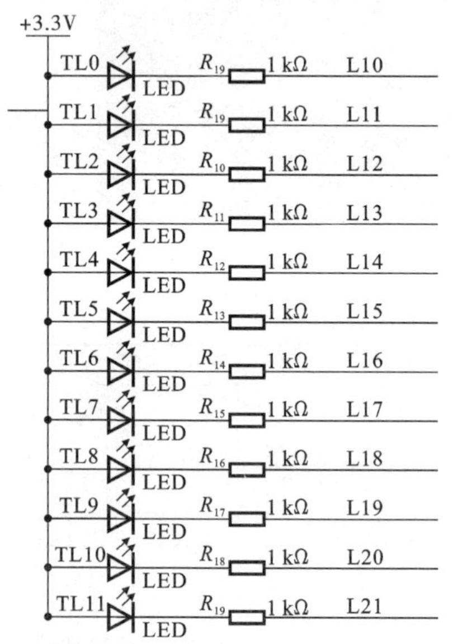

图 C.16　交通灯部分原理图

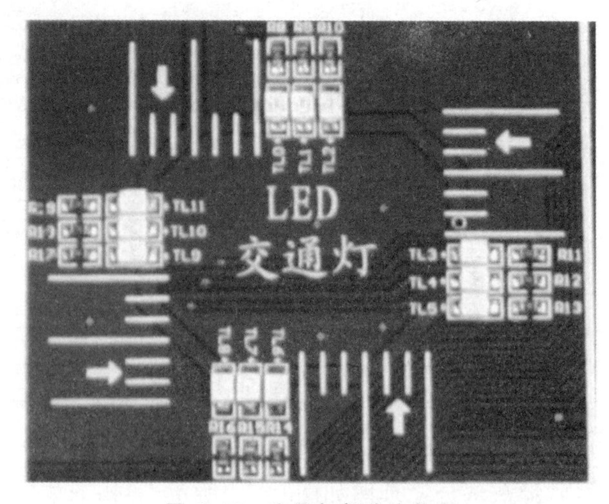

图 C.17　交通灯部分实物图

表 C.4 交通灯部分引脚分配

硬件引脚名称	引脚号	硬件引脚名称	引脚号	硬件引脚名称	引脚号
TL0	173	TL4	184	TL8	196
TL1	175	TL5	186	TL9	201
TL2	177	TL6	188	TL10	203
TL3	182	TL7	194	TL11	214

6. 逻辑电平开关部分实物图与引脚分配

逻辑电平开关部分实物图如图 C.18 所示，引脚分配如表 C.5 所示。

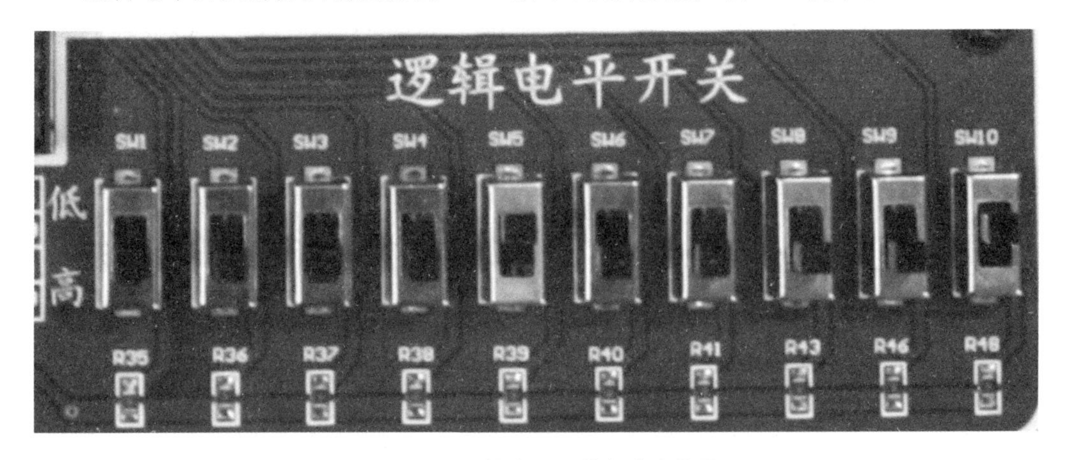

图 C.18 逻辑电平开关部分实物图

表 C.5 逻辑电平开关部分引脚分配

硬件引脚名称	引脚号	硬件引脚名称	引脚号	硬件引脚名称	引脚号
SW1	72	SW5	84	SW9	96
SW2	76	SW6	86	SW10	100
SW3	80	SW7	88	—	—
SW4	82	SW8	94	—	—

7. 其他电路引脚分配

其他电路引脚分配如表 C.6 所示。

表 C.6 其他电路引脚分配

名　称	硬件引脚名称	引脚号	硬件引脚名称	引脚号
UART 串口	COM1-Rx	87	COM1-Tx	85
	COM2-Rx	95	COM3-Tx	93
VGA 接口	vga_r	71	vga_g	73
	vga_b	78	vga_vs	81
	vga_hs	83	—	—

续表

名　　称	硬件引脚名称	引脚号	硬件引脚名称	引脚号
PS 接口	ps2_clk	99	ps2_data	101
SD 卡接口	SD_CS	69	SD_CLK	63
	SD_MISO	56	SD_MOSI	65
	rxd_usb	87	txd_usb	85
ADC0832	adc_clk	46	adc_di	43
	adc_do	39	adc_cs	37
DAC0831	data[0]	45	data[4]	57
	data[1]	49	data[5]	64
	data[2]	51	data[6]	68
	data[3]	55	data[7]	70
DS1302&DS18B20	ds18b20	219	RTC_CLK	44
	RTC_IO	41	RTC_RST	38
直流电动机	Posit	233	negit	235
	mc_count	217	217 为直流电动机转速测量端	
步进电动机	S_A	221	S_A/	223
	S_B	226	S_B/	231
LCD	D/I	207	R/W	216
	E	218	D[0]	220
	D[1]	222	D[2]	224
	D[3]	230	D[4]	232
	D[5]	198	D[6]	200
	D[7]	234	CS[1]	236
	CS[2]	202	—	—

参 考 文 献

[1] 张亚君,陈龙. 数字电路与逻辑设计实验教程[M]. 北京:机械工业出版社,2008.
[2] 郁汉琪. 数字电路实验及课程设计指导书[M]. 北京:中国电力出版社,2007.
[3] 汪一鸣. 数字电子技术实验指导[M]. 苏州:苏州大学出版社,2005.
[4] 南新志,刘计训. 数字电路实验教程[M]. 济南:山东大学出版社,2003.
[5] 王泽保,赵博. 数字电路典型实验范例剖析[M]. 北京:人民邮电出版社,2004.
[6] 电子技术应用实验室. 电子技术应用实验教程[M]. 成都:电子科技大学出版社,2006.
[7] 谢自美. 电子线路设计、实验、测试[M]. 第2版. 武汉:华中科技大学出版社,2000.
[8] 佘新平. 数字电子技术[M]. 第2版. 武汉:华中科技大学出版社,2009.
[9] 陈大钦. 电子技术基础实验[M]. 第2版. 北京:高等教育出版社,2000.
[10] 潘松,王国栋. VHDL实用教程[M]. 成都:电子科技大学出版社,2001.
[11] 金西. VHDL与复杂系统设计[M]. 西安:西安电子科技大学出版社,2003.
[12] 王振红. VHDL数字电路设计与应用实践教程[M]. 北京:机械工业出版社,2003.
[13] 黄智伟主编. FPGA系统设计与实践[M]. 北京:电子工业出版社, 2007.
[14] 刘韬,楼兴华. FPGA数字电子系统设计与开发实例导航[M]. 北京:人民邮电出版社,2005.
[15] 康华光主编. 电子技术基础(数字部分)[M]. 6版. 北京:高等教育出版社,2015.
[16] 徐光辉,陈东旭,黄如,等. 基于FPGA的嵌入式开发与应用[M]. 北京:电子工业出版社, 2006.
[17] 潘松,黄继业,曾毓. SOPC技术实用教程[M]. 北京:清华大学出版社, 2005.
[18] 周立功,等. SOPC嵌入式系统基础教程[M]. 北京:北京航空航天大学出版社, 2006.
[19] 夏宇闻. Verilog数字系统设计教程[M]. 3版. 北京:北京航空航天大学出版社,2015.
[20] 王金明. 数字系统设计与Verilog HDL[M]. 5版. 北京:电子工业出版社,2014.
[21] 王冠. Verilog HDL与数字电路设计[M]. 北京:机械工业出版社,2006.
[22] 刘波. 精通Verilog HDL语言编程[M]. 北京:电子工业出版社,2007.
[23] 王钿,卓兴旺. 基于Verilog HDL的数字系统应用设计[M]. 北京:国防工业出版社,2006.